全国普通高等院校“十三五”规划教材

计算机文化基础

主　编　詹慧珍　姚继超　叶会连
副主编　胡正胜　黄小芬　蔡　媛　符瑜梅
参　编　韦祚军　吴　晶　周立权　罗　茜　张　兵　钟清平
章小华　罗志辉　肖琴华　符小周　苏小永　张智慧
章勇辉　卢水英　费　颖　覃继苗

哈尔滨工程大学出版社
Harbin Engineering University Press

内容简介

本书是为计算机基础教学而编写的教材。本书主要介绍了计算机基础知识、Windows 7 操作系统基础、文字处理软件 Word 2010、表格处理软件 Excel 2010、文稿演示软件 PowerPoint 2010、计算机网络与 Internet 基础等内容。

本书可作为中高等职业技术院校，以及各类计算机教育培训机构的专用教材，也可供广大初、中级电脑爱好者自学使用。

图书在版编目（CIP）数据

计算机文化基础 / 詹慧珍，姚继超，叶会连主编. —
哈尔滨：哈尔滨工程大学出版社，2019.8（2023.8 重印）
ISBN 978-7-5661-2429-6

Ⅰ. ①计… Ⅱ. ①詹… ②姚… ③叶… Ⅲ. ①电子计算机—教材 Ⅳ. ①TP3

中国版本图书馆 CIP 数据核字（2019）第 182006 号

责任编辑 王俊一
封面设计 赵俊红

出版发行 哈尔滨工程大学出版社
社　　址 哈尔滨市南岗区南通大街 145 号
邮政编码 150001
发行电话 0451-82519328
传　　真 0451-82519699
经　　销 新华书店
印　　刷 玖龙（天津）印刷有限公司
开　　本 787 mm×1 092 mm　1/16
印　　张 15.5
字　　数 397 千字
版　　次 2019 年 8 月第 1 版
印　　次 2023 年 8 月第 2 次印刷
定　　价 39.80 元
http：//www.hrbeupress.com
E-mail：heupress@hrbeu.edu.cn

前　言

现代计算机技术的快速发展以及社会的不断进步，使得人们的工作、学习和生活越来越离不开计算机了。特别是还在学校学习的学生，如果不掌握一定的计算机知识和操作技能，就很难有效地获取、整理、发布与自己专业或工作相关的信息。

本书是为计算机基础教学而编写的教材。为了帮助教师更好地组织教学，帮助广大学生更好地掌握计算机基础知识，我们特组织专家和一些一线骨干老师编写了本书。本书具有以下几个特点：

（1）本书全面系统地介绍了计算机基础知识、Windows 7 操作系统基础、文字处理软件 Word 2010、表格处理软件 Excel 2010、文稿演示软件 PowerPoint 2010、计算机网络与 Internet 基础。

（2）本书内容翔实，采用的是由浅入深、图文并茂的方式进行讲解。

（3）本书通过全新的写作手法和写作思路，使读者在阅读和学习本书之后能够快速掌握计算机的基本操作，真正成为电脑行家里手。

（4）本书以使用为出发点，以培养读者的实践和实际应用能力为目标，并通过通俗易懂的文字和手把手的教学方式讲解计算机基础知识中的要点、难点，使读者不仅能掌握这些基本知识，还能掌握实际的应用技能。

本书由詹慧珍、姚继超和叶会连担任主编，由胡正胜、黄小芬、蔡媛和符瑜梅担任副主编，另外参与编写的有韦祚军、吴晶、周立权、罗茜、张兵、钟清平、章小华、罗志辉、肖琴华、符小周、苏小永、张智慧、章勇辉、卢水英、费颖和覃继苗。本书由詹慧珍编写大纲并统稿。本书的相关资料和售后服务可扫描封底微信二维码或登录 www.jzzwh.com 下载获得。

本书可作为中高等职业技术院校，以及各类计算机教育培训机构的专用教材，也可供广大初、中级电脑爱好者自学使用。

由于水平有限，书中存在的疏漏和不当之处，敬请各位专家及读者不吝赐教。

编　者

目　录

第 1 章　计算机基础知识

【本章概览】

21 世纪，人们进入了信息化的时代，计算机不仅在科研、教育、生产等领域得到广泛的应用，在日常的学习、生活中都成为了不可或缺的工具。

了解计算机的基本知识，掌握计算机的日常使用与维护，不仅仅是专业技术人员必备的技能，同时，也是信息时代中现代职场对每一位计算机应用者提出的基本要求。

【本章目标】

- 了解计算机的诞生、发展阶段及其发展趋势。
- 掌握计算机有哪些特点，其有哪些分类，有哪些应用领域。
- 掌握常用的进位计数制，它们之间是如何换算的计算机，并了解汉字编码及其处理过程。
- 了解机器数与真值等数据的表示法。
- 掌握计算机系统的组成。

1.1　计算机的诞生与发展

随着电子技术的不断发展和计算机的广泛应用，计算机的发展可谓是日新月异。计算机从诞生到现在短短的几十年时间，其发展和对人类生产、生活的作用已经超越了人类历史几千年来的任意一项技术。计算机已经作为一门单独的学科，且又被细化为更多研究领域和方向。在应用方面更是深入到了日常工作、生活中的每一方面。正确地了解计算机对使用计算机有很重要的作用。

1.1.1　计算机的诞生

1946 年，世界上第一台数字式电子计算机 ENIAC 诞生于美国的宾夕法尼亚大学，全称是“数字积分计算机”（The Electronic Numerical Integrator And Calculator），如图 1-1 所示。ENIAC 占地 170 平方米，重 30 余吨，耗资 40 多万美元，每秒可进行 5000 次加法运算。从 1946 年 2 月交付使用，到 1955 年 10 月最后切断电源，ENIAC 服役了九年时间。

图 1-1 第一台电子计算机 ENIAC

1.1.2 计算机发展阶段

自第一代计算机诞生至今的半个多世纪里，计算机的制造技术和使用方法发生了翻天覆地的变化。不论是运算速度、存储容量，还是元件制造工艺和系统结构等都有了惊人的发展和提高。根据计算机所采用的电子元件的不同，计算机的发展历程可划以下分为 4 个阶段。

1. 第一代计算机（1946 年——1957 年）

第一代计算机是电子管计算机，其基本元是电子管。其运算速度为每秒千次到几万次。计算机程序设计语言还处于最低阶段，用一串 0 和 1 表示的机器语言进行编程，直到 20 世纪 50 年代才出现汇编语言。由于尚无操作系统出现，因此操作机器困难。

第一代计算机体积庞大、造价昂贵、速度低、存储容量小、可靠性差、不易掌握，主要应用于军事和科学研究领域。

2. 第二代计算机（1958 年——1964 年）

第二代计算机是晶体管计算机，以晶体管为主要元件。运算速度从每秒万次提高到几十万次。与此同时，计算机软件也有了较大的发展，出现了监控程序并发展成为后来的操作系统，高级语言 Basic、Fortran 被推出，使编写程序的工作变得更为方便并实现了程序兼容。

与第一代计算机相比，晶体管计算机体积小、成本低、重量轻、速度高、功能强和可靠性较高。使用范围也从单一的科学计算扩展到数据处理和事务管理等其他领域。

3. 第三代计算机（1965 年——1971 年）

第三代计算机的主要元件是采用小规模集成电路和中规模集成电路。所谓集成电路是用特殊的工艺将完整的电子线路做在一个硅片上，通常只有四分之一邮票大小。与第二代中使用的晶体管电路相比，集成电路计算机的体积、重量都进一步减小，运算速度、逻辑运算功能和可靠性都进一步提高。另外，软件在这个时期形成了产业。操作系统在规模和功能上发展很快，开始提出了结构化、模块化的程序设计思想，出现了结构化的程序设计语言 Pascal。第三代计算机主要应用于科学计算、企业管理、自动控制、辅助设计和辅助制造等领域。

4. 第四代计算机（1971 年至今）

第四代计算机的主要元件是大规模集成电路和超大规模集成电路。随着集成电路技术的不断发展，20 世纪 70 年代出现了可容纳数千至几十万个晶体管的大规模和超大规模集成电路。这使得计算机的制造者们把计算机的核心部件甚至整个计算机都做在一个硅片上，从而使计算机的体积、重量都进一步减小。计算速度可达每秒钟几百万次至上亿次。操作系统向虚拟操作系统发展，数据管理系统不断完善和提高，程序语言进一步发展和改进，软件行业发展成为新兴的高科技产业。计算机的应用领域不断向社会各个方面而渗透，如办公自动化、数据库管理、图形识别、专家系统等，并且进入了家庭。

1.1.3　计算机的发展趋势

随着科技的进步，各种计算机技术、网络技术的飞速发展，计算机的发展已经进入了一个快速而又崭新的时代，计算机已经从功能单一、体积较大发展到了功能复杂、体积微小、资源网络化等。计算机的未来充满了变数，性能的大幅度提高是不可置疑的，而实现性能的飞跃却有多种途径。不过性能的大幅提升并不是计算机发展的唯一路线，计算机的发展还应当变得越来越人性化，同时也要注重环保等等。

计算机从出现至今，经历了机器语言、程序语言、简单操作系统和 Linux、Macos、BSD、Windows 等现代操作系统四代，运行速度也得到了极大的提升，第四代计算机的运算速度已经达到几十亿次每秒。计算机也由原来的仅供军事科研使用发展到人人拥有，计算机强大的应用功能，产生了巨大的市场需要，未来计算机性能应向着微型化、网络化、智能化和巨型化的方向发展。

1. 巨型化

巨型化是指为了适应尖端科学技术的需要，发展高速度、大存储容量和功能强大的超级计算机。随着人们对计算机的依赖性越来越强，特别是在军事和科研教育方面对计算机的存储空间和运行速度等要求会越来越高。此外计算机的功能更加多元化。

2. 微型化

随着微型处理器（CPU）的出现，计算机中开始使用微型处理器，使计算机体积缩小了，成本降低了，变成了现在家家户户都有的微型计算机。另一方面，软件行业的飞速发展提高了计算机内部操作系统的便捷度，计算机外部设备也趋于完善。计算机理论和技术上的不断完善促使微型计算机很快渗透到全社会的各个行业和部门中，并成为人们生活和学习的必须品。四十年来，计算机的体积不断的缩小，台式电脑、笔记本电脑、掌上电脑、平板电脑体积逐步微型化，为人们提供便捷的服务。因此，未来计算机仍会不断趋于微型化，体积将越来越小。

3. 网络化

互联网将世界各地的计算机连接在一起，从此进入了互联网时代。计算机网络化彻底改变了人类世界，人们通过互联网进行沟通、交流（OICQ、微博等），教育资源共享（文献查阅、远程教育等）、信息查阅共享（百度、谷歌）等，特别是无线网络的出现，极大的提高了人们使用网络的便捷性，未来计算机将会进一步向网络化方面发展。

4. 人工智能化

计算机人工智能化是未来发展的必然趋势。现代计算机具有强大的功能和运行速度，但与人脑相比，其智能化和逻辑能力仍有待提高。人类不断在探索如何让计算机能够更好的反应人类思维，使计算机能够具有人类的逻辑思维判断能力，可以通过思考与人类沟通交流，抛弃以往的依靠通过编码程序来运行联保计算机的方法，直接对计算机发出指令。

5. 多媒体化

传统的计算机处理的信息主要是字符和数字。事实上，人们更习惯的是图片、文字、声音、像等多种形式的多媒体信息。多媒体技术可以集图形、图像、音频、视频、文字为一体，使信息处理的对象和内容更加接近真实世界。

6. 技术结合

计算机微型处理器（CPU）以晶体管为基本元件，随着处理器的不断完善和更新换代的速度加快，计算机结构和元件也会发生很大的变化。随着光电技术、量子技术和生物技术的发展，对新型计算机的发展具有极大的推动作用。

20 世纪 80 年代以来 ALU 和控制单元（二者合成中央处理器，即 CPU）逐渐被整合到一块集成电路上，称作微处理器。这类计算机的工作模式十分直观：在一个时钟周期内，计算机先从存储器中获取指令和数据，然后执行指令，存储数据，再获取下一条指令。这个过程被反复执行，直至得到一个终止指令。由控制器解释，运算器执行的指令集是一个精心定义的数目十分有限的简单指令集合。

1.2　掌握计算机的特点、分类及应用

1.2.1　计算机的特点

计算机开始主要用于数值计算，但随着计算机技术的迅猛发展，其应用范围不断扩大，广泛地应用于自动控制、信息处理、智能模拟等各个领域。计算机能处理包括数字、文字、表格、图形、图像等信息。计算机之所以具有如此强大的功能，主要因为它有以下几方面的特点。

1. 运算速度快

运算速度是标志计算机性能的重要指标之一，衡量计算机处理速度的尺度一般是用计算机一秒钟时间内所能执行加法运算的次数。计算机的运算部件采用的是电子器件，其运算速度远非其他计算工具所能比拟，其高速运算能力可以应用在天气预报和地质勘探等需要进行大量运算的科技中。

2. 存储容量大

计算机的存储器可以把原始数据、中间结果、运算指令等存储起来，以备随时调用。

存储器不但能够存储大量的信息，而且能够快速准确地存入或取出这些信息。计算机的应用使得从浩如烟海的文献、资料、数据中查找信息并且处理这些信息成为容易的事情。

3. 工作自动化

计算机内部的操作运算是根据人们预先编制的程序自动控制执行的。只要把包含一连串指令的处理程序输入计算机，计算机便会依次取出指令，逐条执行，完成各种规定的操作，直到得出结果为止。

4. 运算精度高

由于计算机内部采用二进制数进行运算，使数值计算非常精确。一般计算机可以有十几位以上的有效数字，如利用计算机可以计算出精确到小数点后 200 万位的 π 值。计算机的高精度性使它运用于航空航天、核物理等方面的数值计算中，而且从机器和算法的设计，在理论上可以保证达到所要求的计算精确度。

5. 可靠性高、通用性强

由于采用了大规模和超大规模集成电路，现在的计算机具有非常高的可靠性。现代计算机不仅可以用于数值计算，还可以用于数据处理、工业控制、辅助设计、辅助制造和办公自动化等，具有很强的通用性。

6. 具有逻辑判断能力

逻辑运算与逻辑判断是计算机基本的也是重要的功能。计算机的逻辑判断能力，能实现计算机工作的自动化，并赋予计算机某些智能处理能力，从而奠定了计算机作为一种智能工具的基础。

1.2.2　计算机的分类

根据计算机分类的演变过程和近期可能的发展趋势，国外通常把计算机分为 6 大类。

1. 超级计算机或称巨型机

超级计算机通常是指最大、最快、最贵的计算机。例如目前世界上运行最快的超级机速度为每秒 1704 亿次浮点运算。生产巨型机的公司有美国的 Cray 公司、TMC 公司，日本的富士通公司、日立公司等。我国研制的银河机也属于巨型机，银河 1 号为亿次机，银河 2 号为十亿次机。

2. 小超级机或称小巨型机

小超级机又称桌上型超级电脑，它想使巨型机缩小成个人机的大小，或者使个人机具有超级电脑的性能。典型产品有美国 Convex 公司的 C-1，C-2，C-3 等；Alliant 公司的 FX 系列等。

3. 大型主机

大型主机包括通常所说的大、中型计算机。这是在微型机出现之前最主要的计算模式，即把大型主机放在计算中心的玻璃机房中，用户要上机就必须去计算中心的端上工作。大型主机经历了批处理阶段、分时处理阶段，进入了分散处理与集中管理的阶段。IBM 公司一直在大型主机市场处于霸主地位，DEC、富士通、日立、NEC 也生产大型主机。不过随着微机与网络的迅速发展，大型主机正在走下坡路。许多计算中心的大机器正在被高档微机群取代。

4. 小型机

由于大型主机价格昂贵，操作复杂，只有大企业大单位才能买得起。在集成电路推动下，20 世纪 60 年代 DEC 推出一系列小型机，如 PDP-11 系列、VAX-11 系列。HP 有 1000、3000 系列等。通常小型机用于部门计算。同样它也受到高档微机的挑战。

5. 工作站

工作站与高档微机之间的界限并不十分明确，而且高性能工作站正接近小型机、甚至接近低端主机。工作站有着明显的特征：使用大屏幕、高分辨率的显示器；有大容量的内外存储器，而且大都具有网络功能。它们的用途也比较特殊，例如用于计算机辅助设计、图像处理、软件工程以及大型控制中心。

6. 个人计算机或称微型机

这是目前发展最快的领域。根据它所使用的微处理器芯片的不同而分为若干类型：首先是使用 Intel 芯片 386、486 以及奔腾等 IBM PC 及其兼容机；其次是使用 IPM-Apple-Motorola 联合研制的 PowerPC 芯片的机器，苹果公司的 Macintosh 已有使用这种芯片的机器；再次，DEC 公司推出使用它自己的 Alpha 芯片的机器。

1.2.3 计算机的应用领域

根据工作方式的不同，计算机的应用大致可以分为以下几个方面。

1. 数据处理

数据处理就是利用计算机来加工、管理和操作各种形式的数据资料，一般总是以某种管理为目的。如人力资源部门用计算机来建立和管理人事档案，财务部门用计算机来进行票据处理、账目处理和结算等等。

2. 数值计算

在科学研究和工程设计中，存在着大量繁琐、复杂的数值计算问题，解决这样的问题经常是人力所无法胜任的。高速度、高精度计算复杂的数学问题正是电子计算机的特长。

3. 过程控制

过程控制就是用计算机对连续工作的控制对象实行自动控制，要求计算机能及时搜集检测信号，通过计算处理，发出调节信号对控制对象进行自动调节。过程控制应用中的计算机对输入信息的处理结果的输出总是实时进行的。实时控制在工业生产自动化、军事等方面应用十分广泛。如导弹的发射和制导过程中，总是不停地测试当时的飞行参数，快速地计算和处理，不断地发出控制信号控制导弹的飞行状态，直至到达即定的目标为止。

4. 计算机辅助系统

计算机辅助系统主要包括计算机辅助设计、计算机辅助制造、计算机辅助测试、计算机辅助教学等，是计算机的另一个非常重要应用领域。

计算机辅助设计（Computer Aided Design，CAD）就是利用计算机来进行产品的设计。这种技术已广泛地应用于机械、船舶、飞机、大规模集成电路板图等方面的设计工作中。利用 CAD 技术可以提高设计质量，缩短设计周期，提高设计自动化水平。

计算机辅助制造（Computer Aided Manufacturing，CAM）是利用计算机进行生产设备的控制操作和管理，它能提高产品质量、降低生产成本、缩短生产周期，并有利于改善生产人员的工作条件。

计算机辅助测试（Computer Aided Testing，CAT）是利用计算机来辅助进行复杂而大量的测试工作。

计算机辅助教学（Computer Aided Instruction，CAI）是现代教学手段的体现，它利用计算机帮助学生进行学习，将教学内容加以科学的组织，并编制好教学程序，使学生能通过人机交互自如地从提供的材料中学到所需要的知识并接受考核。

5. 人工智能

人工智能是计算机在模拟人类的某些智能方面的应用，利用计算机可以进行图像和物体的识别，模拟人类的学习过程和探索过程。如根据频谱分析的原理，利用计算机对人的声音进行分解、合成，使机器能辨识各种语音，或合成并发出类似人的声音。还有利用计算机来识别各类图像，甚至人的指纹等。

6. 机器翻译

1947 年，美国数学家、工程师沃伦·韦弗与英国物理学家、工程师安德鲁·布思提出了以计算机进行翻译（简称“机译”）的设想，机器翻译从此步入历史舞台，并走过了一条曲折而漫长的发展道路。机译被列为 21 世纪世界十大科技难题。与此同时，机译技术也拥有巨大的应用需求。

机译消除了不同文字和语言间的隔阂，堪称高科技造福人类之举。但机译的译文质量长期以来一直是个问题，离理想目标仍相差甚远。中国数学家、语言学家周海中教授认为，在人类尚未明了大脑是如何进行语言的模糊识别和逻辑判断的情况下，机译要想达到“信、达、雅”的程度是不可能的。这一观点恐怕道出了制约译文质量的瓶颈所在。

7. 多媒体应用

随着电子技术特别是通信和计算机技术的发展，人们已经有能力把文本、音频、视频、动画、图形和图像等各种媒体综合起来，构成一种全新的概念——“多媒体”。在医疗、教育、商业、银行、保险、行政管理、军事、工业、广播和出版等领域中，多媒体的应用发展很快。

8. 计算机网络

计算机网络是由一些独立的和具备信息交换能力的计算机互联构成，以实现资源共享的系统。计算机在网络方面的应用使人类之间的交流跨越了时间和空间障碍。计算机网络已成为人类建立信息社会的物质基础，它给日常工作带来极大的方便和快捷，如在全国范围内的银行信用卡的使用，火车和飞机票系统的使用等。现在，可以在全球最大的互联网络——Internet 上进行浏览、检索信息、收发电子邮件、阅读书报、玩网络游戏、选购商品、参与众多问题的讨论、实现远程医疗服务等。

1.3 微型计算机的基本知识

以微处理器为核心，再配上半导体存储器、输入/输出接口电路、系统总线及其它支持逻辑电路组成的计算机称微型计算机。

1.3.1 微型计算机的种类

随着微型计算机的广泛应用和技术的发展，微机的种类也从单一的台式机发展为多种多样。常见的有台式机、笔记本、一体机、平板电脑以及掌上电脑（PDA）。

1. 台式机（Desktop）

台式机也叫桌面机，主机、显示器等设备一般都是相对独立的，需要放置在电脑桌或者专门的工作台上，如图 1-2 所示。因此命名为台式机，是工作中最常见的微型计算机。相对于笔记本电脑，体积、重量较大，同等价位下，台式机的性能比笔记本电脑要强，而且具有良好的散热性能，扩展性强。

2. 一体机

一体机的主机，包括 CPU、主板等与显示器集成在一起，看起来像是由一台显示器、一个电脑键盘和一个鼠标组成的电脑，如图 1-3 所示。随着无线技术的发展，电脑一体机的键盘、鼠标与显示器可实现无线链接，机器只有一根电源线。这就解决了一直为人诟病的台式机线缆多而杂的问题。

图 1-2　台式机

图 1-3　一体机

3. 笔记本电脑（Notebook）

也称手提电脑或膝上型电脑，是一种小型、便于携带的个人电脑，通常重 1～3 公斤。

笔记本电脑使用的软件与台式机相同。如图 1-4 所示。

4. 掌上电脑（PDA）

掌上电脑是一种运行在嵌入式操作系统之上的、小巧、轻便、易带、的手持式计算设备。它无论在体积、功能和硬件配备方面都比笔记本电脑更简单轻便。在掌上电脑基础上加上手机功能，就成了智能手机（Smartphone）。智能手机近年发展迅猛，在我国进入了普及阶段。如图 1-5 所示。

图 1-4　笔记本电脑

图 1-5 智能手机

5. 平板电脑

平板电脑（Tablet Personal Computer，简称 Tablet PC），是一种小型、方便携带的个人电脑，以触摸屏作为基本的输入设备。它除了几乎拥有笔记本电脑的所有功能外，还支持手写输入。移动性和便携性更胜一筹，平板电脑就是一款无须翻盖、没有键盘、小到足以放入女士手袋却功能完整的 PC。如图 1-6 所示。

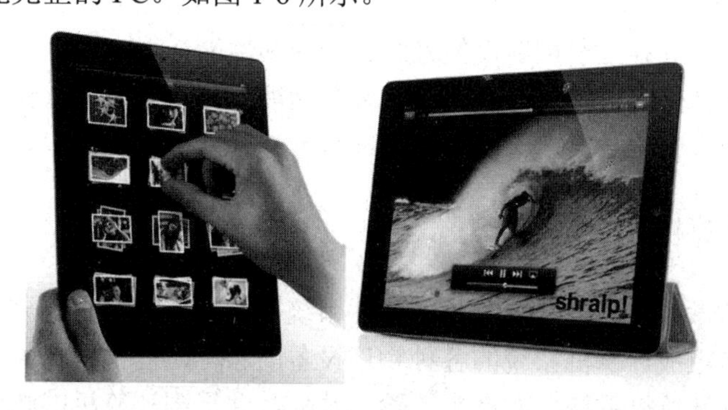

图 1-6　平板电脑

1.3.2　微型计算机的主要性能指标

计算机的技术指标影响着它的功能和性能，而计算机的功能和性能又是由其系统结构、硬件组成、指令系统、软件配置等多种因素所决定。全面评价一台计算机的性能，要综合考虑多种指标。在选购计算机时，除性能外还要考虑其价格，即其性能价格比。而且用途不同的计算机，其侧重也会不同。下面介绍微型计算机主要的技术指标。

1. 字长

字长决定了微处理器内部寄存器、运算器、数据总线等的位数。字长是设计计算机时规定的，作为存储、传送、处理操作的信息单位。字长不仅标志着计算精度，也反映了计算机的处理能力。一般情况下，字长位数越多，其计算精度就越高，处理能力也更强。常见的计算机字长有 8 位、16 位、32 位、64 位等。当前微型计算机最流行的字长是 32 位和 64 位。

2. 存储容量

一般以字节为单位来计算存储容量，主要是指内存储器的容量。内存储器容量越大，能容纳的数据和程序量就越多，处理能力就越强。目前，微型机的内存容量一般有 128 MB、256 MB、512 MB 或更高。通常，机器的档次越高，其内存容量也就越大。当前的计算机由于其结构灵活，所以其存储器容量大都是可以扩展的。

3. 运算速度

计算机执行不同的操作所需要的时间不同，通常衡量计算机运算速度的指标是每秒钟能执行基本指令的操作次数，每秒百万次记作 MIPS。现在微型机的主频，即微处理器时钟频率，在很大程度上决定了计算机的运行速度，一般主频越高，其运算速度就越快。以微型机为例，当前主频就有超过 1GHz 甚至更高的。

4. 外部设备

这是指结构上允许配置的外部设备的最大数量和种类，实际数量和品种由用户根据需要选定。这关系到计算机对信息输入/输出的支持能力。

5. 软件配置

软件的配置一般独立于机器，但系统的功能和性能在很大程度上又受到软件的影响。丰富的软件系统是保证计算机系统得以实现其功能和提高性能的重要保证，如配置先进的操作系统，选用完善的数据库管理软件，都将影响计算机系统的整体能力。

1.3.3 微型计算机系统的组成

一个完整的微型计算机系统也是由硬件系统和软件系统两大部分组成的。

硬件系统是组成计算机系统的各种物理设备的总称，提供了计算机工作的物质基础。人们通过硬件向计算机系统发布命令、输入数据，并得到计算机的响应，计算机内部也必须通过硬件来完成数据存储、计算及传输等各项任务。

微型计算机的硬件系统是由中央处理单元（CPU）、内存储器、外存储器和输入/输出设备构成的一个完整的计算机系统。构成微型机的关键是如何把这些部件有机地连接起来，微型机多采用总线结构，如图 1-7 所示。

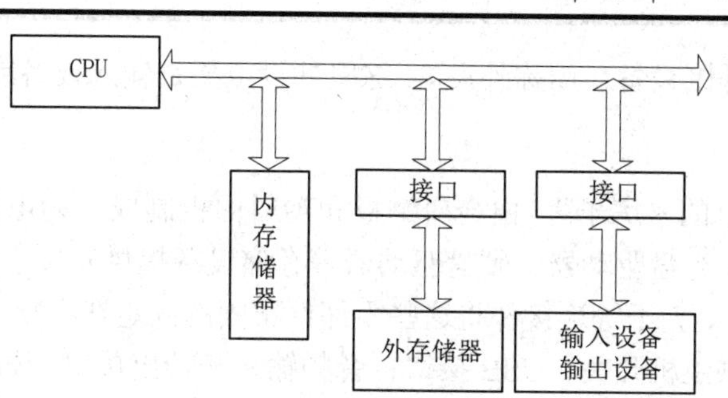

图 1-7　微型计算机系统的硬件组成

软件内容丰富、种类繁多，和前一章所介绍的一样，也分为系统软件和应用软件两类。事实上，用户面对的是经过若干层软件“包装”的计算机，如图 1-8 所示。

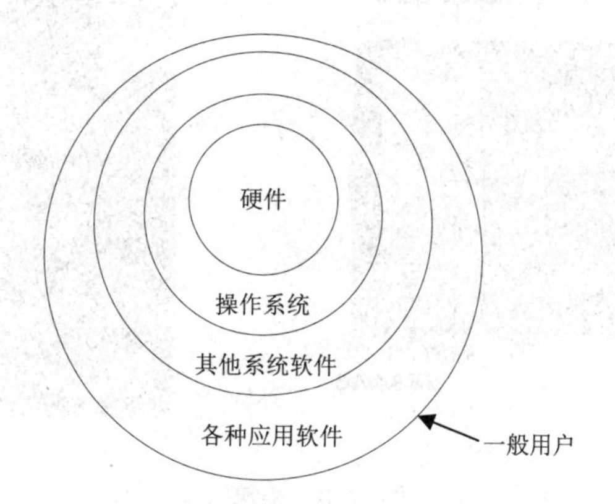

图 1-8　微机系统层次结构图

1.3.4　微型计算机硬件组成和主要参数

微型计算机是应用最广泛的一种计算机。从原理上讲，微型计算机也是由硬件系统和软件系统构成的，硬件系统同样由 CPU、存储器、输入设备和输出设备几部分组成。从外观上看，一台典型的微机由主机、显示器、键盘、鼠标等部分组成，如图 1-9 所示。

图 1-9　台式微型计算机基本配置

主机是微机的“主体”，其中包括 CPU、主板、电源、内存、硬盘、光驱和各种适配器板卡。键盘和鼠标是微机最基本的输入设备，显示器是微机最基本的输出设备。微机系统还可以配备各种外围设备（简称外设），这些外设主要是输入设备或输出设备。

1. 机箱

机箱是微机主机的“房子”，由金属钢板和塑料面板制成，为电源、主板、各种扩展板卡、软盘驱动器、光盘驱动器、硬盘驱动器等存储设备提供安装空间，并通过机箱内支架、各种螺丝或卡子、夹子等连接件将这些零部件牢固的固定在机箱内部，形成一台主机。在机箱的前面板提供主机开关、USB 接口、音频输入和输出接口。如图 1-10 所示。

另外，机箱一般都会配备散热风扇，通过设计的风道，形成散热气流，提供良好的风冷散热效果来降低机箱内部各部件的工作温度。

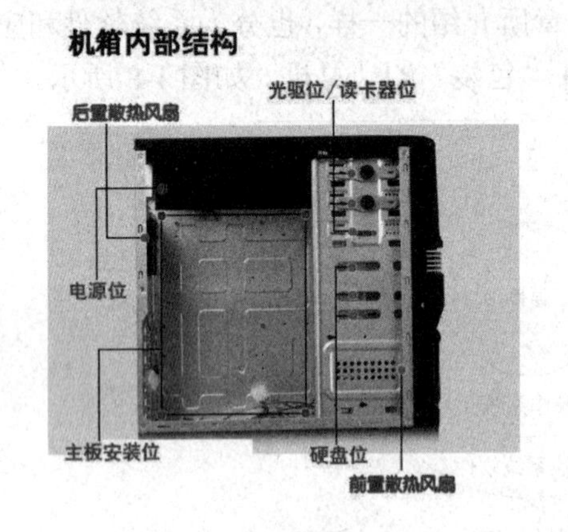

图 1-10 机箱

2. 电源

电源是微机的供电设备，它的作用是将 220V 交流电转换为微机中使用的±12V、±5V 以及 3.3V直流电。其性能的好坏，直接影响到其他设备工作的稳定性，进而会影响整机的稳定性。如图 1-11 所示。

图 1-11 电源

随着多核 CPU 迅速发展、普及以及硬件的快速更新及性能升级，电源的功率要求也越来越高。目前为 PC 配电源时，入门级的微机也应该提升到 350W 以上，更高端的微机所需要的电源应在 450W 以上。

3. 主板

主板又称母版，安装在主机箱内，是微机最基本的重要部件，如图 1-12 所示。主板上可以安装 CPU、内存条、显卡、声卡、网卡，而且主板上集成有 BIOS 芯片、南北桥芯片组、数据线、电源插槽以及对主机内、主机外的各种借口等。它把微机的各个部件紧密连接在一起，各个部件通过主板进行数据传输。也就是说，主板是微机内部设备通信的“交通枢纽”，是各个部件的“工作平台”，它工作的稳定性影响着整机工作的稳定性。

主板的架构多样，必须同所选用的 CPU 的架构相同或兼容。另外，主板上采用的不同芯片组，决定了主板的综合性能。主板的性能中应以稳定性最为重要。

4. CPU

中央处理器简称 CPU（Center Processing Unit），中央处理器是计算机的大脑。CPU 品质的高低直接决定了微机的性能，可以用来判断微机的档次，如图 1-13 所示。它是计算机系统的核心，包括运算器和处理器两部分。计算机所发生的全部动作都受 CPU 的控制。

其中，运算器主要完成各种算术运算和逻辑运算，是对信息加工和处理的部件，由进行运算的运算器件和用来暂时寄存数据的寄存器、累加器等组成。控制器是对计算机发布命令的“决策机构”，用来协调和指挥整个计算机系统的操作。

图 1-12　主板

图 1-13　CPU

（1）核心数量：CPU 分为有单核和多核。所谓多核 CPU 就是在一个 CPU 中集成了多个运算核心。核心数量越多，CPU 的运算能力越强大，但最终性能并不是按照核心数量倍数增加。当前主流 CPU 为多核心 CPU，常见的有双核、3 核和 4 核。

（2）主频：主频也叫时钟频率，当前主流微机的主频单位是千兆赫（GHz），用来表示 CPU 的运算、处理数据的速度。

（3）处理器位数：CPU 在单位时间内能一次处理的二进制数的位数叫字长，有 32 位和 64 位，早期 CPU 为 32 位，当前的主流 CPU 多为 64 位。64 位 CPU 可以进行更大范围的整数运算，可以支持更大的内存。

（4）CPU 缓存容量：CPU 缓存（Cache Memory）是位于 CPU 与内存之间的临时存储器，它的容量比内存小的多但是交换速度却比内存要快得多。CPU 缓存分为一级缓存（L1）、二级缓存（L2），三级缓存（L3），其中 L2 和 L3 的容量可达几百 K 到几 M。Cache 对 CPU 的性能影响很大。

5. 内存

微机中的内存主要是指内存条，如图 1-14 所示。其存储特点是读写数据速度快，可与 CPU 配合，但存储的信息一旦断电就全部丢失。同样存储容量下成本比外存储器成本高。

（1）存储容量：存储器的容量单位有：位（Bit）、字节（Byte，简写为 B）、千字节（KB）、兆字节（MB）、吉字节（GB）和太字节（TB）。

计算机中的信息都是以“位”（bit）为单位存储的。一个位就代表一个 0 或 1，“位” Bit 是最小的存储单位。8 个 Bit 组成一个 Byte，一个 Byte 可存放一个 8 位的二进制数或一个英文字符的编码，两个字节存放一个汉字编码。目前一般微型计算机的内存条容量配置为 1 G 到几十 G 等。

存储容量的换算关系是：

1 KB=1024 B　　1 MB=1024 KB　　1 GB=1024 MB　　1 TB=1024 GB

（2）传输类型：主要分为 DDR、DDR2、DDR3。DDR2 的数据传输位宽由 DDR 的 2bit 变为 4bit，在同等核心频率下，DDR2 的实际工作频率是 DDR 的两倍。DDR3 内存提升数据传输位宽变为 8bit，为 DDR2 两倍。

（3）频率：指内存条在工作频率和数据传输位宽基础上的等效频率，它代表了内存条的读写速度的快慢，单位为：MHz。DDR 常见的是 200、266、333、400，DDR2 常见的是 400、533、667、800，DDR3 常见的是 800、1066、1333、1600。

6. 硬盘

硬盘属于外部存储器，是微机的主要数据存储设备，如图 1-15 所示。其存储特点是：以磁介质保存信息，停电信息不会丢失。相对内存读写数据速度较慢，通常存储容量很大。

图 1-14　内存条

图 1-15　硬盘

（1）存储容量：微型计算机的硬盘存储容量都较大，目前一般从几百 G 到几 T。

（2）转速：转速代表了硬盘的读写速度。一般常见的硬盘转速为 7200 转/秒、10000 转/秒和 15000 转/秒，转速越高，读写速度越快。

7. 输入设备

（1）键盘（Keyboard）。键盘是操作者在使用 PC 机过程中接触最频繁的一种外部设备，如图 1-16 所示。用户编写的计算机程序、程序运行过程中所需要的数据以及各种操作命令等都是由键盘输入的。

目前，微机上常用的键盘有 101 键、102 键、104 键几种。键盘上主要按键有两大类：

①字符键：包括数字、英文字母、标点符号、空格等。

②控制键：包括一些特殊控制键（如删除已输入的字符等）、功能键等。主键盘区键位的排列与标准英文打字机一样。上面的【F1】～【F12】是 12 个功能键，其功能是由软件或用户定义的。右边副键盘区有数字键、光标控制键、加减乘除键和屏幕编辑键等。

（2）鼠标（Mouse）。鼠标现在也已经成为微机上普遍配置的输入设备。从外形看，鼠标是一个可以握在手掌中的小盒子，通过一条缆线与计算机连接，就像老鼠拖着一条长尾巴，如图 1-17 所示。

较早鼠标是机械式的，随着科学技术的发展，出现了光电鼠标。现在多数鼠标都采用 SP/2 或 USB 接口。目前出现的无线鼠标，不需要电缆来传输数据，而是在鼠标中内置发射器，将数据传输到接收器上，再由接收器传给计算机。通常鼠标总是与键盘同时使用的。

对鼠标的基本操作有点击、移动和拖拽。有的鼠标左右键之间还有一个滑轮（称为中间按钮），主要是在浏览多页文档或浏览网页时使用。

除了鼠标以外，还可以见到许多形式不同但功能类似的输入设备。例如，便携式计算机上的触摸板（或者叫做“跟踪板”，其技术名为 Glide Point），使用手指头在触摸板上移动，触摸板下方的传感器将手指移动转换为显示器上光标指示器的位置。其使用方法与鼠标大体相同。

图 1-16　键盘

图 1-17　鼠标

（3）其他设备。输入设备还有摄像头、扫描仪、数码相机、数码摄像机等设备，如图 1-18 所示。

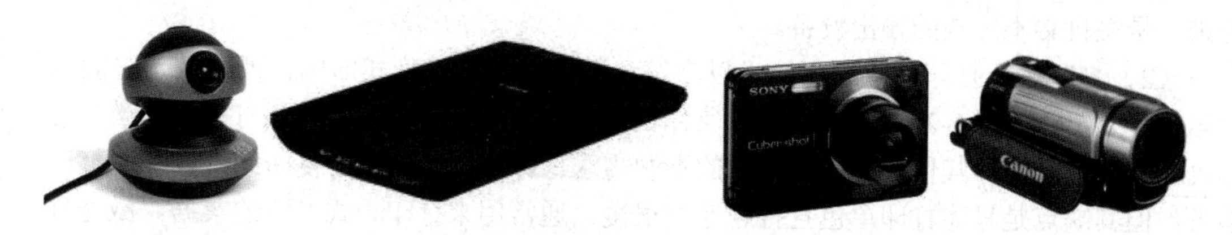

图 1-18　图像输入设备

8. 输出设备

（1）显示器。显示器又称为监视器（Monitor），如图 1-19 所示。显示器是微型机最基本，也是必配的输出设备。微型机系统中使用的阴极射线管显示器简称 CRT。通常，显示器还必须配显示适配器（显示卡），共同构成微型机的显示系统，用于控制显示屏幕上字符与图形的输出。

图 1-19　显示器

显示器与显示卡必须匹配。目前，一般微机上配置的主要显示卡有 MDA、CGA、EGA、VGA 等，如表 2-2 所示。

表 2-2　显示器的显示模式和标准

分辨率	模式	标准	模式
720×350	MDA	单色显示适配器（Monochrome display Adapter）	文本
320×200	CGA	彩色图形适配器（Color Graphics Adapter）	文本/图形
640×350	EGA	增强型图形适配器（Enhanced Graphics Adapter）	文本/图形
640×480	VGA	视频图形阵列（Video Graphics Array）	
800×600	SVGA	超级 VGA（Super VGA）	
1024×768	XGA	扩展图形阵列（eXtend Graphics Array）	图形模式
1280×1024	UVGA	超级 VGA（Ultra VGA）	
1600×1200	—	无	

显示器分为 CRT（阴极射线管显示器）和平板显示器两大类，平板显示器从技术上又分为 LCD（液晶显示器）、LED（发光二极管显示器）。其作用是把微机处理完的结果显示出来，是微机必不可缺的输出设备。

（2）打印机。打印机将输出信息以字符、图形、表格等形式印刷在纸上，是重要的输出设备之一。如图 1-20 所示。目前，常用的打印机有针式打印机、喷墨打印机、激光打印机三种，各自发挥其优点，满足用户的不同需求。针式打印机可与复印纸结合一次打印多页，但其缺点是只能打印单色且打印速度很慢，通常用来打印一式多联的票据。激光打印机的打印速度最快，打印效果最佳，但是所用耗材太贵，尤其是彩色激光打印机的实用成本很高。喷墨打印机的打印速度介于激光打印机和针式打印机之间，打印质量较好，多用耗材成本较低，通常考虑成本，需要彩色打印的场合多用喷墨打印机。

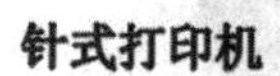

喷墨打印机　　激光打印机

图 1-20　打印机

9. 其他外部设备

随着计算机系统功能不断扩大，所连接的外部设备也越来越多，外部设备的种类也越来越多。目前，不少设备上同时集成了输入/输出两种功能，如调制解调器、光盘刻录机等。

（1）显卡。显卡在工作时与显示器配合输出图形、文字。显卡的作用是将计算机系统所需要的显示信息进行转换驱动，并向显示器提供行扫描信号，控制显示器的正确显示，是连接显示器和个人微机主板的重要元件，是“人机对话”重要设备之一，如图 1-21 所示。随着 3D 技术的普及，计算机对显卡的要求越来越高，显卡在 2D 显卡的基础上发展成为 3D 显卡。

GPU 的类型：高性能的独立显卡拥有独立的运算器，成为 GPU，GPU 是显示卡的“心脏”，也就相当于 CPU 在微机中的作用，它决定了该显卡的档次和大部分性能，同时也是 2D 显示卡和 3D 显示卡的区别依据。

显存容量：是显卡上本地显存的容量数，这是选择显卡的关键参数之一。显存容量的大小决定着显存临时存储数据的能力，在一定程度上也会影响显卡的性能。主流显卡的显存容量从 512M 到几个 G。

（2）声卡。声卡将微机中二进制形式的声音转换成模拟音频信号送到音箱上发出声音。如图 1-22 所示。

图 1-21　显卡

图 1-22　声卡

（3）网卡。网卡是用来建立局网并连接到 Internet 的重要设备之一，如图 1-23 所示。在整合型主板中常把显卡、声卡、网卡部分或全部以芯片的形式集成在主板上。 通常，独立板卡的性能要比集成板卡的性能高。尤其是独立显卡的性能与集成显卡性能的差距是非常大的。

（4）调制解调器。英文名为“Modem”，俗称“猫”，如图 1-24 所示，是通过电话线上网时必不可少的设备之一。它的作用是将微机上处理的数字信号转换成电话线传输的模拟信号。

图 1-23　网卡

图 1-24　Modem

（5）光驱。光驱全称叫光盘驱动器，是用来读写光盘内容的设备。随着光盘作为存储介质的广泛应用，光驱在台式机和笔记本上几乎成为标准配置。目前，光驱可分为CD-ROM 驱动器、DVD 光驱（DVD-ROM）、康宝（COMBO）和 DVD刻录机等。如图 2-22 所示。

1.4　计算机系统的组成

计算机的广泛应用对人们的学习、生活和工作方式产生了巨大的影响，它既是一门科学，也是一种科学工具。学习必要的计算机知识，掌握一定的计算机操作技能，是现代人的知识结构中不可或缺的组成部分。

1.4.1　计算机系统的基本组成

一个完整的计算机系统包括硬件系统和软件系统两个部分。计算机通过执行程序而运行，计算机工作时硬件和软件协同工作，二者缺一不可。

硬件是指计各种物理装置，包括算机系统中的控制器、运算器、内存储器、I/O 设备以及外存储器等。它是计算机系统的物质基础。

软件是相对于硬件而言的。从狭义的角度上讲，软件是指计算机运行所需的各种程序；而从广义的角度上讲，还包括手册、说明书和有关的资料，软件系统看重解决如何管理和使用机器的问题。没有硬件，谈不上应用计算机；但光有硬件而没有软件，计算机也不能工作。硬件和软件是相辅相成的，只有配上软件的计算机才成为完整的计算机系统。计算机系统的基本组成如图 1-25 所示。

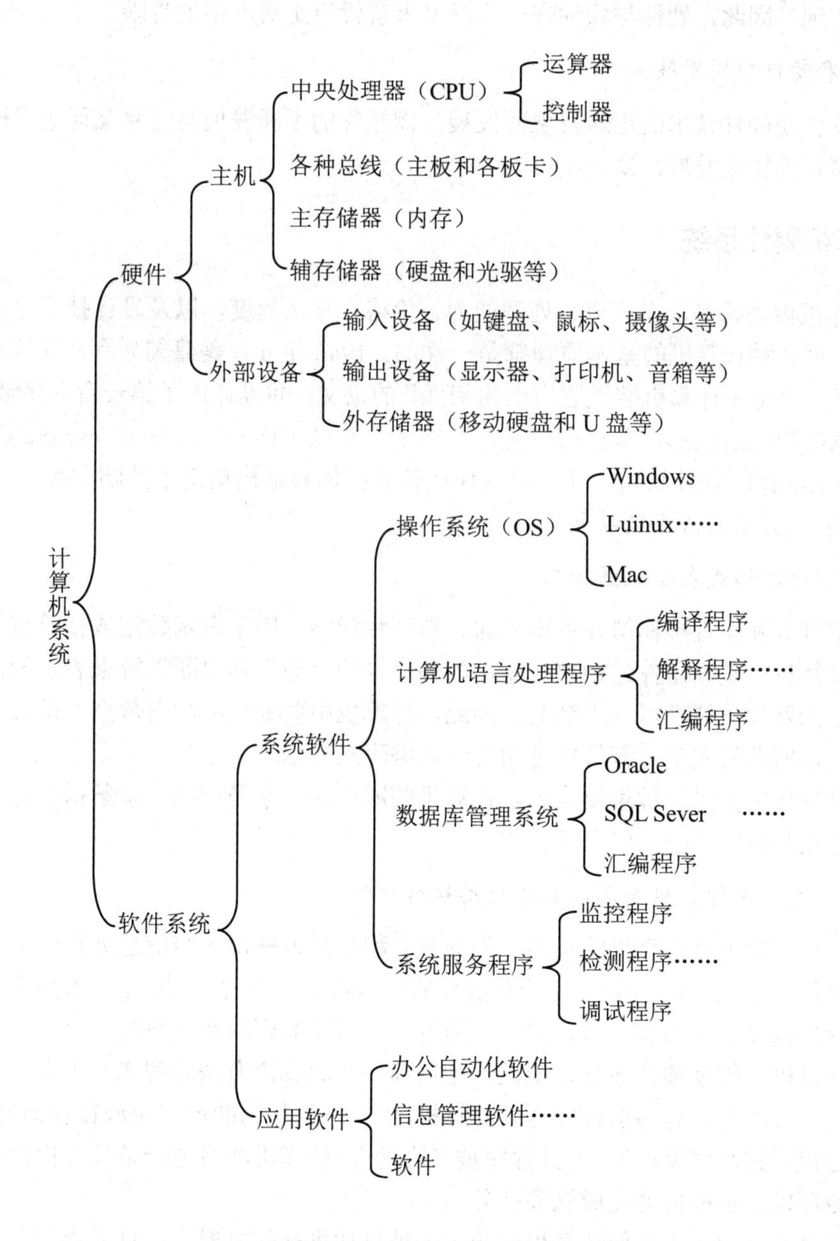

图 1-25　计算机系统的基本组成

硬件和软件是一个完整的计算机系统互相依存的两大部分。它们的关系主要体现在以下几个方面。

1. 硬件和软件互相依存

硬件是软件赖以工作的物质基础，软件的正常工作是硬件发挥作用的唯一途径。计算机系统必须要配备完善的软件系统才能正常工作，并且才能充分发挥其硬件的各种功能。

2. 硬件和软件无严格界限

随着计算机技术的发展，在许多情况下，计算机的某些功能既可以由硬件实现，也可以由软件来实现。因此，硬件与软件在一定意义上说没有绝对严格的界限。

3. 硬件和软件协同发展

计算机软件随硬件技术的迅速发展而发展，而软件的不断发展与完善又促进了硬件的更新，两者密切地协同发展，缺一不可。

1.4.2 计算机硬件系统

虽然计算机种类繁多，在规模、处理能力、价格、复杂程度，以及设计技术等方面有很大的差别，但各种计算机的基本原理都是一样的。1946 年 6 月美籍匈牙利科学家冯·诺依曼教授发表了“电子计算机装置逻辑结构初探”的论文，并设计出了第一台“存储程序”计算机 EDVAC（埃德瓦克），即离散变量自动电子计算机（The Electronic Discrete Variable Automatic Computer）。这种结构的计算机为现代计算机体系结构奠定了基础，成为“冯·诺依曼体系结构”，其主要特点是以下 3 个。

1. 采用二进制形式表示数据和指令

采用二进制 0 和 1 直接模拟开关电路通、断两种状态，用于表示数据或计算机指令。

数据在计算机中是以器件的物理状态，如晶体管的“通”和“断”等来表示的，这种具有两种状态的器件只能表示二进制数。因此，计算机中要处理的所有数据，都要用二进制数字来表示，所有的文字、符号也都用二进制编码来表示。

指令是计算机中的另一种重要信息，计算机的所有动作都是按照一条条指令的规定来进行的。指令也是用二进制编码来表示的。

2. 把指令存储在计算机内部，且能自动执行指令

存储程序控制原理是计算机的基本工作原理。程序是为解决一个信息处理任务而预先编制的工作执行方案，是由一串 CPU 能够执行的基本指令组成的序列，每一条指令规定了计算机应进行什么操作（如加、减、乘、判断等）及操作需要的有关数据。

当要求计算机执行某项任务时，就设法把这项任务的解决方法分解成一个个步骤。再用计算机能够执行的指令编写出程序送入计算机，以二进制代码的形式存放在存储器中（习惯上把这一过程叫做程序设计）。一旦程序被“启动”，计算机严格地一条条分析执行程序中的指令，便可以逐步地自动完成这项任务。

程序存储最主要的优点是使计算机变成了一种自动执行的机器。一旦程序被存入计算机被启动，计算机就可以独立地工作，以电子的速度一条条地执行指令。虽然每一条指令能够完成的工作很简单，但通过成千上万条指令的执行，计算机就能够完成非常复杂、意义重大的工作。

3. 计算机硬件的五大组成部分

计算机由运算器、控制器、存储器、输入设备和输出设备五大部件组成，每一部件分别按要求执行特定的基本功能，如图 1-26 所示。

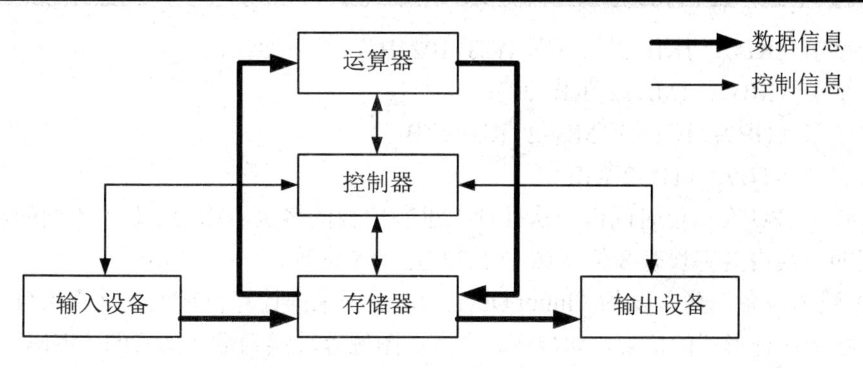

图 1-26 冯 • 诺依曼计算机结构示意图

（1）运算器。运算器又称算术逻辑单元（Arithmetical and Logical Unit）。运算器的主要任务是执行各种算术运算和逻辑运算。运算器的主要功能是对数据进行各种运算。这些运算除了常规的加、减、乘、除等基本的算术运算之外，还包括能进行逻辑判断的逻辑处理能力，即“与”“或”“非”这样的基本逻辑运算以及数据的比较、移位等操作。

（2）控制器。控制器（Control Unit），是整个计算机系统的控制中心，协调指挥计算机各部件工作的元件。它的基本任务就是根据种类指纹的需要，综合有关的逻辑条件与时间条件产生相应的微命令。它一般由指令寄存器、状态寄存器、指令译码器、时序电路和控制电路组成。

通常把运算器与控制器合称为中央处理单元（Central Processing Unit，CPU）。工业生产中总是采用最先进的超大规模集成电路技术来制造中央处理单元，即 CPU 芯片。它是计算机的核心部件。它的性能主要是工作速度和计算精度，对机器的整体性能有全面的影响。

（3）存储器。存储器（Memory Unit）分为内存储器（简称内存或主存）、外存储器（简称外存或辅存）。其主要功能是存储程序和各种数据信息，并能在计算机运行过程中高速、自动地完成程序或数据的存取。

存储器是具有“记忆”功能的设备，它用具有两种稳定状态的物理器件来存储信息，这些器件也称为记忆元件。记忆元件的两种稳定状态分别表示为“0”和“1”。日常使用的十进制数必须转换成等值的二进制数才能存入存储器中。计算机中处理的各种字符，例如英文字母、运算符号等，也要转换成二进制代码才能存储和操作。

计算机采用按地址访问的方式到存储器中存数据和取数据。即在计算机程序中，每当需要访问数据时，要向存储器送去一个地址指出数据的位置，同时发出一个“存放”命令（伴以待存放的数据），或者发出一个“取出”命令。

计算机在计算之前，程序和数据通过输入设备送入存储器。计算机开始工作之后，存储器还要为其他部件提供信息，也要保存中间结果和最终结果。因此，存储器的存数和取数的速度是计算机系统的一个非常重要的性能指标。

衡量存储器性能的另一个重要指标是存储容量，用来反映存储器所能容纳信息的多少。正如描述重量需要用重量单位来衡量，描述长度需要用长度单位来衡量一样，描述存储器的容量也需要用信息单位来衡量。衡量存储容量的信息单位有以下几种。

①位（bit）：最小的信息单位。二进制的一个“0”或一个“1”为 1 位。

②字节（Byte）：最基本的信息单位，8 个二进制位为 1 字节，即 1B=8bit。

③千字节（KB）：1KB=2^{10}B，即 1KB=1024B

④兆字节（MB）：1MB=2^{10}KB=2^{20}B

⑤吉字节（GB）：1GB=2^{10}MB=2^{20}KB=2^{30}B

⑥太字节（TB）：1TB=2^{10}GB

⑦字长：CPU 在单位时间内一次处理二进制位数的多少，称为字长。不同的计算机字长是不同的，常用的字长有 8 位、16 位、32 位、64 位等。

（4）输入设备。输入设备（Input Device），是用来向计算机输入各种原始数据和程序的设备。它把各种形式的信息，如数字、文字、图像等转换为数字形式的“编码”，即计算机能够识别的用“1”和“0”表示的二进制代码（实际上是电信号），并把它们“输入”到计算机内存储起来。键盘是必备的输入设备，常用的输入设备还有鼠标、扫描仪、图形输入板、视频摄像机等。

（5）输出设备。输出设备（Output Device），是从计算机输出各类数据的设备。它把计算机加工处理的结果（仍然是数字形式的编码）变换为人或其他设备所能接收和识别的信息形式，如文字、数字、图形、声音等。常用的输出设备有显示器、打印机、绘图仪等。通常把输入设备和输出设备合称为 I/O（输入/输出）设备。

1.4.3 计算机软件系统

计算机软件通常分为“应用软件”和“系统软件”两大类。

1. 应用软件

应用软件指专门为解决某个应用领域内具体问题而编制的软件（或实用程序），如工资管理、仓库管理等程序。应用软件，特别是各种专用软件包也经常是由软件厂商提供的。目前，在微机上常见的应用软件有如下几类。

（1）办公自动化软件。用于日常办公的各种软件，如：Word、Excel、PowerPoint 等。

（2）信息管理软件。用于输入、存储、修改、检索各种信息。如工资管理软件、人力资源管理软件、仓库管理软件、计划管理软件等。这种软件发展到一定水平后，可以将各个单项软件连接起来，构成一个完整的、高效的管理信息系统。

（3）计算机辅助设计软件。用于高效地绘制、修改工程图纸，进行常规的设计计算，帮助用户寻求较优的设计方案。常用的有 AutoCAD 等软件。

（4）实时控制软件。用于随时收集生产装置、飞行器等的运行状态信息，并以此为根据按预定的方案实施自动或半自动控制，从而安全、准确地完成任务或实现预定目标。

从总体上来说，无论是系统软件还是应用软件，都朝着外延进一步“傻瓜化”，内涵进一步“智能化”的方向发展。即软件本身越来越复杂，功能越来越强，但用户的使用越来越简单，操作越来越方便。

2. 系统软件

具有代表性的系统软件有：操作系统、数据库管理系统以及各种计算机语言的处理系统等。

（1）操作系统。操作系统（Operating System，OS），是最基本的系统软件，是使计算机系统本身能有效工作的必备软件。操作系统的任务是：管理计算机硬件资源，并且管理其上的信息资源（程序和数据），此外还要支持计算机上各种硬软件之间的运行和相互通信。它在计算机系统中占有特殊、重要的地位。

操作系统是由许多程序组成。其中有的管理磁盘，有的管理输入输出，有的管理 CPU、内存等等。当计算机配置了操作系统后，用户不再直接对计算机硬件进行操作，而是利用操作系统所提供的命令和其他方面的服务去操作计算机。因此，操作系统是用户操作和使用计算机的强有力的工具，或者说是用户与计算机之间的接口。

（2）语言处理系统。计算机在执行程序时，首先要将存储在存储器中的程序指令逐条地取出来，并经过译码后向计算机的各部件发出控制信号，使其执行规定的操作。计算机的控制装置能够直接识别的指令是用机器语言编写的，而用机器语言编写一个程序并不是一件容易的事。

实际上，绝大多数用户都使用某种程序设计语言，如 Visual Basic、C++、Delphi 等来编写程序。但是用这些语言编写的程序 CPU 是不认识的，必须要经过翻译变成机器指令后才能被计算机执行。负责这种翻译的程序称为编译程序或解释程序。为了在计算机上执行由某种程序设计语言编写的程序，就必须配置有该种语言的语言处理系统。

（3）数据库管理系统。数据处理是当前计算机应用的一个重要领域。计算机的效率主要是指数据处理的效率。有组织地、动态地存储大量的数据信息，而且又要使用户能方便、高效地使用这些数据信息，是数据库管理系统的主要功能。应用较多的数据库管理系统有 Oracle、Informix、Sybase、SQL Server、Access 等。

（4）网络管理软件。网络管理软件主要是指网络通信协议及网络操作系统。其主要功能是支持终端与计算机、计算机与计算机以及计算机与网络之间的通信，提供各种网络管理服务，实现资源共享，并保障计算机网络的畅通无阻和安全使用。

3. 程序设计语言

在使用计算机解决问题时，必须使用某种“语言”来和计算机进行交流。也就是说，利用某种计算机语言提供的命令来编制程序，并把程序存储在计算机的存储器中，然后在这个程序的控制下运行计算机，达到解决问题的目的。用于编写计算机可执行程序的语言称为程序设计语言，程序设计语言按其发展的先后可分为机器语言、汇编语言和高级语言。

（1）机器语言。能被计算机直接理解和执行的指令称为机器指令，它在形式上是由“0”和“1”构成的一串二进制代码。每种计算机都有自己的一套机器指令，机器指令的集合就是机器语言。

机器语言与人所习惯的语言，如自然语言、数学语言等差别很大，难学、难记、难读，因此很难用来开发实用的计算机程序。

（2）汇编语言。汇编语言（Assembly Language），亦称为符号语言，是面向机器的程序设计语言。在汇编语言中，用助记符（Memoni）代替操作码，用地址符号（Symbol）或标号（Label）代替地址码。这样用符号代替机器语言的二进制码，就把机器语言变成了汇编语言。

使用汇编语言编写的程序，机器不能直接识别，要由一种程序将汇编语言翻译成机器语言，这种起翻译作用的程序叫汇编程序。汇编程序是系统软件中语言处理系统软件，把汇编语言翻译成机器语言的过程称为汇编。

（3）高级语言。高级语言主要是相对于汇编语言而言，它并不是特指某一种具体的语言，而是包括了很多编程语言，如目前流行的C#、Java、vb.net、C、C++、Visual FoxPro、Delphi等。这些语言的语法、命令格式都各不相同。

高级语言具有学习容易、使用方便、通用性强、移植性好等特点，便于各类人员学习和应用。例如，使用Visual FoxPro语言，如果想得到$6\sqrt{1-x}$的计算结果，编写和执行下面的语句即可。

? 6*sqrt（1-x）

汇编语言和高级语言程序（称为源程序）都必须经过相应的翻译程序翻译成由机器指令表示的程序（称为目标程序），然后才能由计算机来执行。这种翻译通常有两种方法：

①编译方式：将高级语言源程序输入计算机后，调用编译程序（事先设计的专用于翻译的程序）将其整个地翻译成机器指令表示的目标程序，然后执行目标程序，得到计算结果，如图1-27所示。

②解释方式：在高级语言源程序输入计算机后，启动解释程序，翻译一句源程序，执行一句，直到程序执行完为止，如图1-28所示。

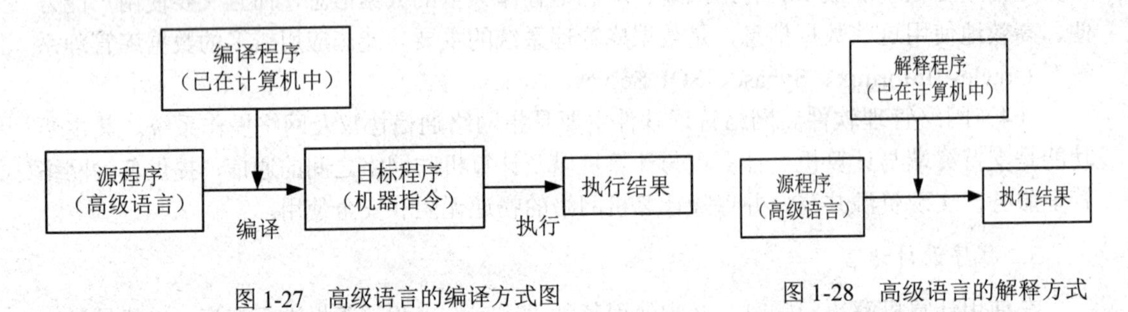

图1-27　高级语言的编译方式图

图1-28　高级语言的解释方式

1.4.4　计算机的基本工作原理

计算机的基本工作原理很简单，其任务就是执行指令，其工作过程是由所存储并执行的程序控制的。在计算机工作前，先将待执行的程序装入计算机的内存储器，启动计算机工作后，控制器逐条地从内存中取出指令，分析其操作性质，然后按一定顺序发出指定操作所需的控制命令，直至该条指令执行完毕。指令执行过程如图1-29所示。

一条指令执行的全过程，可以分为三个阶段：取出指令、分析指令、执行指令。其实现过程如下。

（1）计算机启动工作后，首先将待执行程序在内存中的起始地址送入程序计数器PC。

（2）控制器根据PC中的地址，从存储器中取出指令，送入指令寄存器IR。

（3）IR中的操作码部分经指令译码器ID译码，将识别出的操作性质送入操作命令产生部件。

（4）由操作命令产生部件按一定顺序发出一系列控制命令信号，送到各有关部件，使各部件完成指令所规定的操作。

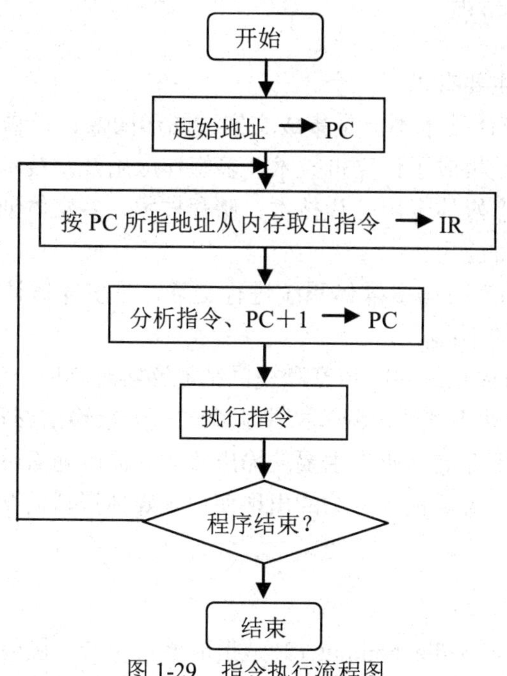

图 1-29　指令执行流程图

在完成上述操作过程中，当 PC 送出指令地址到内存取出指令后，PC 内容自动加 1，随即准备好下一条指令在内存的单元地址。这样，待前一条指令执行完后，再从 PC 中送出的就是下一条指令在内存中的存放地址，按这一地址取出的必定是下一条指令，这就又开始了下一条指令的执行过程。计算机就是这样逐条、自动地取出指令、分析指令、执行指令。按这一循环执行过程运转，直到所执行程序段的全部指令执行完毕。

如遇"转移指令"要实现程序分支时，在转移指令代码中指定程序欲转移地址，则在该条指令的执行阶段，会将转移地址送入 PC。因而当开始下一次取指令阶段时，PC 给出的是转移地址，按此地址再去内存取出指令，就完成了程序的转移。

1.5　多媒体技术简介

1.5.1　多媒体技术的概念

人类在信息交流中要使用各种信息载体，即媒体。在计算机领域中，媒体有两种含义：一是指传播、表示信息的载体，如语言、文字、图形图像、音频、视频、动画等；二是指存储信息的载体，如 ROM、RAM、磁带、磁盘、光盘等。多媒体技术中的媒体主要是指前者。

多媒体技术是指利用计算机把文字、图形图像、音频、视频、动画等媒体信息数字化，并将其集成为具有交互性的一个信息表示系统。

1.5.2 多媒体技术的特点

多媒体技术的特点主要有以下几个。

（1）集成性。多媒体技术不但是集成文字、图形图像、音频、视频、动画等各种媒体的一种应用技术，也是集成了计算机技术、多媒体应用开发技术、视频和音频技术等媒体的编码和压缩技术、多媒体专用芯片技术、储存技术、多媒体创作工具及开发环境等硬件技术和软件技术的一种应用。

（2）交互性。使用者可与多媒体系统进行交互，是多媒体计算机技术的特色之一，也是它和传统媒体最大的不同。

（3）实时性。多媒体系统中的声音和视频都能够实时响应，满足使用者的交互需求。

（4）多样性。多媒体系统的出版模式中强调的是无纸输出形式，以 CD、DVD、大容量硬盘、移动存储设备等存储介质为主要的输出载体。同时随着网络的发展，多媒体的输出也有了更理想的载体，大量视频网站的出现使得多媒体资料的交流变得更加通畅。

1.5.3 多媒体计算机

多媒体计算机（multimedia computer）是指能够对声音、图像、视频等多媒体信息进行综合处理的计算机。1985 年出现了第一台多媒体计算机，其主要功能是可以把音频、视频、图形图像和计算机交互式控制结合起来，进行综合的处理。多媒体计算机一般是指多媒体个人计算机（MPC）。现在用户所购买的个人电脑绝大多数都属于多媒体计算机。

多媒体计算机系统一般由多媒体计算机硬件系统和多媒体计算机软件系统组成。

1. 多媒体计算机的硬件系统

多媒体计算机硬件系统主要包括以下几部分。

（1）多媒体主机，如个人计算机、工作站等。

（2）多媒体输入设备，如摄像机，电视机、麦克风、录音机、CD-ROM、扫描仪等。

（3）多媒体输出设备，如打印机、绘图仪、音响、电视机、录像机、投影仪等。

（4）多媒体存储设备，如硬盘、光盘、移动存储设备等。

（5）多媒体功能卡，如视频采集卡、声卡、通信卡等。

（6）操作控制设备，如鼠标、操纵杆、键盘，触摸屏等。

2. 多媒体计算机的软件系统

多媒体计算机的软件系统是以操作系统为基础的，除此之外，还有多媒体数据库系统、多媒体压缩 / 解压缩软件、多媒体声像同步软件、多媒体通信软件等。特别需要指出的是，多媒体系统在不同领域中的应用需要有多种开发工具，而多媒体开发和创作工具为多媒体系统提供了方便直观的创作途径。

3. 多媒体计算机的技术特点

多媒体计算机的技术特点主要有以下几个。

（1）高集成性。多媒体计算机采用高集成度的微处理器芯片，在单位面积上容纳更

多的电器元件，大大提高了集成电路的可靠性、稳定性和精确性。多媒体计算机的高集成性还表现在把多种媒体信息有机地结合在了一起，使丰富的信息内容在较小的时空内得到完美的展现。多媒体计算机的集成是数字化的集成、非线性的集成和可交互式的集成。

（2）全数字化。数字化是通过半导体技术、信息传输技术、多媒体计算机技术等实现信息数字化的一场信息技术革命。多媒体计算机的数字化技术，包括信息的数——模转换技术、综合控制技术、数字压缩技术、语言识别技术、液晶显示技术、虚拟现实技术等，是用 0 和 1 两位数字编码来实现信息的数字化，完成信息的采集、处理、存储、表达和传输。数字化后的信息，处理速度快，加工方式多，灵活性大，精确度高，没有复制失真和信号丢失现象，便于信息的存储、表达和网络传输。

（3）高速度。多媒体计算机采用的是高速的元器件，加上先进的设计和运算技巧，使它获得了很高的运算速度。现在的多媒体计算机，其运算速度每秒可达几亿次、数十亿次乃至上百亿次。而目前发达国家正在研制的新一代计算机——光子计算机、量子计算机，其运算速度又将提高数百倍。这一高速化的发展，能使计算机跨进诸如高速实时处理图像、提高计算机智能化程度等很多新的领域，发挥其更大的作用。

（4）交互性；多媒体计算机的交互性主要表现为人与计算机的相互交流。如计算机通过友好的、多模式的人——机交流界面，能够读懂人们以手写字体输入的信息，能够识别具有不同语音、语调的人们用自然语言输入的信息，能够对人们所输入的信息进行分析、判断和处理，并给出必要的反馈信息，如：提示、建议、评价或答案。另外，多媒体计算机的交互性还表现为人与人通过计算机的相互交流和计算机与计算机的信息交互。这样，就使计算机具有了人性味道，真正成了人类亲密的朋友，方便又易于使用的现代工具。

（5）非线性。这里的非线性，是多媒体计算机的一种时空技术特性。时间本来是一维的，从过去、现在到将来，顺序发展，不可逆转。但多媒体计算机中的信息，却可以打破时间顺序，前、中、后灵活选择、自由支配。更重要的是，所有这些都能够即时完成。空间本来是三维的、统一的，但是人们在多媒体计算机中搜寻、观看和使用信息时，却可以打破空间统一的格局，从整体、从局部、从不同角度选择信息，可放大、可缩小、可以观看一个点，也可以观看它展开的全过程，所有这些也都是即时完成的。

（6）高智能；多媒体计算机具有人的某些智慧和能力，特别是思维能力，会综合、会分析、会判断、会决策，能听懂人们所说的话，能识别人们所写的字，能从事复杂的数学运算，能记忆海量的数字化信息，能虚拟现实中的人和事物。当今发达国家正在联合研制和开发一种具有人类大脑部分功能的神经网络个人计算机和用蛋白质及其他大分子组成的生物计算机，这些计算机具有非凡的运算能力、记忆能力、识别能力和学习能力，有些能力如运算能力和记忆能力，是天才的人脑也无法企及的。

本章小结

本章主要讲述了计算机的诞生与发展，计算机系统的特点、分类及应用，微型计算机基本知识，计算机系统的组成，多媒体技术简介和计算机病毒与防治。通过本章的学习，读者应该了解计算机的诞生、发展阶段及其发展趋势；掌握计算机有哪些特点，其有哪些分类，有哪些应用领域；了解微型计算机的种类、主要性能指标；掌握微型计算机的组成、微型计算机硬件组成和主要参数；掌握计算机系统是由硬件和软件两部分组成，并掌握计算机的基本工作原理；了解多媒体技术的概念和特点，掌握多媒体计算机的硬件系统、软件系统及其技术特点。

习题 1

1. 填空题

（1）软件系统分为________软件和________软件两类。

（2）ROM、RAM、UPS 的中文意义分别是_______、_______和_______。

（3）计算机能直接访问的存储器是_______。

（4）地址总线的位数决定了计算机的______________能力，数据总线的宽度决定了计算的_________。

（5）存储器、CPU 和输入输出接口集成在一起，称为_______计算机。

（6）对显示器而言，_______越高，组成的字符和图形的点密度越高，显示的画面就越清晰。所以分辨率越高其性能越好。

2. 选择题

（1）以下哪个不是计算机的特点________。

A. 计算机的运算速度快

B. 计算机的准确度高

C. 计算机的存储容量巨大

D. 计算机的体积很小

（2）办公自动化属于计算机的哪项应用________。

A. 数据处理　　B. 科学计算　　C. 辅助设计　　D. 人工智能

（3）下面有关计算机操作系统的叙述中，________是正确的。

A. 操作系统是计算机的操作规范

B. 操作系统是使计算机便于操作的硬件

C. 操作系统是便于操作的计算机系统

D. 操作系统是管理系统资源的软件

（4）下面有关计算机的叙述中，_______是正确的。

A. 计算机的主机包括 CPU、内存储器和硬盘三部分

B. 计算机程序必须装载到内存中才能执行

C. 计算机必须具有硬盘才能工作

D. 计算机键盘上字母键的排列方式是随机的

（5）CPU 中的_______可存放少量数据。

A. 存储器　　B. 辅助存储器

C. 寄存器　　D. 只读存储器

（6）内存储器的基本存储单位是_______。

A．比特　　B．字节　　C．字　　D．字符

（7）内存储器中的每个存储单元都被赋予一个唯一的序号，称为________。

A．序号　　B．下标　　C．编号　　D．地址

（8）显示器的________越高，显示的图像越清晰。

A．对比度　　B．亮度

C．对比度和亮度　　D．分辨率

（9）激光打印机是________式打印机。

A．页　　B．字符式　　C．行　　D．针

（10）完整的计算机系统是由________组成的。

A．主机和外设系统

B．硬件和软件系统

C．冯・诺依曼和非冯・诺依曼系统

D．Windows 系统和 UNIX 系统

（11）内存储器的基本存储单位是________。

A．比特　　B．字节　　C．字　　D．字符

（14）存储器中的每个存储单元都被赋予一个唯一的序号，称为________。

A．序号　　B．下标　　C．编号　　D．地址

3. 判断题

（1）计算机内存的基本存储单位是比特。（　　）

（2）数据库管理系统属于应用软件的范畴。（　　）

（3）CGA、EGA、VGA、SVGA 表示的是主机的类型。（　　）

（4）外存上的信息可直接进入 CPU 被处理。（　　）

（5）操作系统只负责管理内存储器，而不管理外存储器。（　　）

（6）显示器的分辨率不但取决于显示器，也取决于配套的显示器适配器。（　　）

（7）数据总线的宽度决定了在内存和 CPU 之间数据交换的效率。（　　）

（8）硬件和软件是一个完整的计算机系统互相依存的两大部分。（　　）

（9）通常把控制器与运算器合称为 CPU，即中央处理器。（　　）

4. 思考题

（1）计算机系统是由哪两部分组成的？

（2）计算机硬件由哪五部分组成？

（3）微型计算机的主要技术指标有哪些？

（4）衡量 CPU 性能的主要技术指标有哪些？

（5）RAM 和 ROM 的功能是什么?比较它们的特点与不同之处？

（6）总线有哪些标准？按总线上传输信息类型可以将总线分为哪几种？

第2章　Windows 7 操作系统基础

【本章概览】

Windows 是最常见的用于微机的操作系统，而 Windows 7 是目前比较主流的操作系统。Windows 7 有简易版、家庭普通版、家庭高级版、专业版及旗舰版等多个版本。其中，简易版保留了一些用户比较熟悉的特点和兼容性，并吸收了在可靠性和相应速度方面的最新技术进步；家庭普通版可以更快、更方便地访问使用最频繁的程序和文档；家庭高级版拥有最佳的娱乐功能，可以轻松地欣赏和共享电视节目、照片、视频和音乐；专业版提供办公和家用所需的一切功能；旗舰版集各版本功能之大全，兼备家庭高级版的娱乐功能和专业版的商务功能，同时增加了安全功能以及在多语言环境下工作的灵活性。

【本章目标】

- 了解 Windows 7 特色、主要硬件配置和常用术语。
- 掌握 Windows 7 的的启动和退出，了解 Windows 7 的桌面，掌握应用出现的打开与切换、Windows 7 窗口的组成与操作、Windows 7 对话框的操作。
- 了解资源管理器和库的基本知识，掌握文件与文件夹的基本知识、文件与文件夹的基本操作、磁盘的基本操作。
- 理解如何设置日期和时间、区域和语言，理解如何添加或删除程序、网络地址配置、安装打印机驱动、共享文件及打印机。

2.1　Windows 7 系统简介

2.1.1　Windows 7 系统特色

Windows 7 系统特色主要有以下几个。

（1）易用。Windows 7 做了许多方便用户的设计，如快速最大化，窗口半屏显示，跳转列表（Jump List），系统故障快速修复等。

（2）快速。Windows 7 大幅缩减了 Windows 的启动时间，据实测，在当时的中低端配置下运行，系统加载时间一般不超过 20 秒。

（3）简单。Windows 7 会让搜索和使用信息更加简单，包括本地、网络和互联网搜索功能，直观的用户体验将更加高级，还会整合自动化应用程序提交和交叉程序数据透明性。

（4）安全。Windows 7 包括了改进的安全和功能合法性，还会把数据保护和管理扩展到外围设备。Windows 7 改进了基于角色的计算方案和用户账户管理，在数据保护和坚固协作的固有冲突之间搭建沟通桥梁，同时也会开启企业级的数据保护和权限许可。

（5）特效。Windows 7 效果华丽，有碰撞效果，水滴效果，还有丰富的桌面小工具。

（6）效率。Windows 7 中，系统集成的搜索功能非常的强大，只要用户打开“开始”菜单并开始输入搜索内容，无论要查找应用程序、文本文档等，搜索功能都能自动运行，给用户的操作带来极大的便利。

（7）小工具。Windows 7 的小工具更加丰富， 并没有了像 Windows Vista 的侧边栏，这样，小工具可以放在桌面的任何位置，而不只是固定在侧边栏。

（8）傻瓜式的家庭组网。当你家中拥有数台电脑时，很多人会用有线或者无线网络把这些电脑连接成一个家庭网络。在 Windows 7 中，家庭组网变得十分“傻瓜”，用户只需 30 秒便能设置完毕。在一台安装了 Windows 7 家庭高级版以上版本操作系统的电脑上，打开“控制面板”中的“家庭组”，单击“创建家庭组”，然后在其他的电脑中打开“控制面板”中的“家庭组”并单击“立即加入”加入家庭组，这样即可完成家庭网络的组建。

家庭网络建起来后，还“播放到”功能。通过 Windows 7 中新增的“播放到”功能，可以轻松地在家中的联网电脑、电视或立体声设备上播放音乐和视频。用户只需右键单击想要收听的曲目或者视频文件，然后选择“播放到”，这时菜单会自动弹出已经在家庭网络中的其他设备，如你想在客厅中的大电视上看电影，那就选择在那台连接了电视的电脑上播放视频文件吧。

（9）超炫的多点触控功能。Windows 7 支持超炫的多点触控功能，就像操作 iPhone 手机那样操作电脑。需要放大显示，将两个手指放在支持多点触控的电脑屏幕上，然后分开两个手指；要右键单击文件，使用一个手指触摸它，然后用另外一个手指点击屏幕；要浏览下一张图片，请用手指轻轻向左滑动。

（10）更可靠的性能。相比以前版本，Windows 7 性能有了更好的改进。如 Windows 7 能更快地进入睡眠状态或从睡眠状态中苏醒过来，重新连接到无线网络的速度也更快；当 USB 硬件插入电脑时，Windows 7 只需要数秒时间便能让 USB 设备准备就绪；当系统中有暂时用不上的设备，如蓝牙，Windows 7 会自动停止蓝牙服务，以减少对系统资源的需求，提升系统的整体性能。

2.1.2　Windows 7 主要硬件配置

要保证 Windows 7 系统的运行顺畅，在硬件方面推荐配置最好不低于以下条件。

CPU：1 GHz 及以上的 32 位或 64 位处理器。

内存：至少 1 GB。

显卡：有 WDDM1.0 或更高版驱动的集成显卡 64 MB 以上。

硬盘：20 GB 以上可用空间。

2.1.3 Windows 7 的常用术语

1. 应用程序

应用程序是指为了完成某项或某几项特定任务而被开发运行于操作系统之上的计算机程序。应用程序与应用软件的概念不同，但常常因为概念相似而被混淆。软件指程序与其相关文档或其他从属物的集合。一般我们视程序为软件的一个组成部分。

2. 文件

文件是以单个名称在计算机上存储的信息集合。文件可以是文本文档、图片、程序等等。文件通常具有三/四个字母的文件扩展名，用于指示文件类别（例如，图片文件常常以 JPEG 格式保存并且文件扩展名为 .jpg）。

3. 文件夹（目录）

可以存储文件或其他文件夹的地方，是用来协助人们管理计算机文件的，每一个文件夹对应一块磁盘空间，它提供了指向对应空间的地址，它没有扩展名。

4. 库

“库”相当于以前的“我的文档”，但相对于“我的文档”又有重大改进。以前系统中的“我的文档”只能算是用于文件分类存储的文件夹；而 Windows7 的库却可以收集存储在多个位置中的文件，这是一个细微但重要的差异。库实际上不是文件夹，不存储项目，它监视包含项目的文件夹，并允许您以不同的方式访问和排列这些项目。

5. 路径

用户在磁盘上寻找文件时，所历经的文件夹线路叫路径。路径分为绝对路径和相对路径。绝对路径：从根文件夹开始的路径，以“\”作为开始。相对路径：从当前文件夹开始的路径。

6. 图标

图标是具有明确指代含义的计算机图形。它源自于生活中的各种图形标识，是计算机应用图形化的重要组成部分。它可以表示程序、磁盘驱动器、文件、文件夹或其他项目的图片。

7. 快捷方式

快捷方式是 Windows 提供的一种快速启动程序、打开文件或文件夹的方法。它是应用程序的快速连接。

8. 快捷菜单

显示与特定项目相关的一列命令的菜单，即鼠标右击时出现的那个菜单，所以也叫右键菜单。 要显示快捷菜单，用鼠标右键单击某一项目或按下【Shift+F10】组合键。

9. 快捷键

快捷键，又叫快速键或热键，指通过某些特定的按键、按键顺序或按键组合来完成一个操作，很多快捷键往往与【Ctrl】键、【Shift】键、【Alt】键、【Fn】键以及 Windows 平台下的【Windows】键和 Mac 机上的【Meta】键等配合使用。利用快捷键可以代替鼠标做一些工作，可以利用键盘快捷键打开、关闭和导航“开始”菜单、桌面、菜单、对话框以及网页。

2.2　Windows 7 基本操作

2.2.1　Windows 7 的启动和退出

1. Windows 7 的启动

先打开电源开关，再打开外部设备，最后打开计算机开关，自动启动 Windows 7 操作系统。

系统引导启动完成后，弹出系统登录界面，提示用户登录，用户输入正确的用户名和密码，点击“确定”按钮即可进入 Windows 7 桌面，如图 2-1 所示。

图 2-1　Windows 7 桌面

2. Windows 7 的退出

关闭当前所有正在运行的程序，单击任务栏上“开始”按钮，然后点击“关机”即可直接关闭计算机，最后再关闭外部设备和电源。在开始菜单的“关机”选项中包含有“切换用户（W）”“注销（L）”“锁定（O）”“重新启动（R）”“睡眠（S）”选项，如图 2-2 所示。

图 2-2 “关机”选项

2.2.2 Windows 7 桌面

1. 任务栏和开始菜单

在 Windows 7 桌面最下面的一栏是任务栏，如图 2-3 所示。

任务栏通常情况下是在桌面的下面，也可用鼠标拖动到左边、右边或上边，也可以拖动任务栏的边缘以改变其高度。

图 2-3 任务栏

任务栏的最左边是“开始”按钮，单击该按钮，出现图 2-4 所示的主菜单。

“开始”按钮具有打开应用程序、进行系统设置（如控制面板、设备和打印机等）、打开文档数据、查找文件，以及关闭 Windows 7 视窗等功能。

图 2-4 开始菜单

任务栏的左边部分是“快速启动”工具栏按钮，默认情况不显示。任务栏的中间部分是活动程序的最小化的应用程序，因为 Windows 7 是多任务操作系统，计算机可以同时运行几个程序，运行的程序会在任务栏中显示相应的任务按钮。

任务栏的右边是音量、输入法、时间等显示开关及计算机设置状态的图标和系统日期与时间的显示，最右边是“显示桌面”。

通过右击任务栏，选择任务栏属性，在“任务栏”选项卡中，有“锁定任务栏”“自动隐藏任务栏”“使用小图标”“任务栏位置”“任务栏按钮”等 5 个选项可供选择，如图 2-5 所示。通过此对话框可以对任务栏的属性进行设置。

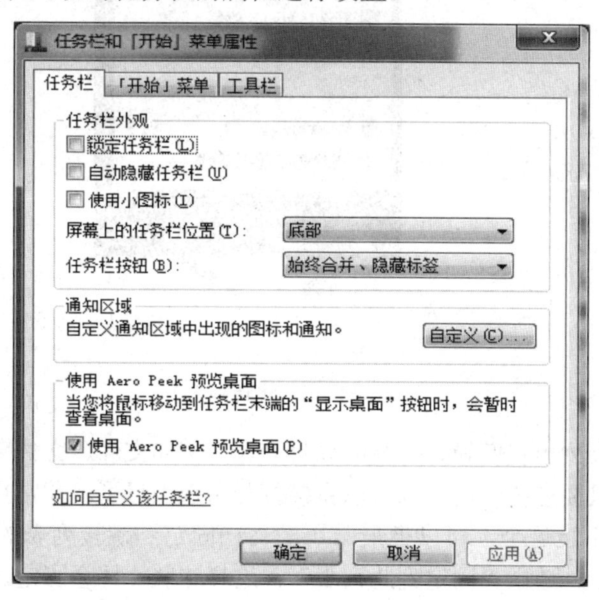

图 2-5　任务栏和[开始]菜单属性

Windows 7 的新任务栏将来自同一个程序的多个不同窗口汇集在任务栏中的一个图标中，如你打开数个 Word 文档，在 Windows 7 任务栏上只会呈现一个 Word 程序的图标；当鼠标移动到这个 Word 图标上时，任务栏会弹出缩略图，数个不同的 Word 文档窗口供你选择；当鼠标停留在某一个 Word 文档的任务栏缩略图上不动时，桌面上显示的当前窗口就会突出显示，其他没有被选中的 Word 文档窗口便会变成透明，让用户更容易找到自己想要的窗口。

Windows 7 任务栏的新功能还不止这些，当你在任务栏程序图标上点击鼠标右键，即可出现关于这个程序的一些经常打开的文档，即跳转列表，甚至用户可以把常用的文件和文件夹放到跳转列表的顶端，这样查找程序就更方便了。

2. 跳转列表

Windows 7 系统有一个跳转列表的功能。跳转列表（Jump List）是 Windows 7 系统中出现的新功能，这个小东西可以帮助我们快速访问常用的文档、图片、歌曲或网站等等，轻松又快捷。

用鼠标右击 Windows 7 任务栏上的程序按钮（包括对于已固定到任务栏的程序和当前正在运行的程序），或者按住鼠标左键将任务栏上的程序按钮往桌面方向拖动，就可以打开跳转列表，如图 2-6 所示。

图 2-6 跳转列表

跳转列表中会列出我们最近打开的项目列表，例如文件、文件夹或网站，这取决于我们选择的程序。只要点击它们，就可以直接打开所选项目了，非常直接。

最方便的还不止这个，可以把最常用的文档固定到跳转列表的顶端“已固定”范围中，如图 2-7 所示，单击“固定到此列表”，这样这些文档会固定在这个位置，不会随着文档打开的时间变动顺序。需要的时候，双击它就可以直接打开这些常用文档。非常方便！如果想从列表中解锁，如图 2-8 所示，单击“从列表中解锁”。

图 2-7 锁定到列表

图 2-8 从列表解锁

有了 Windows 7 系统的跳转列表，也不会因为处理的文档过多而找不到重要文档；都可以轻松从 Windows 7 的跳转列表中快速打开工作时常用文档，省去了寻找文档的时间，思路也不会被打扰，真是快捷又方便，大大提高了工作效率。

3. 主桌面图标

在主桌面上展示的是桌面图标，在此介绍其中的两个。

（1）“计算机”图标。“计算机”图标功能主要用于对文件、文件夹的浏览和管理。双击“计算机”图标，则打开“计算机”窗口，如图 2-9 所示。

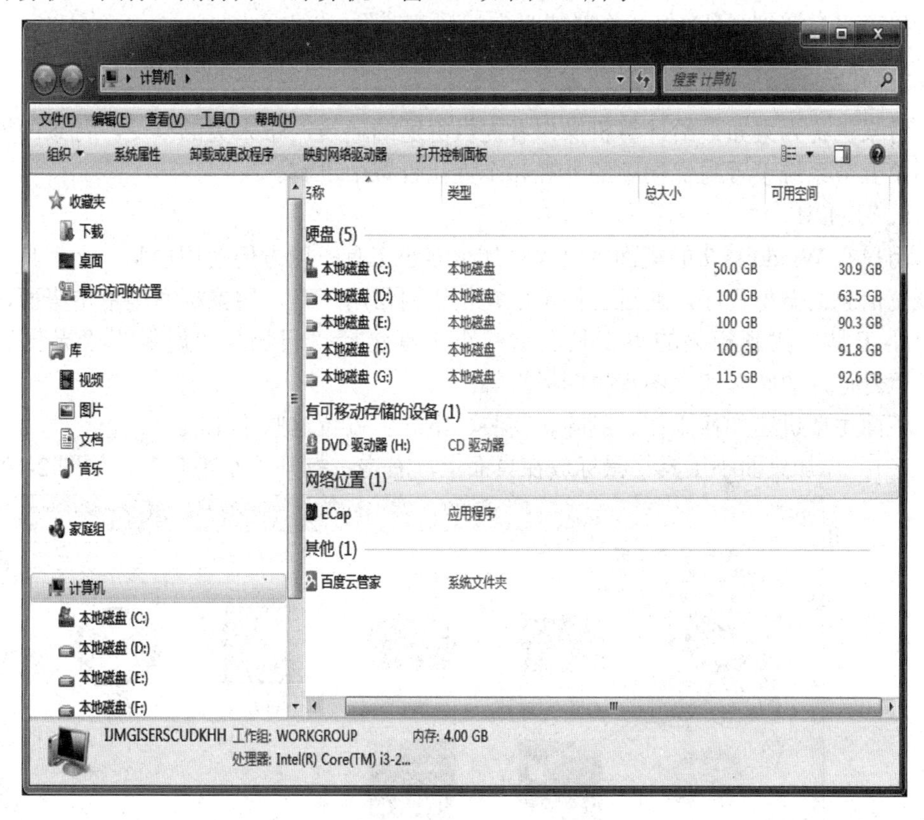

图 2-9　计算机窗口

在“计算机”窗口中，主要展示驱动器图标，可以对驱动器进行选择，并通过驱动器实现对文件夹和文件的浏览和设置。在“计算机”窗口中，用户可以对文件进行全部选中、打开、移动、剪切、复制、粘贴等操作。

（2）“回收站”图标。在 Windows 7 视窗中，对某个文件进行删除操作，此时文件并没有被删除，而是进入了回收站。如果想恢复被丢弃的文件，还可以双击回收站图标，选中对象单击“文件”菜单下的“还原”进行还原；如果确定要删除，以释放磁盘空间，则在回收站窗口选中对象，按【Delete】键或使用菜单加以删除；若需全部删除，可按“清空回收站”按钮。

4. 在桌面上添加快捷方式图标

若要为某个程序或文件在桌面上创建一个快捷方式，有两种可能的方法可供选择。

方法 1：

右键单击桌面上的空白区域，指向“新建”然后单击“快捷方式”。

填入要建立快捷方式文件的路径和文件名或单击“浏览”找到要为其创建快捷方式的程序或文件后单击“下一步”。

根据向导键入快捷方式的名称，单击“完成”。

方法 2：

单击“开始”指向“程序”然后右击您想要创建的快捷方式的程序。

单击“发送到（N）”，选择“桌面快捷方式”。

5．背景

背景也称为桌布，给计算机操作者提供舒适的环境，带来美的享受。背景的设置在本章的第五节系统设置与优化中的外观和个性化设置中讲解。

6．小工具

用户在 Windows 7 的桌面上可以添加很多小工具，以方便使用电脑。小工具就是可提供概览信息的微型程序，通过它们可以轻松访问常用工具。用鼠标右键单击桌面，然后单击“小工具”找到相关的小工具，这些小工具包括“日历”“时钟”“天气”“源标题”“幻灯片放映”和“图片拼图板”等。

下面主要讲述如何添加、删除、安装、下载、设置这些小工具。

（1）添加桌面小工具。鼠标放在桌面上，右击，打开“小工具”，如图 2-10 所示。

图 2-10　打开“小工具”

在弹出列表内双击已经安装的小工具，这时桌面上就会出现了，可以很方便地使用。

（2）删除桌面小工具。只需要将鼠标滑过小工具，然后就会看到关闭按钮，点点击该按钮即可删除该小工具，如图 2-11 所示。

图 2-11　小工具

（3）安装桌面小工具。在小工具页面找到“联机获取更多小工具”，然后浏览器会自动跳转到 Windows 7 小工具安装页面。

找到一款合适的工具，选择下载，然后在下载完毕之后继续打开安装包进行安装。打开下载的文件后，可能会弹出提示框，一般来说都是安全的，允许并安装就可以了。然后桌面和菜单里面就会出现这一款小工具，就可以很方便使用他们。

（4）卸载小工具：如果觉得这款小工具没用的话，可以从桌面移除，但是如何彻底删除，不再列表里面出现呢？就需要用卸载功能了。很简单，右击桌面选择“小工具”打开选择列表，如图 2-12 所示，单击“卸载”→“确认卸载”，完成卸载。

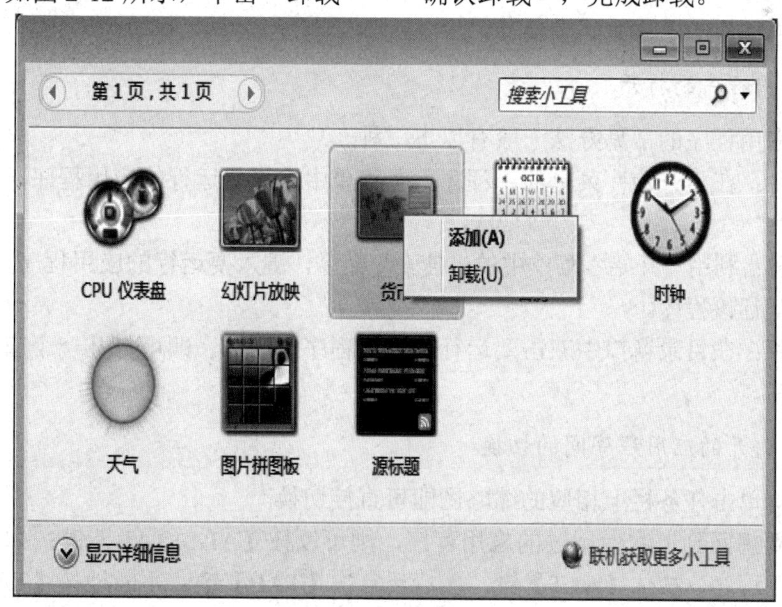

图 2-12　卸载小工具

如果想更好地使用个性化小工具，可以来进行设置，具体的方法就是在小工具右上方找到扳手按钮，如图 2-11 所示，单击扳手打开如图 2-13 所示对话框，然后根据需要进行设置选择。

图 2-13　设置小工具

最后点击“确定“按钮”进行保存。

2.2.3　应用程序的打开与切换

Windows 7 允许同时打开多个应用程序，也可以同时执行多项任务，所以掌握应用程序的打开与切换的方法尤其重要。

1. 应用程序的打开

运行应用程序的常见方法一般有以下三种。

第一种：在“开始”菜单的“程序”子菜单中选择要运行的应用程序，单击即可运行该程序。

第二种：利用“开始”菜单中的“搜索”命令，键入要运行的应用程序，敲击【Enter】键，即可运行该程序。

第三种：在目录窗口中双击要运行的应用程序的图标，即可打开一个应用程序窗口，运行该程序。

2. 已打开的应用程序间的切换

用鼠标单击任务栏上相应的缩略图即可直接切换。

如果要想回到上次使用过的应用程序，则可以按【ALT+TAB】键；如果想要快速回到另一应用程序，按住【ALT】键，然后反复按【TAB】键，不断地按【TAB】键时，会看到每个打开的应用程序的标题，当所要的应用程序的标题出现在屏幕中央时，释放【ALT】键，该程序就出现在前台，此时按回车键，则可进入到该应用程序。

跟踪切换的方法还可以采用反复按【ALT+ESC】键，逐个移动打开的应用程序的窗口或图标，直到所要的应用程序出现在前台。

2.2.4　Windows 7 窗口的组成与操作

1. Windows 7 窗口的组成

Windows 7 窗口的组成如图 2-14 所示。

图 2-14　Windows 7 窗口

（1）标题栏：窗口上方的蓝条区域，标题栏上有最大化、最小化（还原）、关闭按钮。拖动标题栏可移动窗口。

（2）菜单栏：Windows 7 系统资源管理器默认不显示菜单栏，可以通过以下方法显示菜单栏。点击键盘【Alt】键，可以暂时调出菜单栏，用鼠标点击菜单栏以外区域，菜单栏隐藏。

（3）始终显示菜单栏：单击“组织”下的“文件夹和搜索选项”，打开如图 2-15 所示的“文件夹选项”对话框，单击“查看”选项卡，选中“始终显示菜单”复选项，单击“确定”按钮。或者单击“组织”下的“布局”选中“菜单栏”，如图 2-16 所示。

（4）工具栏：位于菜单栏下方，常用工具通常放置在“组织”下，它以按扭的形式给出了用户最经常使用的一些命令，比如，复制，粘贴等。

（5）地址栏：标题栏下边是地址栏，中间有一个长条文本框，表示现在所在的文件夹位置，文件的路径用右指向箭头（▸ ）表示出来，点击它则变成向下箭头（▼）列出下一级目录，单击则可以切换位置。通常情况下是通过目录窗格来切换位置。

（6）工作区域：窗口中间的区域，通常分为左右两个窗格，左边是任务窗格，右边是内容窗格。

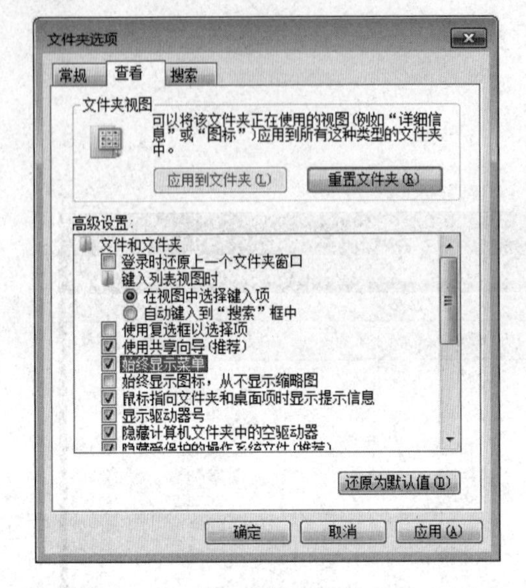

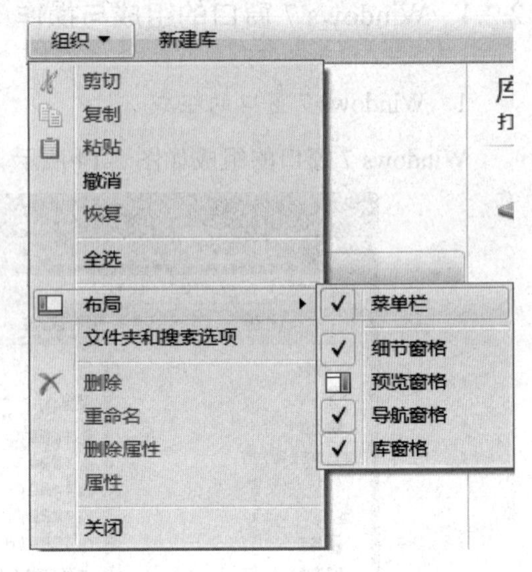

图 2-15　文件夹选项　　　　图 2-16　布局设置

（7）状态栏：位于窗口底部，显示运行程序的当前状态，通过它用户可以了解到程序运行的情况。不同窗口状态栏所表示的内容不同。

（8）滚动条：如果窗口中显示的内容过多，当前可见的部分不够显示时，就会出现滚动条，分为水平滚动条与垂直滚动条两种。根据窗口的大小和窗口内容的多少，可不出现滚动条，也可只出现一个滚动条或两个滚动条同时出现。通过滚动条的滚动可查看窗口内的所有内容。

（9）边和角：每个窗口都有四个边和四个角，可通过鼠标的拖动改变窗口大小。

2. Windows 7 窗口的操作

窗口是屏幕上可见的矩形区域，其操作包括打开、关闭、移动、放大及缩小等。在桌面上可同时打开多个窗口。

（1）窗口的移动，将鼠标指向窗口标题栏，并拖动鼠标到指定位置。

（2）窗口的最大化、最小化和恢复。

① 窗口最大化与还原：用鼠标单击窗口中的最大化按钮，则窗口将放大到充满整个屏幕空间，最大化按钮将变成还原按钮，单击还原按钮则窗口将恢复原来的大小。双击标题栏可进行最大化和还原的切换。也可以拖动窗口到上边缘，窗口则变成最大化。

② 窗口最小化与恢复：用鼠标单击窗口中的最小化按钮，则窗口将缩小为图标，成为任务栏中的一个按钮，要将图标恢复成窗口，则只需单击该图标按钮即可。

（3）窗口大小的改变，当窗口不是最大时，可以改变窗口的宽度和高度。

① 改变窗口的宽度：将鼠标指向窗口的左边或右边，当鼠标变成双箭头“↔”后，将鼠标拖动到所需位置。

② 改变窗口的高度：将鼠标指向窗口的上边或下边，当鼠标变成上下双箭头后，将鼠标拖动到所需位置。

③ 同时改变窗口的宽度和高度：将鼠标指向窗口的任意一个角，当鼠标变成倾斜双

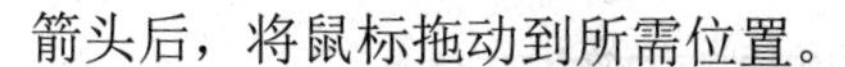

箭头后，将鼠标拖动到所需位置。

（4）窗口内容的滚动，如当前窗口未把应用项或所有文本全部显示出来时，窗口的下端会出现水平滚动条，右端则出现垂直滚动条，可操纵鼠标，将所需显示内容显示在窗口中。

① 小步滚动窗口内容：单击滚动箭头。

② 大步滚动窗口内容：单击滚动箭头和滚动条之间的区域。

③ 滚动窗口内容到指定位置：拖动滚动条到指定位置。

（5）多个窗口的操作：可同时打开多个窗口，排在最前面的窗口标题栏为明亮色，称当前窗口；其他窗口的标题栏均为暗色。所有窗口的程序都在运行。

① 多个窗口的排列。首先在 Windows 7 任务栏空白的地方点击右键，然后在弹出的快捷菜单中你会发现有“层叠窗口”“堆叠显示窗口”“并排显示窗口”这三个选单。然后你就可以根据自己的需要，选择自己适用的显示窗口方式了。窗口排列方式如图 2-17 所示。

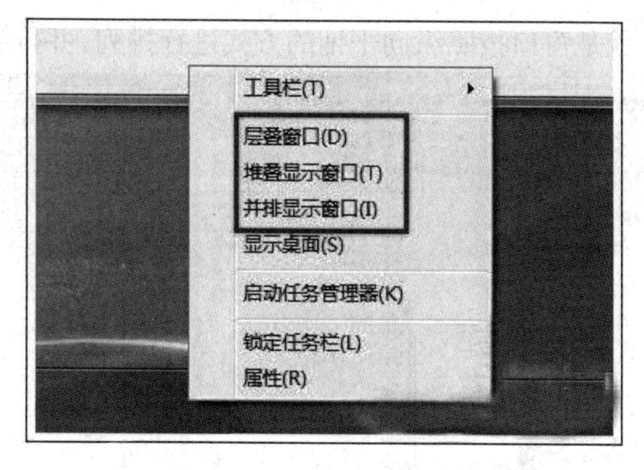

图 2-17　窗口排列方式

层叠窗口就是把窗口按照一个叠一个的方式，一层一层的叠起来。层叠窗口如图 2-18 所示。

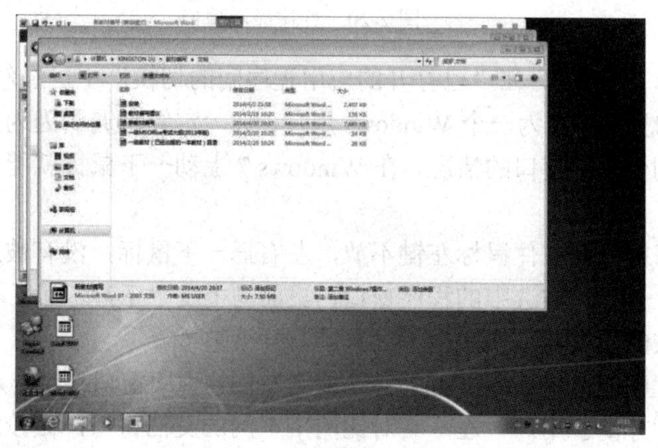

图 2-18　层叠窗口

堆叠显示窗口，就是把窗口按照横向平铺的方式堆叠排列起来。堆叠显示窗口如图 2-19 所示。

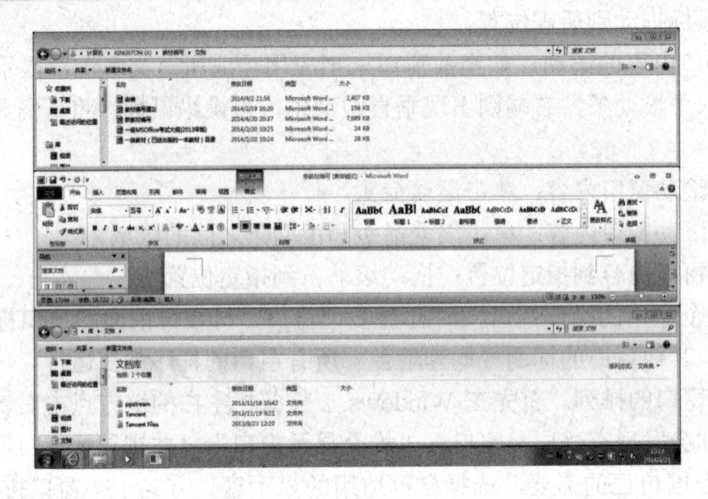

图 2-19　堆叠显示窗口

并排显示窗口，就是窗口按照纵向平铺的方式进行排列。并排显示窗口如图 2-20 所示。

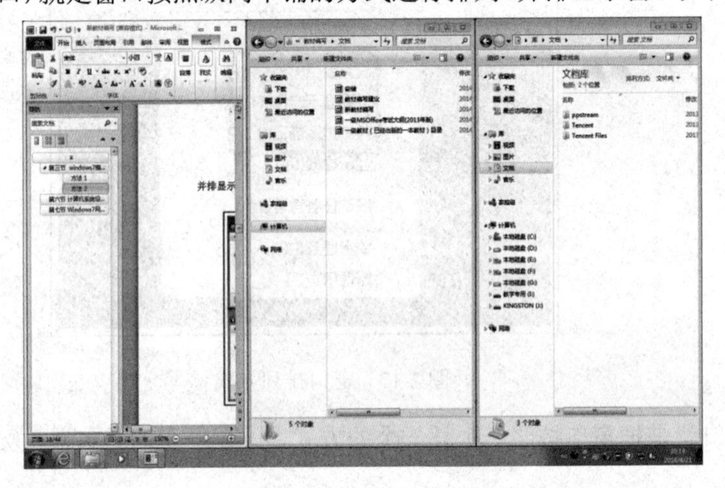

图 2-20　并排显示窗口

② 当前窗口的切换。在“已打开的应用程序间的切换”中已经叙述。

好玩的窗口操作：作为一个 Windows 用户，你一定经常遇到因为打开太多的程序窗口而难以很快找到想要的窗口的情况，在 Windows 7 上动一下鼠标就能快速整理桌面上乱糟糟的程序窗口。

例如在程序窗口上按住鼠标左键不放，左右摇一下鼠标，没有被选中的程序窗口马上最小化，桌面上只剩下被选中的程序窗口，桌面马上变“干净”了；再摇一下选中的程序窗口，其他消失的程序窗口便又全部回来了。

又例如将程序窗口拖曳到屏幕的左侧或者右侧，程序窗口便会自动以屏幕的 50%宽度显示，这样大大方便了用户一左一右对比两个不同的文档窗口，做校对、编辑内容都简单直接。

3. 菜单操作

在 Windows 7 窗口的菜单栏中，包含了多个命令菜单。菜单是指一些相关命令的集合。

菜单中包含了供用户使用的一系列命令，用户只要选择执行所需的命令，就可以完成想要做的工作，而不必像在命令行方式下，每次都由用户来键入命令名。菜单中包含的命令称为菜单命令或菜单选项，菜单命令可以是立即执行的，也可以是一个子菜单。有时，在执行菜单命令时，Windows 还会弹出一个对话框，要求用户输入一些内容或设置某些选项。

（1）常见的菜单类型。不管菜单以何种方式出现，其基本功能都是相同的，即它们都是命令的集合。

① 下拉式菜单。Windows 系统及其应用程序将所有的命令进行分类，分成几个菜单。每个菜单都有一个与其功能相近的菜单名。所有菜单名的集合就是菜单栏。在窗口的菜单栏中出现的菜单都是下拉式菜单。单击菜单栏中的下拉菜单，可以打开该菜单，如图 2-21 所示。

② 层叠式菜单（级联菜单）。凡菜单右端带有向右的箭头“▸ ”标志的，该箭头表示该菜单选项本身也是一个菜单，它同样可以带有若干个选项。这就是层叠式菜单（或级联菜单），如图 2-22 所示。

级联菜单是一种有效地组织菜单命令的好方法，利用它可以由上至下，将功能相似的命令或菜单组织在更高一级的菜单中，级联菜单就像一颗倒立的树，用户要执行层叠式菜单中的命令，可以逐级选择下去，直到最末一级。找到要使用的命令后，按【Enter】键或单击该命令，即可执行它。

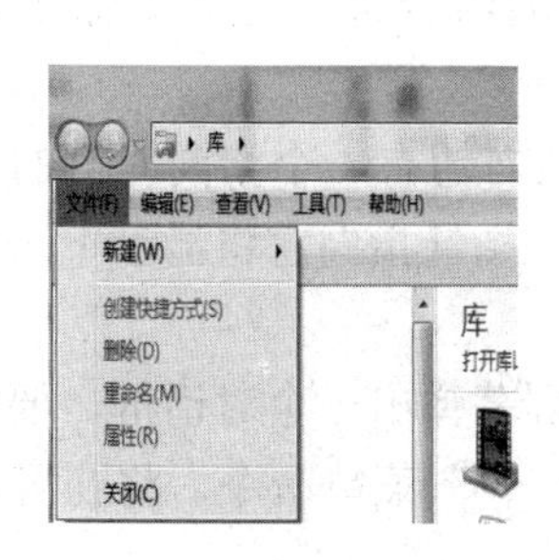

图 2-21　下拉式菜单

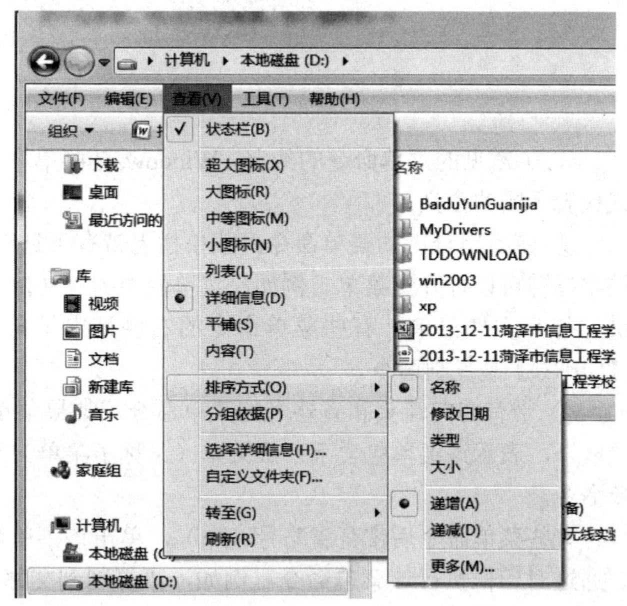

图 2-22　层叠式菜单

③ 快捷菜单。将通过右击在屏幕上弹出的菜单称为快捷菜单。这种菜单中所包含的命令与当前选择的对象有关。因此，右击不同的对象将弹出不同的快捷菜单。例如，右击“计算机”窗口中的（D 盘）驱动器，屏幕上会弹出一个快捷菜单，如图 2-23 所示。利用快捷菜单，可以迅速地选择要操作的菜单命令，提高工作效率。

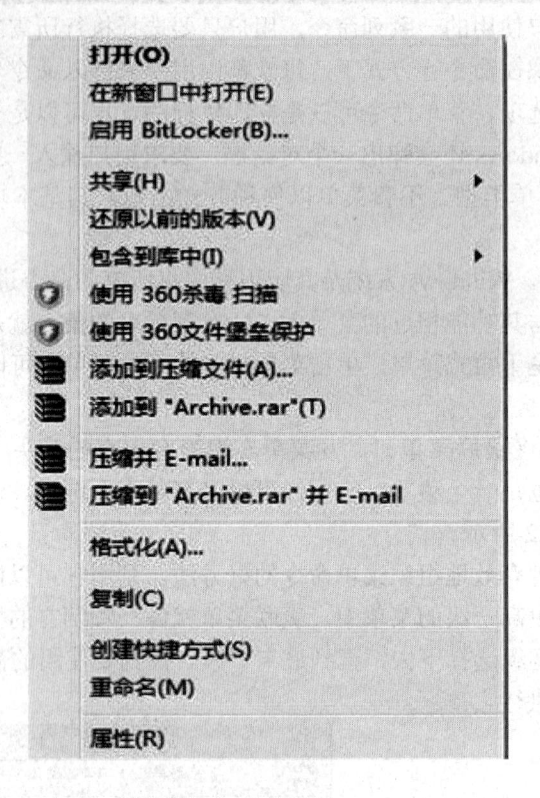

图 2-23　快捷菜单

（2）常见的菜单命令的约定。Windows 7 菜单命令有不同的显示形式，不同的显示形式代表不同的含义。

① 带有组合键的菜单命令。菜单栏上带有下划线的字母表示在键盘上按【Alt】键和该字母键可以打开该菜单。例如，菜单栏中的“文件（F）”菜单，可以直接按【Alt+F】键，打开文件菜单。有些菜单命令的右侧列出了与其对应的组合键执行菜单命令，如【Ctrl+C】是复制命令。

② 带有右向箭头和省略号的菜单命令。如果菜单命令的右边有一个指向右侧的箭头“▸”，表示该菜单包含下一级菜单（又称子菜单），用鼠标指针指向它将显示下一级菜单命令。

有些菜单命令后带有省略号（…），单击该菜单命令，屏幕弹出一个对话框，要求用户通过对话框执行该菜单命令。例如，“复制到文件夹（F）…”菜单命令，将在屏幕上打开一个对话框。

③ 带有选中标记的菜单命令。在某些菜单的左侧带有复选标记“√”或单选标记“·”，表示当前该菜单是激活的。菜单命令中的复选标记表示用户可以同时选择多个这种形式的菜单。单选标记表示用户在菜单中只能选择一个这种形式的菜单命令。例如，在“查看”菜单中的“状态栏”命令带有复选标记，而“大图标”“小图标”“列表”和“详细资料”都是带有单选标记的菜单命令，表示只能选择其中之一，如图 2-24 所示。

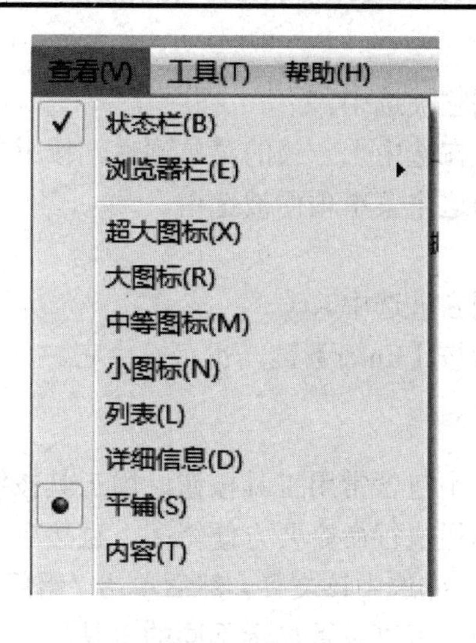

图 2-24　“查看”菜单

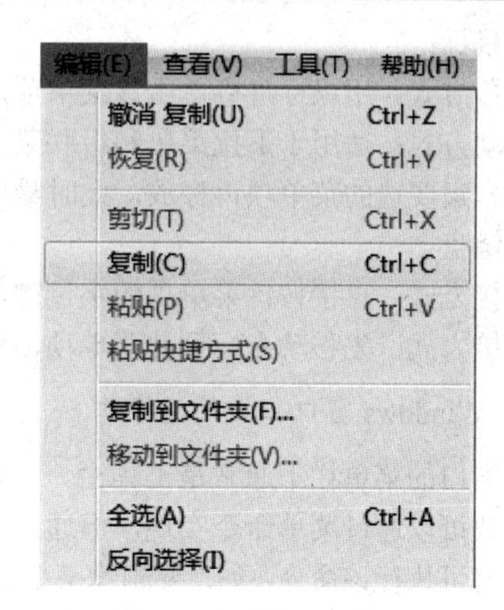

图 2-25　编辑菜单

④ 带有灰色显示的菜单命令。在 windows 中，正常菜单命令的文字呈黑色显示，表示用户可以执行该命令。而有些菜单命令呈灰色显示，表示该命令在当前选项的情况下是不可用的。例如“编辑”菜单中的“复制”菜单呈黑色，表示可以使用；而“恢复”命令呈灰色显示，表示当前不能执行。

⑤ 菜单命令分组。在一个下拉菜单中，有些菜单命令之间被一条分隔线分开，分成几个部分，每一部分中的菜单命令表示具有相同或相近的特征。例如，图 2-25 中“编辑”下拉菜单中的子菜单里被分成四个不同的组成部分。

（3）具体操作

① 打开菜单

● 打开下拉菜单

用鼠标单击菜单栏中的菜单项，便可打开各自的下拉菜单。

用键盘直接打开下拉菜单：【Alt】键+菜单项字母。

用键盘间接打开下拉菜单：先按【Alt】键激活菜单栏，再用【←】【→】键选择菜单项，最后按【↑】或【↓】键打开下拉菜单，需击【Enter】键执行菜单项命令。

● 打开级联菜单：

用鼠标指向或单击该菜单项都可打开级联菜单。

用键盘直接按该菜单项的字母键，便可打开它的级联菜单。

先移动光标到此菜单项，然后按【Enter】键，也可打开它的级联菜单。

● 打开快捷菜单

打开快捷菜单只能使用鼠标操作；而且不同的对象，具有不同形式的快捷菜单。

打开快捷菜单的共同方法是：右击对象（个别是右拖对象）。

② 撤消菜单

用鼠标：单击空白位置。

用键盘：按【Esc】键。对于级联菜单，可以连续按【Esc】键。

③ 选择菜单项：

用鼠标：

直接方式：用鼠标直接单击该菜单项，则它被选中。

拖动方式：适用于下拉菜单和级联菜单。在选中上一级的菜单项后，按下左键，拖动鼠标到本级要选的菜单项再释放，此时最后的这个菜单项便被选中。

用键盘：

直接方式：直接按该菜单项的字母键，则它被选中。

间接方式：先移动光标到此菜单项，然后按【Enter】键，也可选中它。

4. Windows 窗口工具栏的操作

在窗口的菜单栏下通常是工具栏。工具栏中包含常用工具按钮，用工具按钮实现的功能大多数可以通过菜单命令实现，但通过工具栏执行命令要方便得多，直接单击工具栏上的按钮就可执行该命令，如：要删除某个文件，先选中该文件，然后单击“组织”下的“删除”按钮即可删除到回收站。在不同的窗口中，可以设置显示不同的工具栏。

2.2.5 Windows 7 对话框的操作

对话框是一种 Windows 中人机交互的基本手段，对话框的大小、形状各异，但对其操作基本上都是一组控制命令的集合。对话框一般在执行菜单命令或单击命令按钮后出现，通常由标题栏、命令按钮、选择框或组合框、复选框、单选框、提示文字、帮助按钮及选项卡等组成。

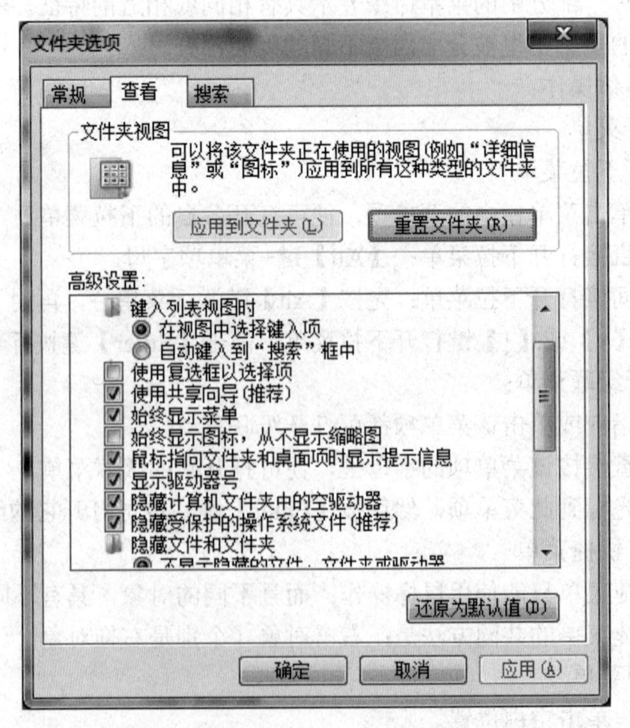

图 2-26　对话框

对话框不同于窗口，它没有菜单栏，没有工具栏，没有地址栏，没有状态栏，也没有最小化、最大化或还原按扭，有标题栏和选项卡。只能改变它的位置而不能改变其大小。

对话框中的基本操作包括在对话框中输入信息、使用对话框中的帮助按钮、使用对话框中的命令按钮等。用户设置完了对话框的所有选项后，单击“确定”命令按钮，表示确认所有输入信息和选项，系统就会执行相应的操作，对话框随之关闭。如果单击“应用”，设置生效但不关闭对话框。

2.3　Windows 7 资源管理器

2.3.1　资源管理器简介

Windows 7 的资源管理器一直是使用计算机时和文件打交道的重要工具。在 Windows 7 中，新的资源管理器可以更容易地管理和搜索自己的目标文件和目录。

Windows 7 资源管理器在窗口左侧的任务窗格中，将计算机资源分为收藏夹、库、家庭网组、计算机和网络五大类，更加方便用户更好更快地组织、管理及应用资源；在窗口右边的内容窗格中，显示的是左侧文件夹中相对应的内容，如图 2-27 所示。

图 2-27　资源管理器窗口

1. 资源管理器的打开

（1）桌面双击“计算机”图标打开资源管理器；

（2）开始菜单中点击右边的“计算机”打开；

（3）右击“开始”按钮，在弹出的快捷菜单中单击“打开 Windows 资源管理器”

2. 界面布局设置

Windows 7 在 Windows 资源管理器界面方面功能设计非常周到，页面功能布局较多，有菜单栏、细节窗格、预览窗格、导航窗格等；内容则更丰富，如收藏夹、库、家庭组等。

若 Windows 7 资源管理器界面布局过多，也可以通过设置变回简单界面。操作时，点击页面中“组织”按钮旁的向下的箭头（▼），如图 2-28 所示，在显示的目录中，选择“布局”中需要的窗体，例如细节窗格、预览窗格、导航窗格等。

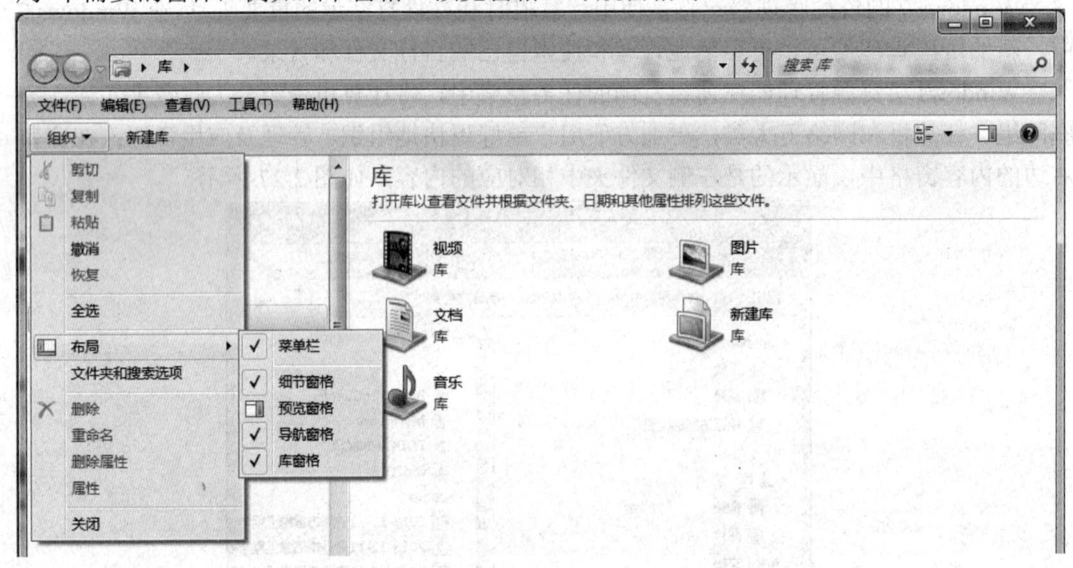

图 2-28　设置“布局”

3. 文件夹查看管理

Windows 7 资源管理器在管理方面设计，更利于用户使用，特别是在查看和切换文件夹时。上方目录（地址栏）处会根据目录级别依次显示，中间还有向右的小箭头。当用户点击其中某个小箭头时，该箭头会变为向下，显示该目录下所有文件夹名称。点击其中任一文件夹，即可快速切换至该文件夹访问页面，非常方便用户快速切换目录。

此外，当用户点击文件夹地址栏处，可以显示该文件夹所在的本地目录地址。

4. 查看最近访问位置

在 Windows 7 资源管理器收藏夹栏中，增加了“最近访问的位置”，方便用户快速查看最近访问的位置目录，这也是类似于菜单栏中“最近使用的项目”的功能，不过“最近访问的位置”不显示地址，如图 2-29 所示。

图 2-29　最近访问的位置

2.3.2　库

在 Windows 7 中引入了一个“库”的功能，“库”的全名叫“程序库（library））,是指一个可供使用的各种标准程序、子程序、文件以及它们的目录等信息的有序集合；本文主要讲解“库”的使用方法，以方便大家更加方便、高效地运用“库”。

Windows 7 中的库更方便地管理散落在电脑里的各种文件。不必打开层层的文件夹，只要添加到库中就可以寻找所需要的文件了。

1. *启动库*

在 Windows 7 中，“库”有以下几种启动方式。

第一种：打开“资源管理器”窗口，单击左侧导航栏中的“库”，如图 2-30 所示。

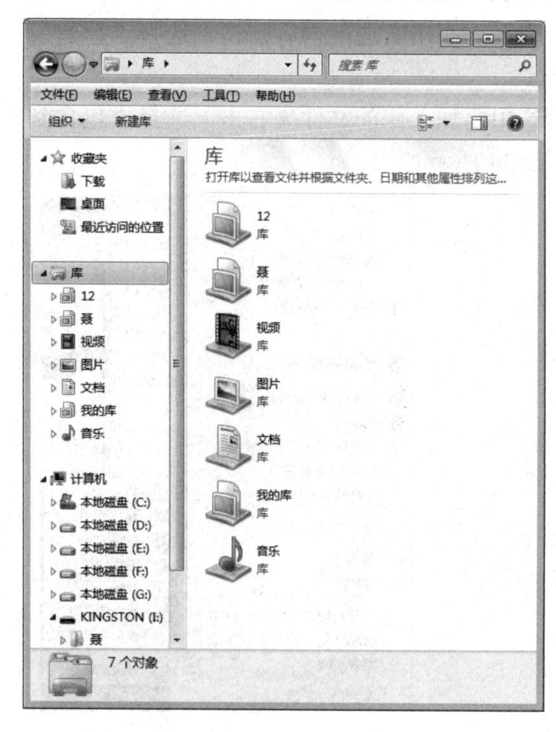

图 2-30　库

第二种：单击任务栏中“开始”菜单旁边的文件夹图标来启动库，如图 2-31 所示。

图 2-31　任务栏

2. 新建库

在 Windows 7 中，默认已经有一些库，还可以根据个人需要进行新建，新建库有以下几种方法，具体如下。

方法一：启动“库”，单击菜单栏的“文件”→“新建”→库，即可创建一个库， 如图 2-32 所示。

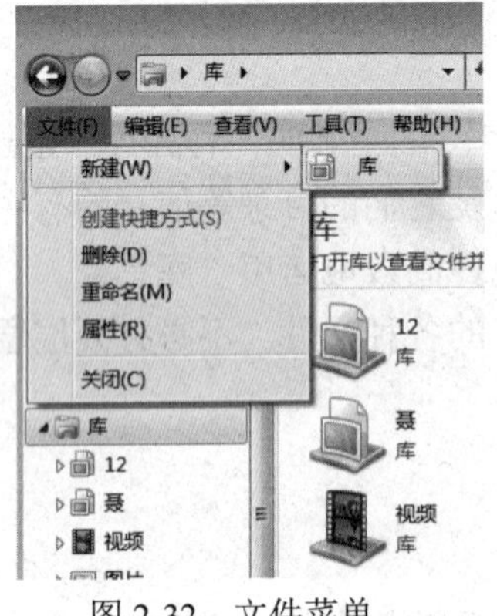

图 2-32　文件菜单

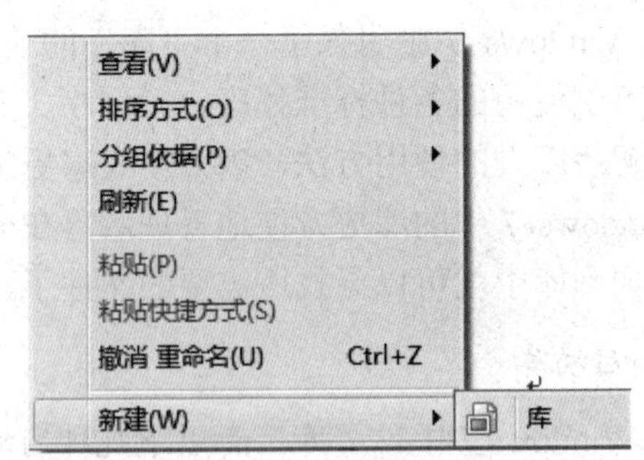

图 2-33　快捷菜单

方法二：启动“库”，右击右边的内容窗格，选择“新建”→“库”，也可以创建一个库，如图 2-33 所示。

方法三：直接对着想要加入库的文件夹右击，选择“包含到库中”→“创建新库”也可创建一个库，如图 2-34 所示。

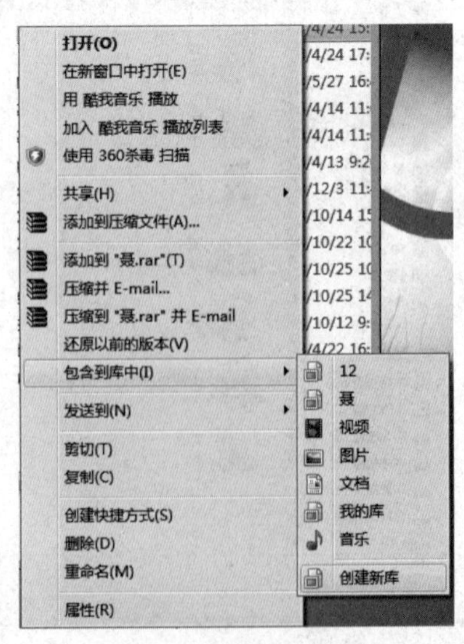

图 2-34　创建库

3. 将文件夹添加到库

通过前面的步骤已经建立了库，现在要做的就是添加一些文件夹到对应的库里面，也有以下几种方法。

方法一：打开刚刚新建的库，点击“包括一个文件夹”，再选择想要添加到当前库的文件夹即可，如图 2-35 和图 2-36 所示。

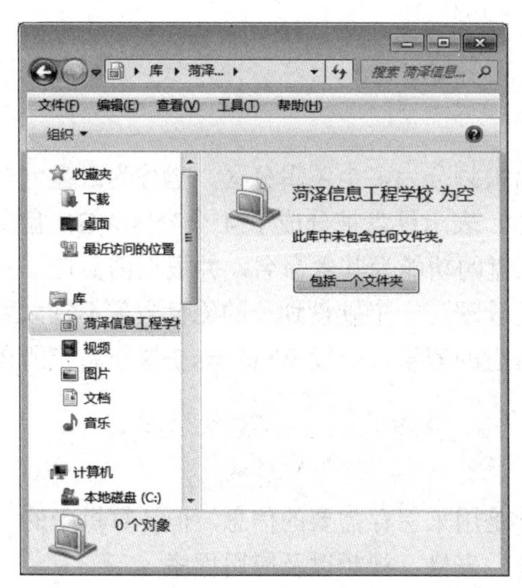

图 2-35　空库

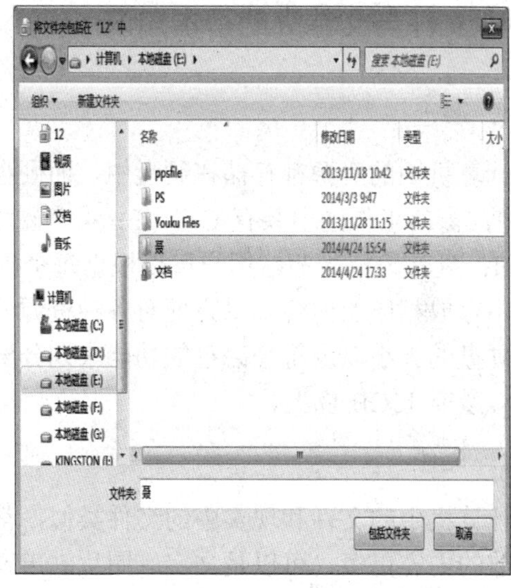

图 2-36　添加文件夹到库

方法二：对于已经包括了一些文件夹的库，方法一就没用了。直接进入“库”，对着想要添加文件夹的库右击，选择属性，再点击“包含文件夹”，选中想要添加到当前库的文件夹即可，如图 2-37 和图 2-38 所示。

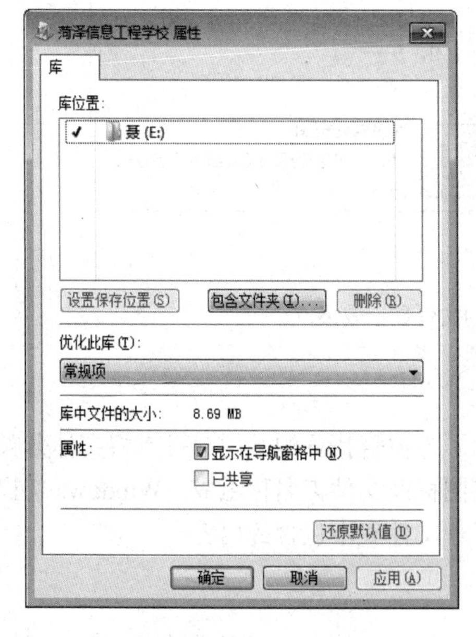

图 2-37　库属性

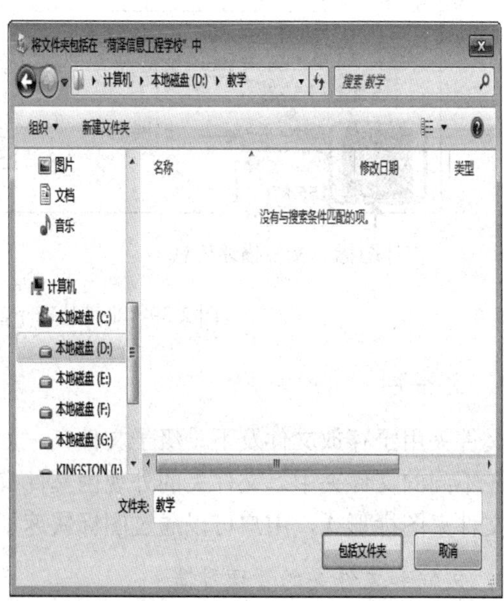

图 2-38　选择文件夹到库

方法三：此方法最简单，想要添加某个文件夹到指定库，只需要对着这个文件夹右击，选择“包含到库中”，再选择目标库即可。

4. 删除库

具体做法是打开库，右击要删除的库的图标，选择“删除”即可。

2.3.3 文件与文件夹的基本知识

1. 磁盘

计算机中的资源都存储在硬盘中，而硬盘被划分为多个逻辑分区，也称为磁盘。在图2-7中，窗口工作区中共有C：～F：4个磁盘，表示硬盘被分成了4个分区。G：盘是光驱，H：盘是虚拟光驱。用户可以根据每个磁盘的功能为其重命名，并根据需要在不同的磁盘中存放相应的内容，以方便对各种资源的管理。一个硬盘划分的磁盘数量不宜太多，根据硬盘的大小以及每个磁盘的功能来划分磁盘的容量，一般Windows 7操作系统所在磁盘的容量需15GB以上。

2. 文件

计算机中的文件和现实中的文件类似，都是用来保存需要的信息，但计算机中的文件可存放的内容更多，可以是文字、图片、声音、表格、视频以及应用程序。

文件存于磁盘和文件夹中。文件由文件图标、文件名称、分隔符、文件扩展名及文件描述信息等部分组成，不同类型的文件具有不同的文件图标和扩展名，如图2-39所示。

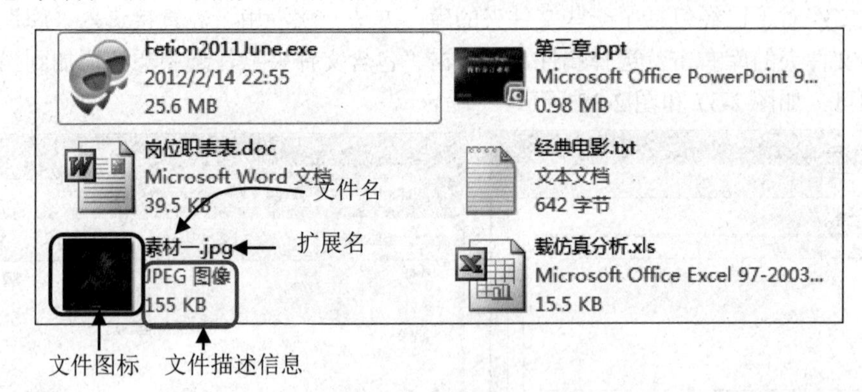

图2-39 平铺状态下的文件显示效果

3. 文件夹

文件夹用于存放文件及下一级子文件夹。为了方便查找资源，用户可以将文件分类后保存在不同的文件夹中。文件夹的外观由文件夹图标及文件夹名称组成。Windows 7提供多种文件夹图标形式，用户可以通过图标快速了解文件夹中包含的内容。

4. 文件和文件夹的管理习惯

为了提高工作效率，确保数据安全，在管理文件和文件夹时应养成以下的良好习惯：

（1）重要文件不放在系统盘：所谓系统盘是指操作系统所在的磁盘，通常为C盘。

如果系统崩溃，通常需要重新安装系统，此时系统盘上的所有数据都将丢失。因此，为了保证一些重要文件的安全性，不要将它们存放到系统盘。需要注意的是，桌面上的文件和文件夹实际也是保存在系统盘中。

（2）及时备份文件：为避免重要文件受损或丢失，需要及时备份这些文件。可将它们备份到其他磁盘、U 盘、移动硬盘、其他计算机，如果文件不大，也可以备份到电子邮箱中。

（3）定期整理文件：如同生活中需要打扫房间一样，文件也需要整理。用户可以定期删除一些不需要的文件、将文件分门别类地存放到指定文件夹中。

（4）文件名要易懂：在创建文件夹或文件时，应注意其命名通俗易懂，以保证用户能够通过名称快速知道其中包含的内容，从而提高工作效率。

2.3.4 文件与文件夹的基本操作

1. 设置文件与文件夹的显示方式

在 Windows 7 中，系统为用户提供了文件与文件夹的多种显示方式，其中有图标（超大图标、大图标、中等图标、小图标）、列表、详细信息、平铺和内容。用户可以根据自己的喜好进行选择，其中平铺方式以图标加文件信息的方式显示文件与文件夹，该显示方式是查看文件与文件夹的常用方式。其具体操作方法有以下几个。

（1）单击窗口工具栏中的按钮。

（2）在窗口空白处单击鼠标右键，在弹出的快捷菜单中选择“查看”命令，之后选择自己所需的显示方式。如图 2-40 所示，使用窗口工具栏中按钮，将文件与文件夹显示设定为“详细信息”方式。

图 2-40 文件与文件夹的显示方式

2. 文件与文件夹的排序

文件与文件夹在窗口中的排列顺序可以影响到用户查找文件与文件夹的效率。Windows 7 提供文件名称、修改日期、类型、大小等排序方式，当一个窗口中包含大量文件与文件夹时，用户可以选择一种适合自己的排序方式。其具体操作方法有如下几个。

（1）在窗口空白处单击鼠标右键，在弹出的快捷菜单中选择“排序方式”命令，之后选择自己所需的排序方式。

（2）当文件与文件夹的显示方式为“详细信息”模式时，每一列都会对应一个列标题，如图 2-41 所示，单击列标题或其右侧的 ▾ 按钮即可。

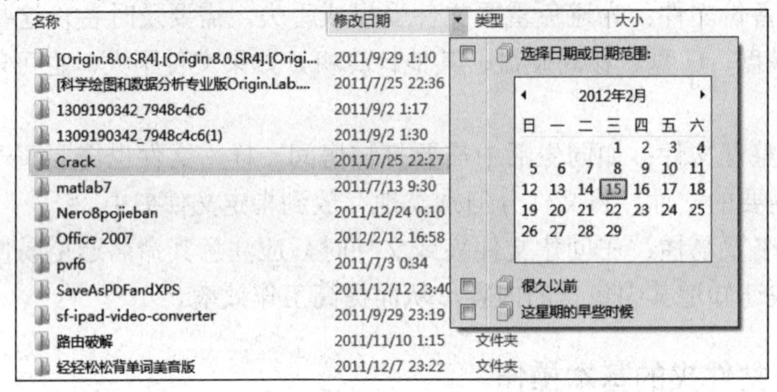

图 2-41　文件与文件夹的排序

3. 新建文件或文件夹

在使用计算机过程中，经常需要新建一些文件或文件夹。建立文件夹比较简便的方法为：进入需要新建文件夹的窗口，单击工具栏中的**新建文件夹**按钮，可快速建立一个文件夹。

比较通用的方法为：在需要新建文件与文件夹的窗口空白处单击鼠标右键，在弹出的快捷菜单中选择“新建”命令，然后在弹出的子菜单中选择所需的命令。如选择“文件夹”命令可新建一个文件夹。如选择其他命令，可新建一个对应的文件。新建的文件或文件夹的名称文本框呈可编辑状态时，可直接输入相应的名称。如图 2-42 所示。

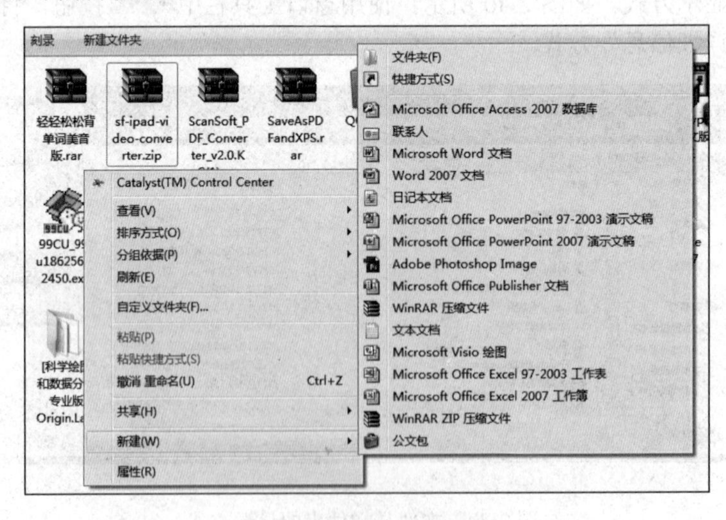

图 2-42　新建文件与文件夹

4. 选择文件或文件夹

要对文件或文件夹进行操作，必须先选中文件或文件夹，也称为选定操作对象。根据操作对象的数量以及位置的不同，选择方法有很多种，分别介绍如下。

（1）选择单个操作对象：用鼠标单击操作对象即可，被选中对象的周围呈蓝色透明状。

（2）选择多个相邻的操作对象：在需要选择的对象起始处按住鼠标左键不放进行拖动，此时会出现一个蓝色矩形框，当框住所需对象后释放鼠标。其方法如图 2-43 所示。

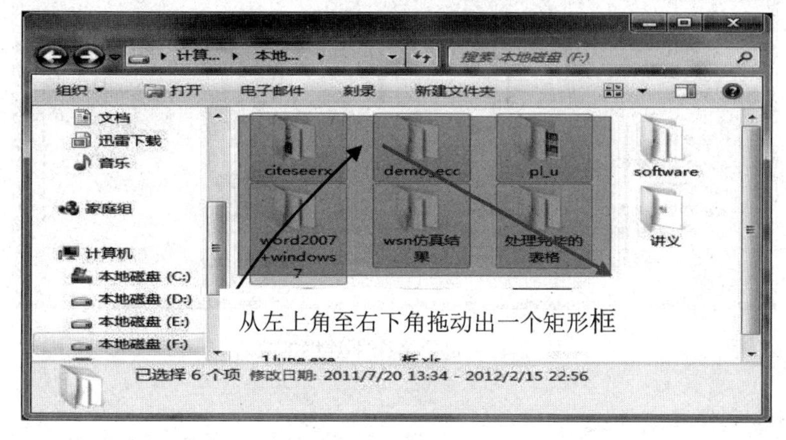

图 2-43　使用鼠标拖动的方法选择多个相邻的对象

（3）选择多个连续的对象：选中所需的第一个对象后按住【Shift】键不放，再选中最后一个对象，此时，它们之间的所有对象都会被选中。操作步骤及效果如图 2-44 所示。

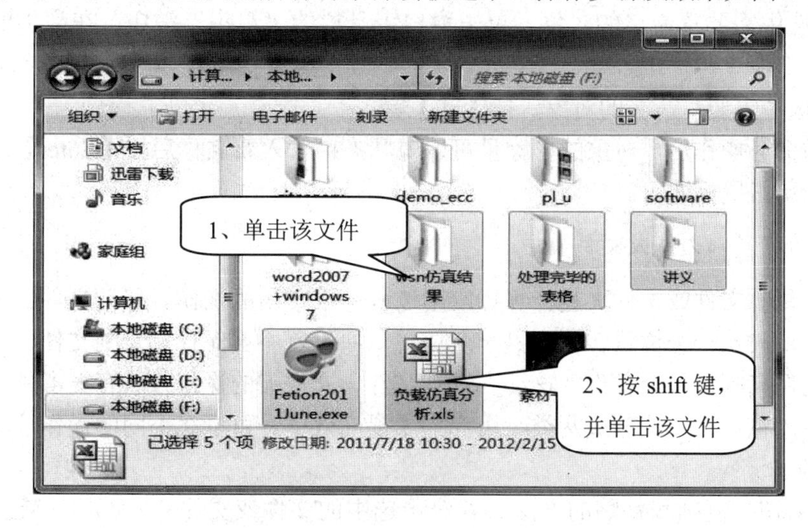

图 2-44　选择多个连续文件

（4）选择多个不连续的对象：按住【Ctrl】键不放，依次单击所需要的对象即可。单击一次选中，单击两次则取消选择。操作步骤及效果如图 2-45 所示。

（5）选择窗口中全部对象：单击窗口工具栏中的“组织”按钮，然后在弹出的菜单中选择“全选”命令即可；更为简便的方法是直接使用快捷键【Ctrl+A】。

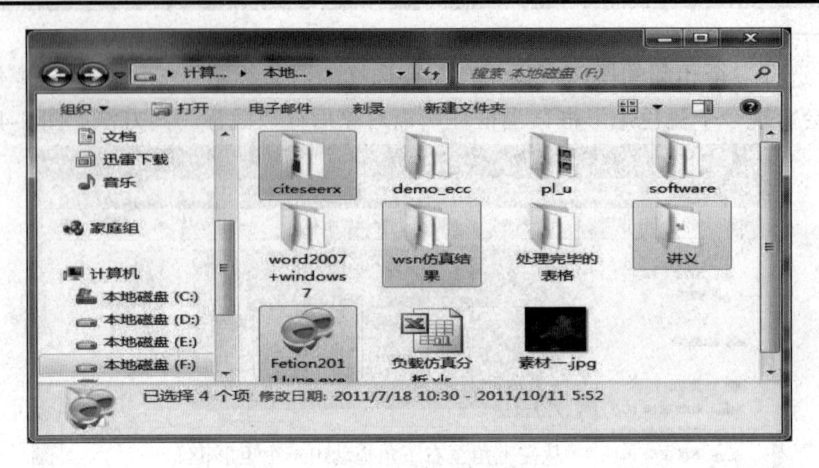

图 2-45 选择多个不连续的文件

5. 重命名文件或文件夹

在使用计算机的过程中，为了便于管理文件，可能需要将文件或文件夹更改为不同的名称。其具体操作方法如下。

（1）对需要重命名的对象单击鼠标右键，在弹出的快捷菜单中选择“重命名”命令。

（2）选中需要重命名的对象，单击窗口工具栏的“组织”按钮，在弹出的菜单中选择“重命名”命令。

（3）选中需要重命名的对象，按【F2】键。

执行重命名操作后，对象的名称呈可编辑状态，输入新名称后按【Enter】键或在对象之外的区域单击鼠标即可。

6. 移动、复制文件或文件夹

移动、复制文件或文件夹是计算机应用过程中很常用的操作。移动文件、文件夹是指将文件、文件夹从一个位置转移到另一个位置，原位置不再保存。复制文件、文件夹是指将文件、文件夹制作一个备份。移动、复制文件、文件夹的操作方法有很多种。可以从操作思路着手，将这些方法分成两类，用户为了提高效率，可以在不同的操作环境中选择不同的方法。

（1）剪切、复制和粘贴的方法。若对于选中的文件或文件夹先剪切，转移到另一个位置后进行粘贴，则可以实现移动的操作；若对于选中的文件或文件夹先复制，转移到另一个位置后进行粘贴，则可以实现复制的操作，其操作思想如图 2-46 所示。

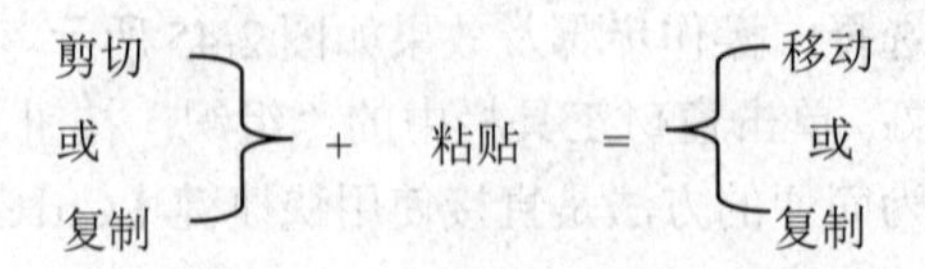

图 2-46 文件、文件夹移动、复制操作思想

“剪切”“复制”和“粘贴”命令的具体实现方法分别如下。

①单击窗口工具栏上的“组织”按钮，之后在弹出的菜单中选择所需的命令。

②对选中的文件、文件夹单击鼠标右键，在弹出的快捷菜单中选择所需的命令。

③使用快捷键来实现，“剪切”“复制”和“粘贴”命令的快捷键分别是【Ctrl+X】【Ctrl+C】【Ctrl+V】。

需要注意的是，在没有使用过“剪切”或“复制”命令时，菜单中的“粘贴”命令是无法使用的。以上的 3 种实现方法可以交互使用。

假设需要将 F:\ 经典电影.txt 和 F:\ 素材一.jpg 复制到桌面的“student”文件夹中，其操作方法如图 2-47 和图 2-48 所示。

图 2-47　文件复制操作的第 1 步

图 2-48　文件复制操作的第 2 步

（2）拖动的方法。拖动可以分为左键拖动和右键拖动两种方法。其中左键拖动又分为同盘拖动和不同盘拖动。所谓同盘拖动是指被拖动对象的原始位置和目标位置在同一个磁盘上，不同盘拖动是指被拖动对象的原始位置和目标位置不在同一个磁盘上。

①同盘拖动：拖动的默认效果是移动，拖动同时按【Ctrl】键可以强制改为复制效果。

②不同盘拖动：拖动的默认效果是复制，拖动同时按【Ctrl】键可强制改为移动效果。

假设需要将 F:\ 经典电影.txt 和 F:\ 素材一.jpg 复制到桌面的“student”文件夹中，其操作方法如图 2-49 所示。

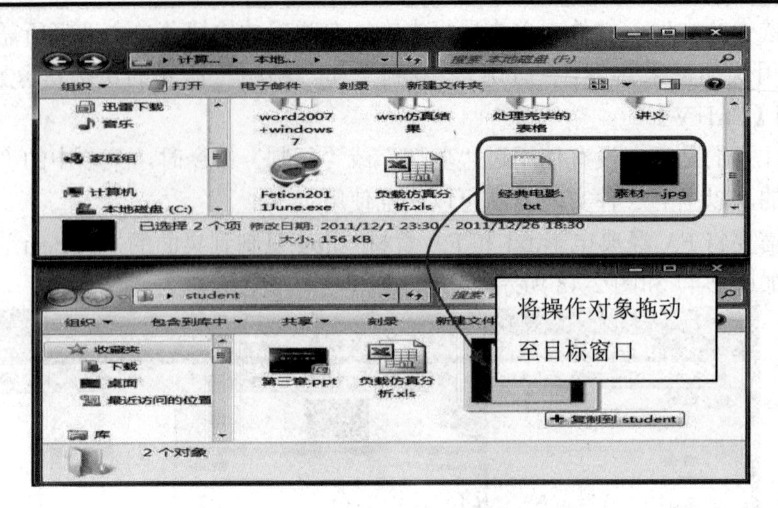

图 2-50　使用鼠标左键在不同盘拖动文件的

使用右键拖动不区分对象的原始位置与目标位置是否同盘。操作方法是对已经选中操作对象按鼠标右键不放，将对象拖动到目标位置后释放鼠标，此时会弹出一个快捷菜单，在菜单中选择需要的命令即可。

7. 删除/恢复文件或文件夹

（1）删除文件或文件夹。对于一些不需要的文件或文件夹应及时删除，这样做不仅可以节约存储空间，同时，也使得文件管理更加合理、有序。删除的方法主要有以下 4 种。

①窗口工具栏：选中需要删除的对象，单击窗口工具栏的“组织”按钮，在弹出的菜单中选择“删除”命令。如图 2-51 所示。

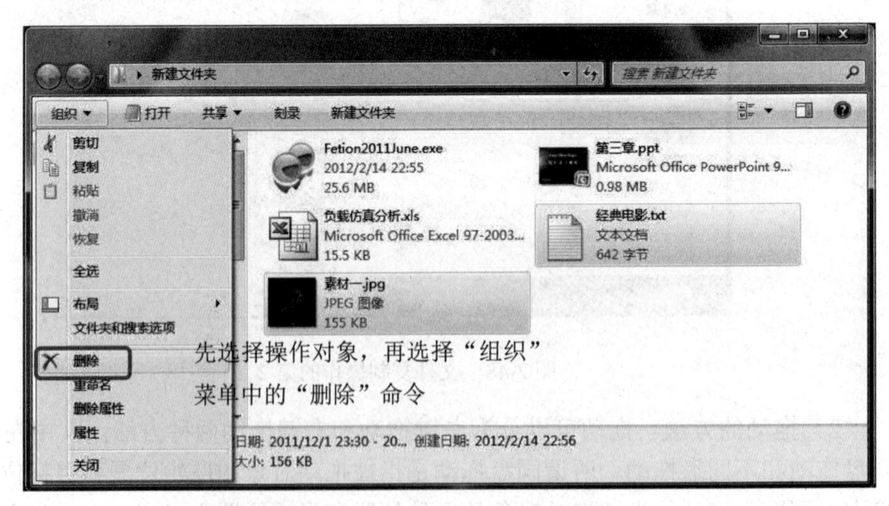

图 2-51　使用窗口工具栏进行删除

②快捷菜单删除：对需要删除的对象单击鼠标右键，在弹出的快捷菜单中选择“删除”命令，如图 2-52 所示。

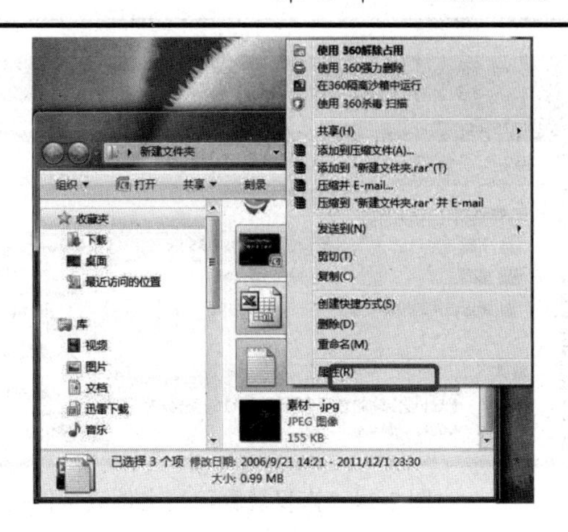

图 2-52　使用快捷菜单进行删除

③键盘删除：选中需要删除的对象，按【Delete】键即可。

④拖动删除：将需要删除的对象按鼠标左键拖动至桌面的“回收站”，随即释放鼠标即可。

执行了以上任意一种操作后，计算机会弹出“删除文件”对话框，询问用户是否确认删除操作，单击“是”按钮或按【Y】键表示确认删除。单击“否”按钮或按【N】键表示取消删除操作，如图 2-53 所示。

图 2-53　“删除文件”对话框

需要注意的是，上述删除方法并没有真正将文件或文件夹删除掉，只是将其移动到“回收站”中，如果要彻底删除这些对象，需要在做删除操作的同时按住【Shift】键不放（在弹出删除文件对话框时可以释放【Shift】键），此时，被删除的对象不会进入“回收站”，但这样删除的对象将无法恢复。

（2）恢复被删除的文件或文件夹。如果对文件或文件夹进行了误删除，可以通过“回收站”将其还原到原始位置。具体操作方法有两种。

①在回收站窗口中对需要恢复的文件或文件夹单击鼠标右键，在弹出的快捷菜单中选择“还原”命令。

②在回收站窗口中选中需要恢复的文件或文件夹，然后单击工具栏中的“还原此项目”按钮。

需要注意的是，在恢复被删除的文件或文件夹时，最好将“回收站”窗口的文件显示方式设置为“详细资料”，这样用户可以知道被恢复对象的原始位置，否则恢复删除后难以找到该对象。恢复被删除的文件或文件夹的操作如图 2-54 所示。

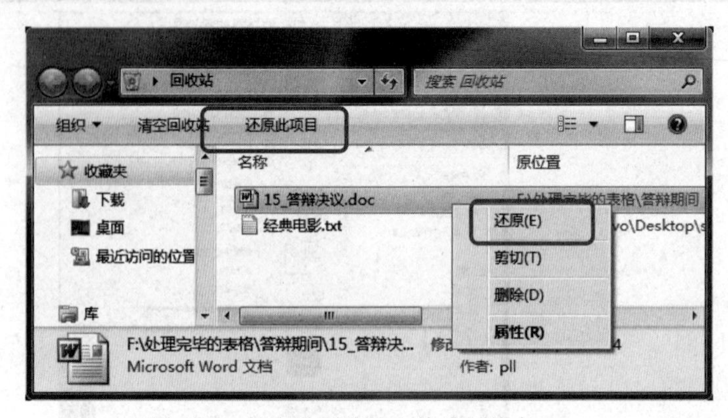

图 2-54 恢复被删除的文件或文件夹

8. 设置文件或文件夹的属性

拥有不同属性的文件或文件夹可以执行的操作也不相同。通常在 Windows 7 中可以设置文件或文件夹的“只读”与“隐藏”属性。若设置为“只读”属性，则用户只能查看文件或文件夹的内容，而不能对其进行任何修改操作。若设置为“隐藏”属性，则默认情况下，窗口不再显示该文件或文件夹。

以“F:\student\模块 2.ppt”为例，将其设置为“只读并隐藏”属性。其操作步骤如下。

（1）在“计算机”中双击打开 F 盘，在 F 盘窗口中双击打开“student”文件夹，然后对文件“模块 2.ppt”单击鼠标右键，在弹出的快捷菜单中选择“属性”命令。

（2）在弹出的标题为“模块 2.ppt 属性”的对话框中，选中“只读”和“隐藏”属性，并单击“确定”按钮，如图 2-55 所示。

对于隐藏的文件或文件夹，在需要查看时可以通过对“文件夹选项”对话框进行设置，将其在此显示出来。下面将“F:\student\模块 2.ppt”显示出来，其操作步骤如下：

（1）打开“F:\student”文件夹窗口，单击工具栏中的“组织”按钮，在弹出的菜单中选择“文件夹和搜索选项”命令，打开“文件夹选项”对话框。

（2）选择“查看”选项卡，在“高级设置”列表框中选择“显示隐藏的文件、文件夹和驱动器”，单击“确定”按钮即可显示隐藏的文件，如图 2-56 所示。

图 2-55 文件属性对话框

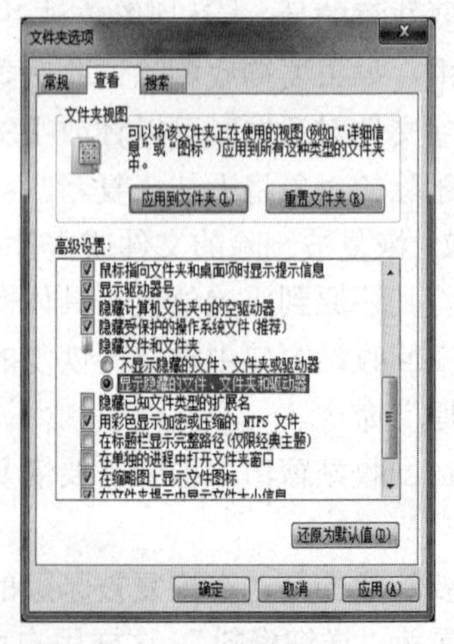

图 2-56 “文件夹选项”对话框

（3）返回文件夹窗口，此时可发现“模块 2.ppt”已显示出来，但颜色比正常文件稍浅，如图 2-57 所示。

2.3.5　磁盘的基本操作

1. 磁盘清理

计算机在使用过程中会产生许多临时文件和垃圾文件，既占用系统资源又浪费磁盘的存储空间。用户可以使用“磁盘清理”程序将它们从计算机中删除，以提高系统性能。下面以 C 盘为例，其具体操作如下。

（1）选择“开始”→“所有程序”→“附件”→“系统工具”→“磁盘清理”命令，打开“磁盘清理：驱动器选择”对话框，在“驱动器”下拉列表框中选择要清理的磁盘，本例中选择 C 盘，单击“确定”按钮，如图 2-58 所示。

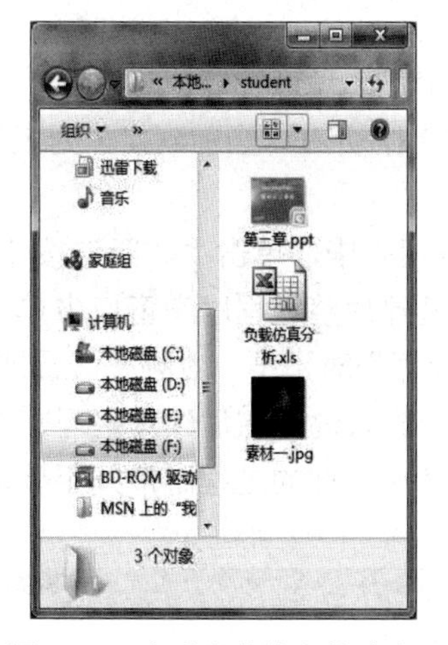

图 2-57　查看隐藏的文件或文

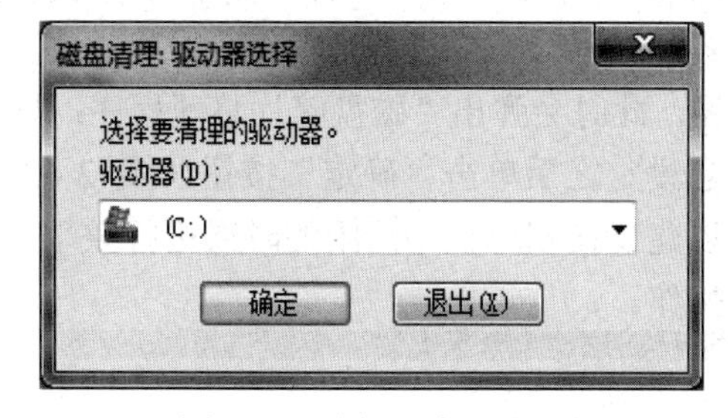

图 2-58　选择需清理的磁盘

（2）系统自动分析 C 盘中的文件，分析完成后弹出磁盘清理对话框，在“要删除的文件”列表框中选中需要删除的文件复选框，单击“确定”按钮，如图 2-59 所示。

（3）系统自动弹出提示对话框，询问是否执行清理操作，单击“删除文件”按钮即可对所选类型的垃圾文件进行清理，如图 2-60 所示。

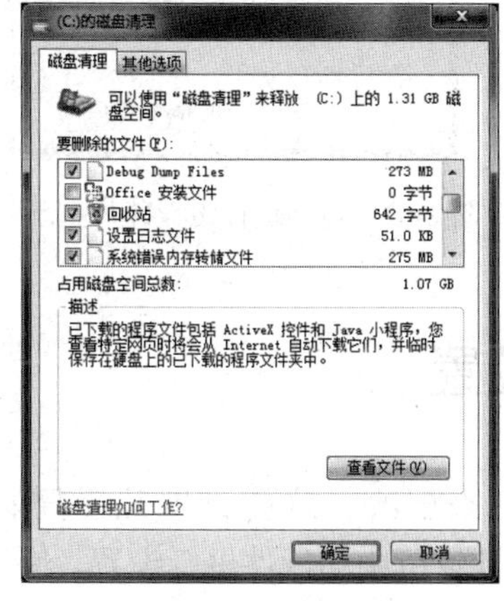

图 2-59　选择垃圾文件类型并清理

图 2-60　确定永久删除文件

需要说明的是，还有另外一种简便的方法可以实现本操作中的第一步。即打开“计算机”窗口，对需要做磁盘清理的磁盘单击鼠标右键，在弹出的快捷菜单中选择“属性”命令，在弹出的属性对话框中单击“磁盘清理”按钮。

2. *磁盘碎片整理*

磁盘碎片其实就是文件碎片，使用户对文件进行复制、移动等操作过程中将文件分散保存到磁盘的不同地方而产生的很多不连续的零碎的文件。磁盘碎片整理程序可以重新排列碎片数据，以便磁盘和驱动器能够更有效地工作。磁盘碎片整理程序可以按计划自动运行，但也可以手动运行，手动运行的操作步骤如下。

（1）选择“开始”→“所有程序”→“附件”→“系统工具”→“磁盘碎片整理程序”命令，打开“磁盘碎片整理程序”窗口。

（2）在“当前状态”列表框中显示了当前磁盘的情况，选择需要整理的磁盘，如选择C盘，单击“分析磁盘”按钮，如图2-61所示。

（3）系统开始对C盘进行分析，分析完毕后如需对C盘进行碎片整理，单击“磁盘碎片整理”按钮。此时，系统将对磁盘碎片自动进行整理，并在“当前状态”列表框的“进度”栏中显示整理进度。

（4）整理完毕后，系统将打开提示对话框提示整理完毕，单击“关闭”按钮即可。

如果需要对磁盘碎片进行自动整理，可以在“磁盘碎片整理程序”窗口中单击“配置计划”按钮，此时会弹出“磁盘碎片整理程序：修改计划”对话框，对频率、日期、时间、磁盘等信息设定之后单击“确定”按钮（图2-62）。一般来说，磁盘碎片整理需要较长的时间，所以建议在相对较为清闲的时候进行整理，而且在整理的过程中最好不要对计算机进行任何操作。

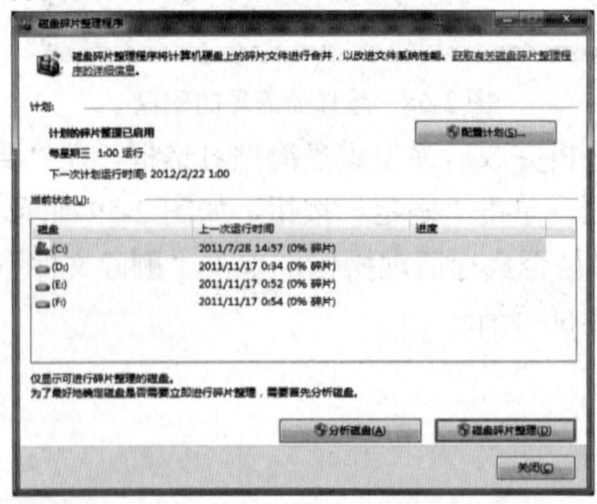

图2-61　磁盘碎片整理窗口

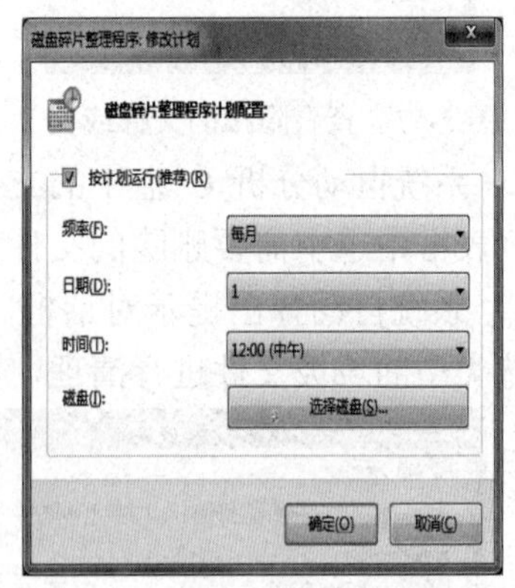

图2-62　自动运行磁盘碎片整理程序

2.4　系统设置

Windows 的系统设置可以通过“控制面板”来更改。这些设置几乎控制了有关Windows 外观和工作方式的所有设置，并且可以对计算机中的硬件进行设置，使计算机的工作方式更适合用户的需求。

单击“开始”→“控制面板”命令，即可打开“控制面板”窗口。窗口内容有三种显示方式，分别是“类别”“大图标”和“小图标”。其中“类别”方式如图 2-63 所示，该方式将控制面板中的各个功能进行归类，便于用户查找。

2.4.1　设置日期和时间

单击控制面板中的“时钟语言和区域”按钮，并选择其中的“日期和时间”选项，此时会弹出“日期和时间”对话框，如图 2-64 所示。

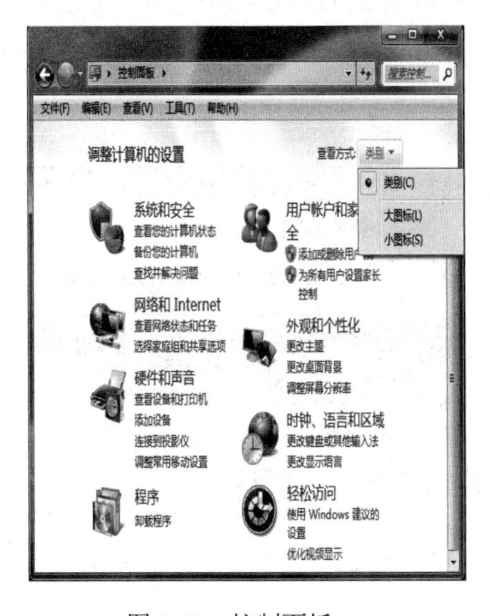

图 2-63　控制面板

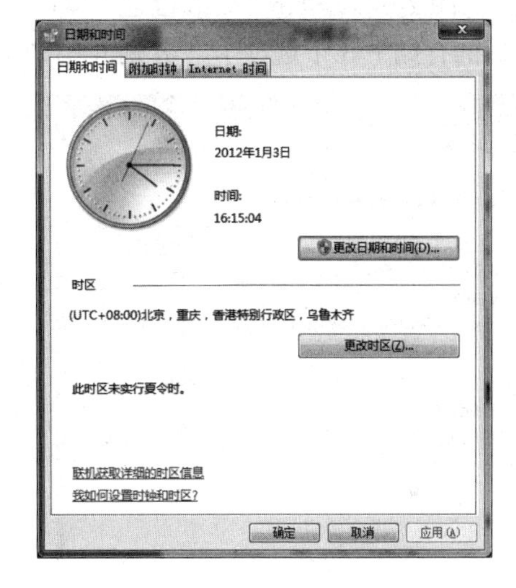

图 2-64　设置时间和日期

对话框中有三个选项卡，其功能分别如下。

（1）日期和时间：该选项卡中可以更改“日期和时间”，并可以更改时区。在更改“日期和时间”的同时，还可以修改数字和货币的显示格式，以及文件、文件夹的排序方式，甚至可以对输入法进行设置。

（2）附加时钟：可以附加显示其他时区的时间，也可以通过单击任务栏时钟或悬停在其上来查看附加时钟。如图 2-65 所示，在本地时钟的基础上添加了韩国首尔的时钟显示。

（3）Internet 时间：若计算机处于连网状态，则可以和 time.windows.com 同步，从而获得准确的时间（图 2-66）。操其作方法是在“Internet 时间”选项卡中单击“更改设置”，并在弹出的新的对话框中选择“立即更新”，之后单击“确定”按钮。

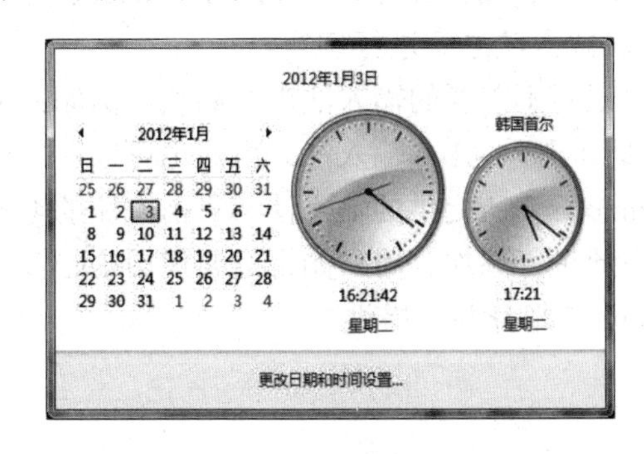

图 2-65　附加时钟效果

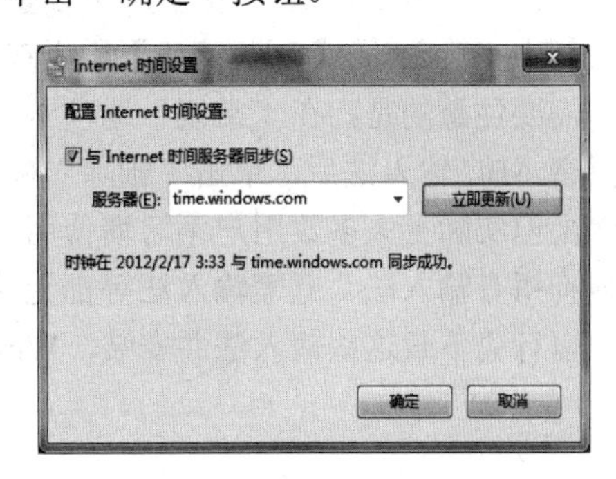

图 2-66　Internet 时间同步

需要注意的是，设置“日期和时间”不一定要进入“控制面板”。更为简便的操作是通过单击任务栏上的时钟，之后单击“更改日期和时间设置…”按钮。

2.4.2 区域和语言设置

区域和语言设置具有修改用户所在的区域、安装或卸载语言、安装或卸载输入法等功能。这里主要介绍如何安装或卸载输入法。其操作方法为：进入控制面板，以“类别”方式显示内容，单击“更改键盘和其他输入法”选项，在弹出的对话框中选择“键盘或语言”选项卡（图 2-67）。单击“更改键盘”按钮，弹出“文本服务和输入语言”对话框（图 2-68）。该对话框有如下 3 个选项卡，分别介绍如下。

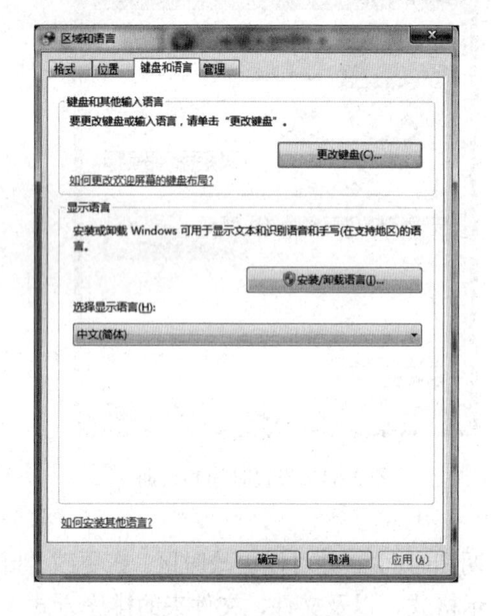

图 2-67 区域和语言对话框

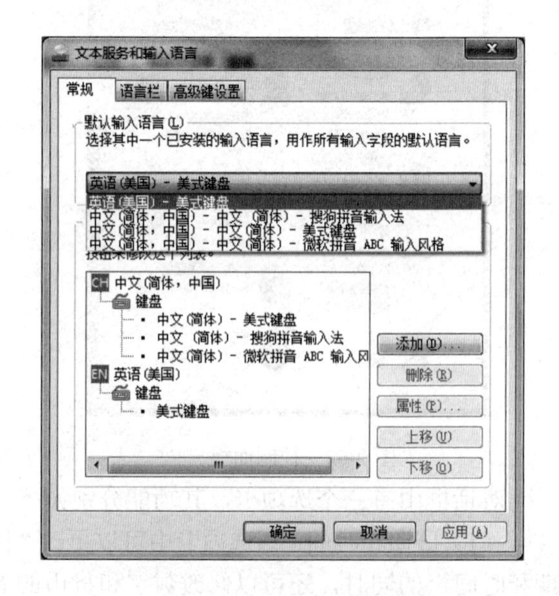

图 2-68 文本服务和输入语言

（1）“常规”：可以设置默认输入语言以及添加或删除输入法。建议用户将默认输入语言设置为“英语—美式键盘”；在“已安装服务”栏中的列表框中显示了计算机中已经安装的中、英文输入法。

（2）“语言栏”：用于设置语言栏的显示位置和显示方式。

（3）“高级键设置”：主要用于设置切换输入法的热键。一般【Ctrl+Space】用于打开或关闭中文输入法。【Ctrl+Shift】用于在多种输入法之间进行切换。

需要注意的是，在“常规”选项卡中可以对不需要的输入法进行卸载。例如：选中微软拼音 ABC 输入法后，单击“删除”按钮即可删除 ABC 输入法。虽然也可以在此添加输入法，但实际上大多数用户不习惯使用 Windows 7 所提供的输入法。目前主流的输入法，如搜狗拼音输入法、五笔输入法等都无法在此进行添加。用户如果需要使用这些输入法，必须自行先下载这些输入法并安装，Windows 7 本身并不提供。

2.4.3　添加或删除程序

1. 添加程序

虽然 Windows 7 为用户提供了诸如画图、写字板等应用程序，但这些程序远不能满足实际应用的需要。因此，用户需要自行安装一些应用程序。目前绝大部分软件的安装方法都大致相同，在安装软件时需要注意以下几点。

（1）找到安装文件：通常程序的安装文件的名称为 setup.exe、install.exe，或以软件名称来命名。例如，搜狗拼音输入法的安装文件名为 sogou_pinyin_61d.exe，其中 61d 是软件版本。

（2）找到安装文件的序列号或注册码：安装序列号或注册码用于在安装时进行输入以继续安装，或是在安装后进行输入以激活软件。在安装光盘的包装盒上可以找到。一些软件也可以通过网站或手机注册的方式获取。

（3）选择安装路径：通常软件的默认安装位置是 C 盘，如果计算机的 C 盘有较大的剩余空间，建议不要修改默认安装路径。

（4）选择需安装的组件：很多软件都带有一些附带的组件，用户在安装时可以选择是否安装这些组件。

2. 软件卸载

为了节省磁盘存储空间、提高工作效率，应该及时将一些不需要的程序从计算机中卸载掉。卸载软件的方法有如下 3 种。

（1）使用软件自带的卸载程序进行卸载。以卸载 QvodPlayer 软件为例，其操作步骤为：单击“开始”→“所有程序”→“快播软件”→“卸载 QvodPlayer”命令，软件弹出确认卸载的对话框，单击是(Y)按钮，如图 2-69 所示。

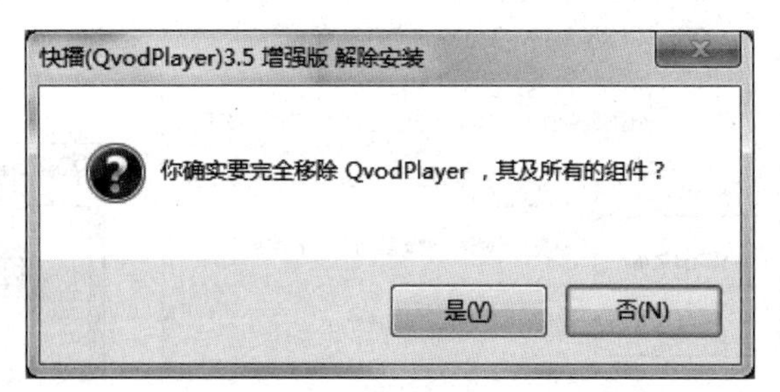

图 2-69　开始卸载 QvodPlayer 软件

快播 QvodPlayer 软件启动卸载工作，并显示卸载进度条，卸载完成后显示卸载完成的提示对话框，如图 2-70 所示。

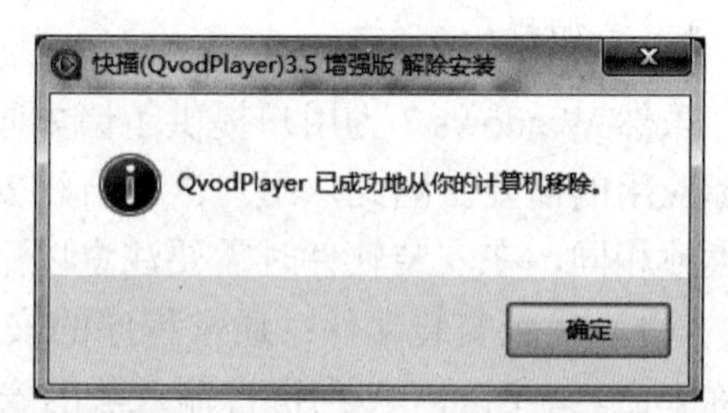

图 2-70　QvodPlayer 卸载完成

（2）使用 Windows 7 控制面板进行卸载。并不是所有的软件都自带卸载程序，此时可以使用 Windows 7 控制面板对这些软件进行卸载。以卸载 Microsoft Visual FoxPro 6.0 为例，其操作步骤为：进入 Windows 7 的控制面板，打开“程序和功能”，在新窗口中对 Microsoft Visual FoxPro 6.0 双击，或者先选择 Microsoft Visual FoxPro 6.0，再单击“卸载/更改”按钮，如图 2-71 所示。

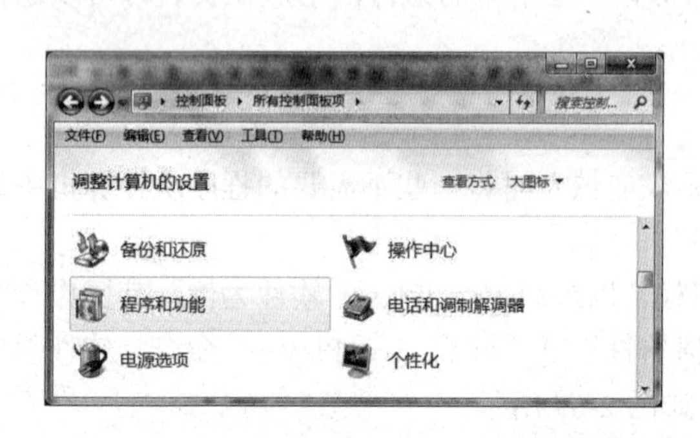

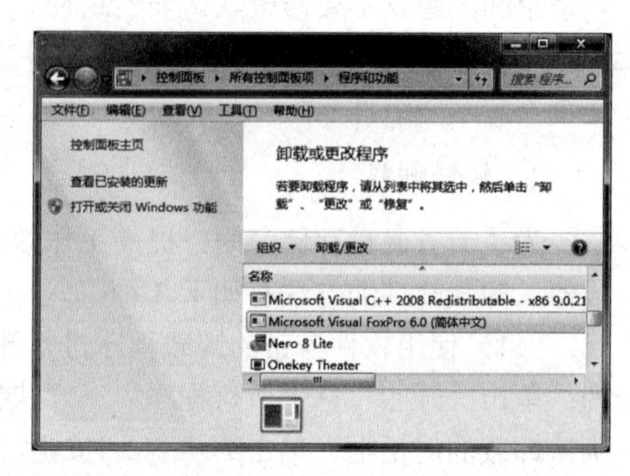

图 2-71　进入控制面板，并选择需要卸载的软件

在弹出的“Visual FoxPro 6.0 安装程序”对话框中单击“添加/删除”按钮，随后系统会询问是否确认删除，单击“是”按钮（图 2-72）。随后 Visual FoxPro 6.0 启动卸载工作，并显示卸载进度条，卸载完成后提示用户“重新启动计算机”。

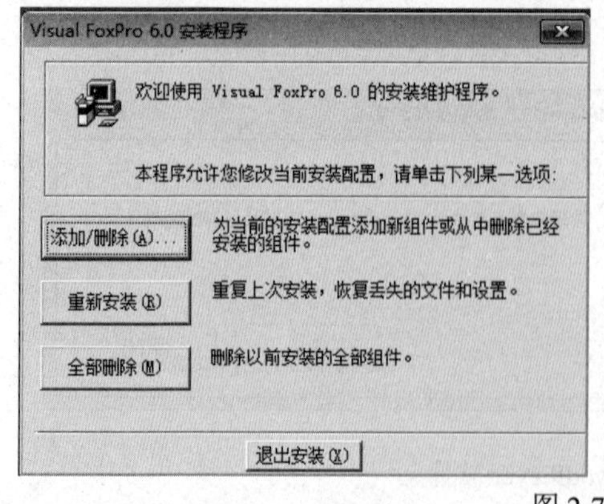

图 2-72　确认卸载

（3）使用第三方软件进行卸载。某些第三方软件可以帮助用户管理各种应用软件，例如可使用 360 软件管家卸载软件。

2.4.4　网络地址配置

网络中的每一台计算机都需要有一个唯一的标识，这样才可以访问网络资源，这个标识被称作 IP 地址。从版本来分，目前的 IP 地址可分为 IPv4 和 IPv6，其中 IPv4 采用 32 位地址长度，大约能提供 43 亿个地址，目前的互联网是在IPv4 协议的基础上运行的。IPv6 是下一代互联网的协议，IPv6 采用 128 位地址长度，几乎可以不受限制地提供地址。

1. 通过“控制面板”设置 IP 地址

下面以 IPv4 为例，其配置步骤如下。

（1）打开控制面板，单击“网络和共享中心”超链接。

（2）在“网络和共享中心”窗口中单击左侧窗格中的“更改适配器设置”超链接，如图 2-73 所示。

在弹出的“网络连接”窗口中，可以看到“本地连接”和“无线网络连接”，其中“本地连接”表示有线网络（图 2-74）。以修改有线网络为例，对“本地连接”单击鼠标右键，在弹出的快捷菜单中选择“属性”命令，如图 2-75 所示。

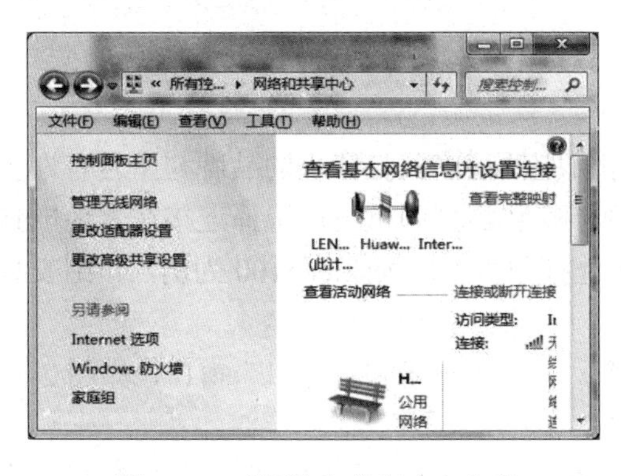

图 2-73　“网络和共享中心”窗口

图 2-74　“网络连接”窗口

在弹出的“本地连接属性”对话框中，双击“Internet 协议版本 4（TCP/IPv4）”选项，即可对 IP 地址进行设置，如图 2-76 所示。

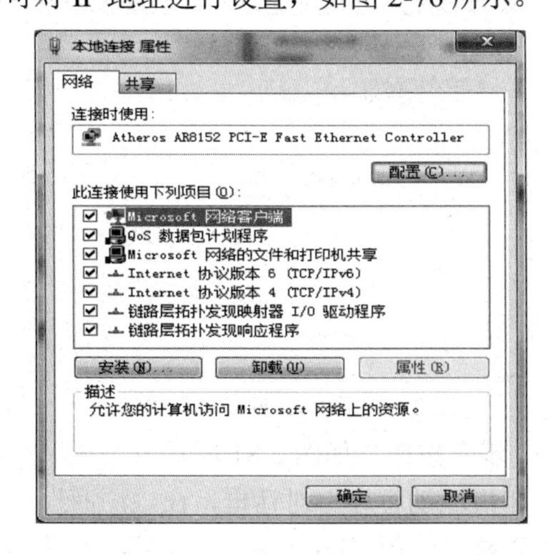

图 2-75　“本地连接属性”对话框

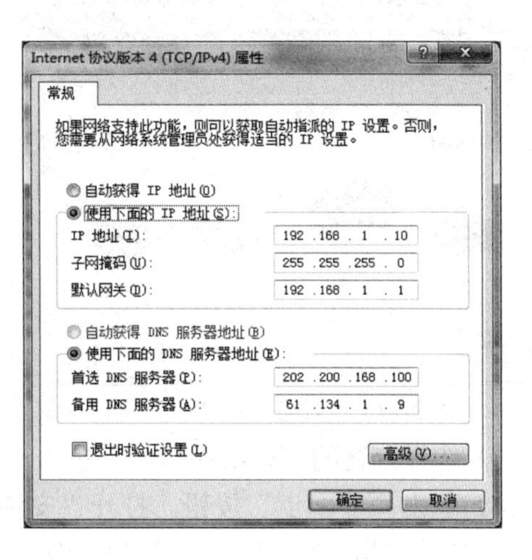

图 2-76　IP 地址设置

2. 通过命令的方式查看 IP 地址

用户也可以通过 DOS 命令的方式查看网络信息。其操作方法如下。

（1）单击“开始”按钮，在“搜索程序和文件”文本框中输入 cmd 后按【Enter】键，会弹出类似于 DOS 界面的窗口，在命令提示符后输入 ipconfig/all，如图 2-77 所示。

（2）按【Enter】键执行该命令，其运行结果如图 2-78 所示。

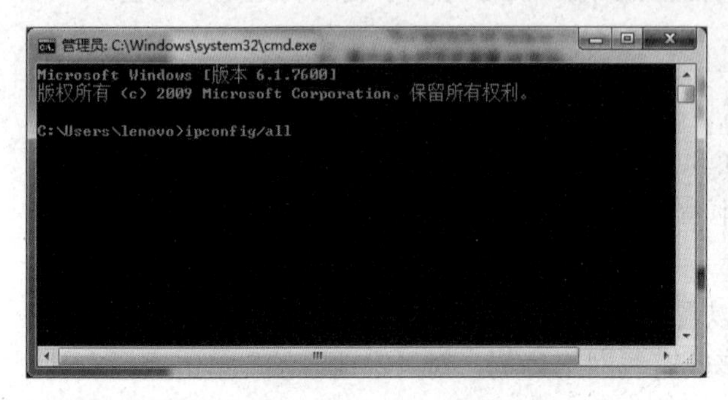

图 2-77　Windows 7 的 MS-DOS 窗口

图 2-78　使用 DOS 命令查看网络配置信息

2.4.5　安装打印机驱动

打印机能够正常工作的前提是正确安装打印机驱动程序。打印机的品牌与型号有许多种，但其安装与使用大致相同。在 Windows 7 中，安装的打印机可以选择连接在本地电脑中，也可以选择连接在局域网中。下面以安装本地打印机 HP Deskjet 5100 为例，介绍安装本地打印机的方法，其操作步骤如下。

（1）单击“开始”→“设备和打印机”命令，打开“设备和打印机”窗口，如图 2-79 所示。

（2）在该窗口中，单击“添加打印机”按钮，打开“添加打印机”向导，在其中选择“添加本地打印机”，如图 2-80 所示。

图 2-79　“设备与打印机”窗口

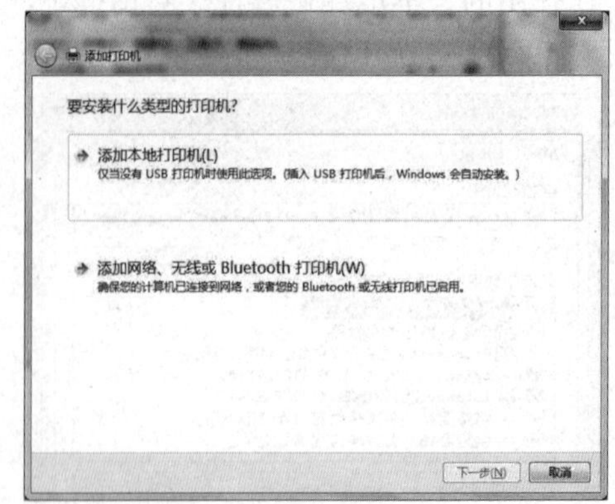

图 2-80　“添加打印机”窗口

（3）选择合适的打印机端口，并单击“下一步”按钮，如图 2-81 所示。

（4）单击“下一步”按钮，打开“安装打印机驱动程序”对话框，在“厂商”列表框中选择 HP 选项，在其右侧选择“打印机”列表框中选择“hp deskjet 5100”，如图 2-82 所示。

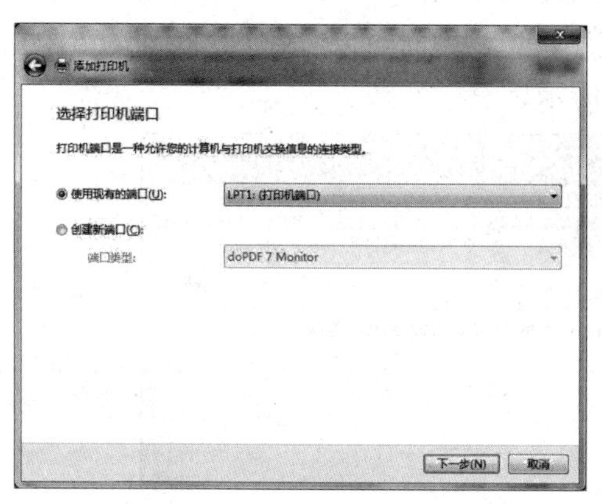

图 2-81　选择合适的打印机端口

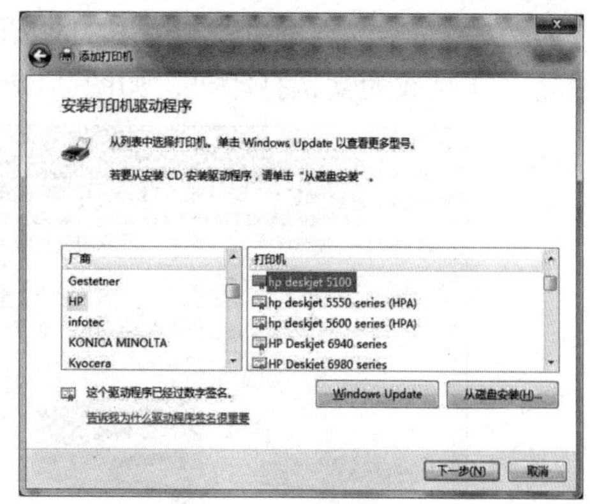

图 2-82　选择打印机厂商和型号

（5）弹出“输入打印机名称”的对话框，输入完毕后，单击“下一步”按钮，如图 2-83 所示。

（6）Windows 7 开始自动安装打印机驱动程序，如图 2-84 所示。

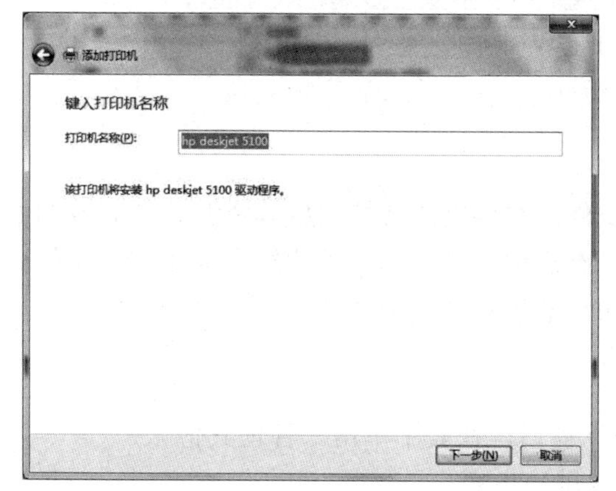

图 2-83　输入打印机名称

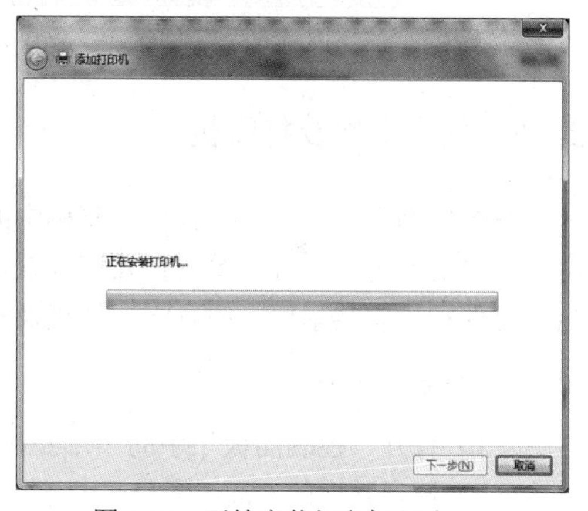

图 2-84　开始安装打印机驱动

（7）Windows 7 询问用户是否需要共享打印机，如图 2-85 所示。

（8）Windows 7 询问用户是否要将该打印机设置为默认打印机，如果用户需要测试打印机，可以单击“打印测试页”按钮，如图 2-86 所示。

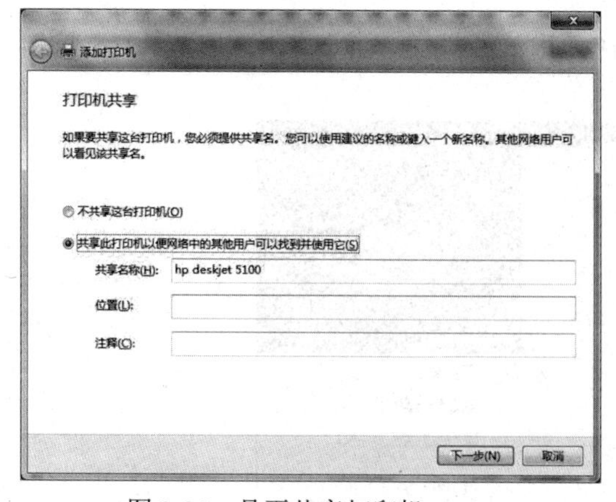

图 2-85　是否共享打印机

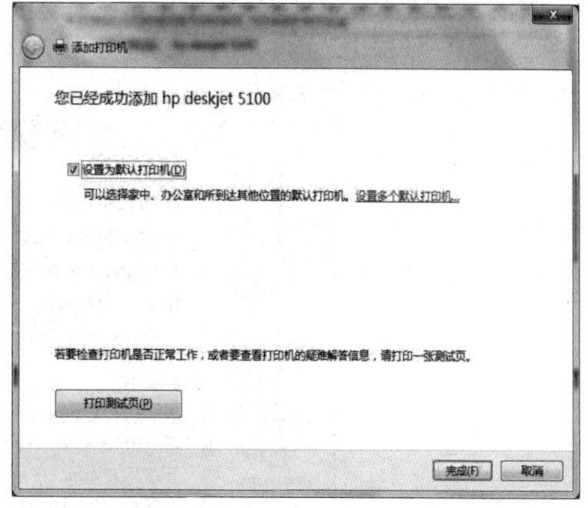

图 2-86　是否设置为默认打印机

（9）安装完毕，返回到“设备和打印机”窗口，此时可以看到HP Deskjet 5100已经安装成功，并且成为默认打印机，如图2-87所示。

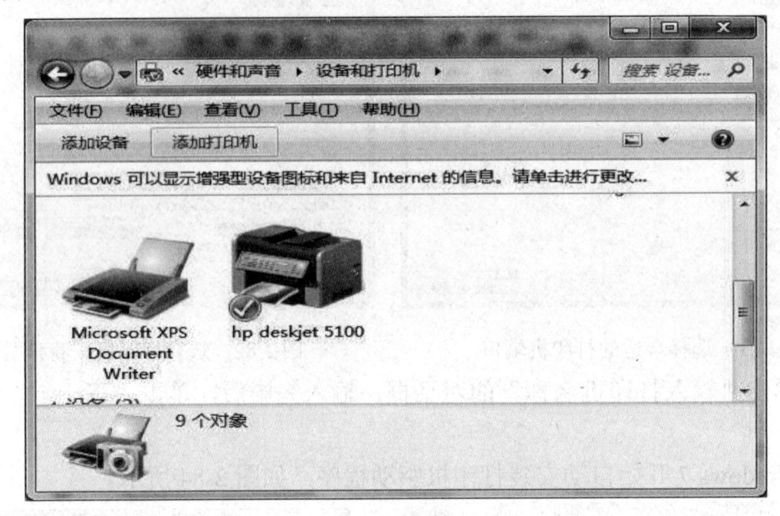

图2-87　安装成功并设置为默认效果

2.4.6　共享文件及打印机

在局域网中，可以共享各台计算机中的文件、文件夹或者打印机等资源。在局域网中共享网络资源之前，首先要进行共享设置，只有启用了相应的选项才能实现相应的功能。启动文件和打印共享后，便可将文件夹及打印机能被局域网中的其它计算机所访问。

1. 共享文件夹

（1）打开“控制面板”中的“用户帐户”窗口，在其中单击“管理其他帐户”。

（2）选择其中的Guest帐户，并单击“启用”按钮。

（3）打开“控制面板”中的“网络和共享中心”窗口，在其中单击“更改高级共享设置”。

（4）在弹出的“高级共享设置”窗口中，选择“启用网络发现”“启用文件和打印机共享”“关闭密码保护共享”。

（5）对要共享的文件夹单击鼠标右键，在弹出的快捷菜单中选择“共享”→“特定用户”命令，如图2-88所示。

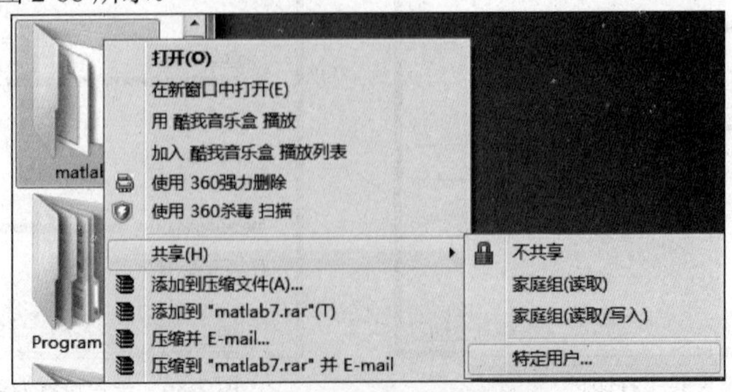

图2-88　选择需要共享的文件夹

（6）在弹出的“文件共享”窗口中，单击下拉列表框右侧的按钮，在其中选择“Guest”，其默认权限为“读取”，并依次单击“添加”和“共享”按钮。

（7）在局域网的另一台计算机的“网上邻居”中找到目标计算机，双击打开，此时可以看到设置过共享的文件夹。此时，可以读取数据，但无法删除。

2. 共享打印机

以前文所提到 HP Deskjet 5100 为例，介绍如何将其设置为局域网中的共享打印机。

（1）单击“开始”按钮，选择“设备和打印机”。

（2）对 HP Deskjet 5100 图标单击鼠标右键，在弹出的快捷菜单中选择“打印机属性”命令。

（3）在“打印机属性”对话框中选择“共享”选项卡，在“共享这台打印机”前面打上“√”，打印机的“共享名”可以使用默认项。最后单击“确定”按钮即可，如图 2-89 所示。

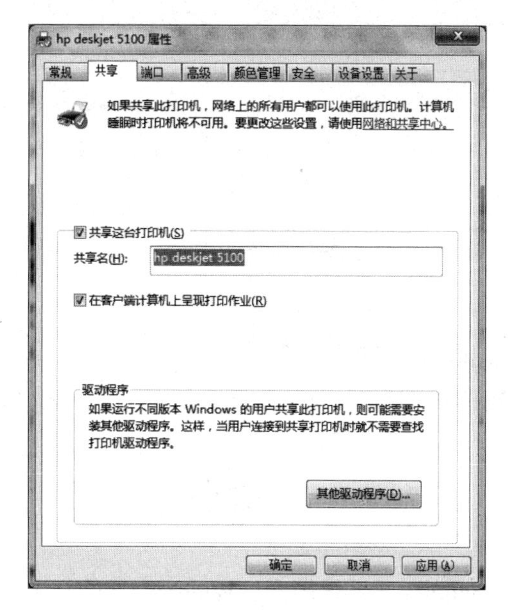

图 2-89 设置共享打印机

下面介绍局域网中的其它计算机如何与共享出来的 HP Deskjet 5100 建立连接，假设其它计算机上安装的操作系统是 Windows 7，其操作步骤如下。

（1）单击“开始”→“设备和打印机”，打开“设备和打印机”窗口，如图 2-90 所示。

（2）在该窗口中，单击“添加打印机”按钮，打开“添加打印机”向导，在其中选择“添加网络、无线…”，如图 2-91 所示。

（3）Windows 7 在局域网中自动搜索被共享的打印机，用户可以根据需要进行选择，如图 2-92 所示。

（4）单击“下一步”按钮，用户输入网络打印机的名称（可使用默认名称），单击“下一步按钮”，添加工作完成，并询问用户是否需要打印测试页（建议打印），如图 2-93 所示。

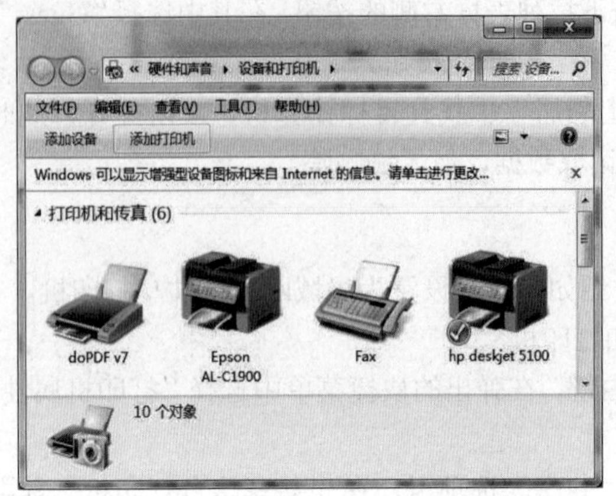

图 2-90 “设备与打印机”窗口

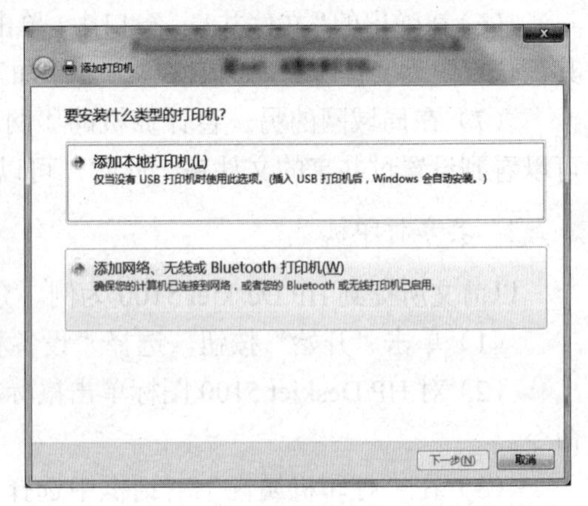

图 2-91 “添加打印机”窗口

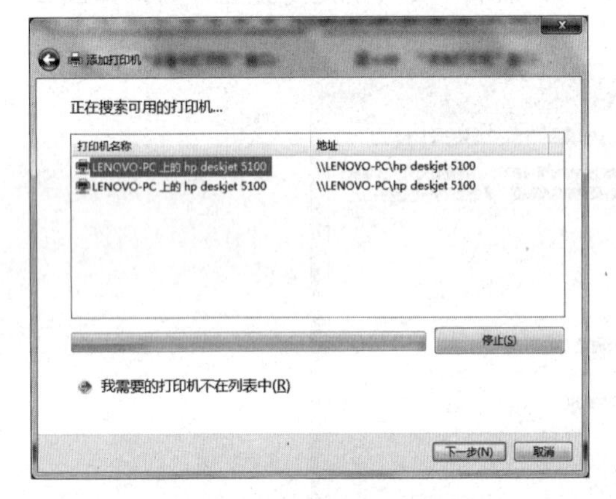

图 2-92 自动搜索可用的网络打印机

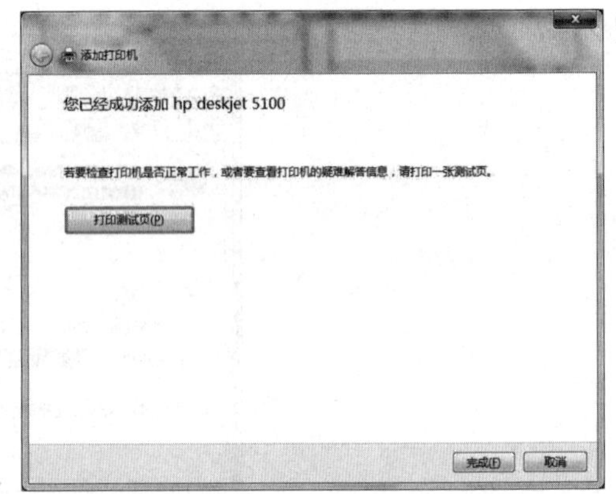

图 2-93 添加成功

本章小结

本章主要讲述了 Windows 7 系统简介、Windows 7 的基本操作、Windows 7 的资源管理器和系统设置。通过本章的学习，读者应该了解 Windows 系统特色，Windows 系统主要硬件配置和 Windows 系统的常用术语；掌握如何启动和退出 Windows 7；了解 Windows 7 的桌面组成；掌握如何打开与切换应用程序；掌握 Windows 7 窗口的组成与操作，以及 Windows 7 对话框的操作；了解资源管理器和库的基本知识；掌握文件与文件夹的基本知识及其基本操作；了解磁盘是如何操作的；学会如何设置日期和时间、区域和语言；掌握如何添加或删除程序、网络地址配置、安装打印机驱动、共享文件及打印机。

习题 2

1．填空题

（1）根据个人习惯的不同，鼠标左右键功能可以互换，控制面板中的_______选项可以实现该功能。

（2）选择窗口中所有的文件及文件夹，可以使用_______快捷键。

（3）在窗口中选择多个不连续的对象，需要在选择的同时按住_______键。

（4）要修改屏幕的分辨率，可以在控制面板中选择_______选项。

（5）添加或删除输入法可以在控制面板中的_______选项中实现。

（6）想获得 Windows 7 的帮助系统，可以按_______键。

（7）要将某个窗口最大化，可以使用_______快捷键。

2．选择题

（1）删除软件的正确方法是_______。

A．删除桌面上相应的快捷图标。

B．从计算机中找到该软件对应的文件夹，并拖动至“回收站”

C．使用软件自带的卸载程序，或使用控制面板中的“程序和功能”选项进行删除。

D．从计算机中找到该软件对应的文件夹，按【Shift+Delete】。

（2）下列方法中，不能关闭窗口的是_______。

A．在任务栏上对相应窗口单击鼠标右键，在弹出的快捷菜单中选择“关闭窗口”命令。

B．使用快捷键【CTRL+F4】。

C．在标题栏左侧双击

D．单击标题栏右侧的 X 按钮。

（3）关于屏幕分辨率说法错误的是_______。

A．屏幕分辨率越大，图像就越清晰，显示的文字也越大。

B．可以通过在桌面空白处单击鼠标右键，在弹出的快捷菜单中选择“屏幕分辨率”命令来设置屏幕的分辨率。

C．可以通过在桌面空白处单击鼠标右键，在弹出的快捷菜单中选择“个性化”命令来设置屏幕的分辨率。

D．可以通过控制面板中的“显示”命令来设置屏幕的分辨率。

（4）打开命令窗口的方法的正确方法是_______。

A．单击“开始”按钮，在搜索栏中输入 cmd 并按【Enter】键。

B．单击“开始”→“所有程序”→“附件”→“命令提示符”

C．按住【Shift】键，并在桌面的空白处或对文件夹单击鼠标右键，在弹出的快捷菜单中选择“在此处打开命令窗口”。

D．以上方法均可。

（5）关于任务栏说法正确的是_______。

A．它的大小和位置都可调　　B．它的大小不可调，位置可调

C．它的大小可调、位置不可调　　D．它的大小和位置都不可调

（6）当一个文件被误删除时，最好的办法是_______。

A．通过回收站来还原文件　　B．通过备份来还原文件

C．执行一次系统还原　　D．通过第三方工具软件还原

（7）以下哪一项是控制面板中的“家长控制”无法实现的功能_______。

A．时间限制　　B．游戏分级

C．删除文件　　D．阻止使用特定程序

（8）关于日期和时间，说法错误的是_______。

A．可以修改时间和日期，甚至是时区

B．可以通过与 Internet 时间同步来获得准确的时间

C．一台计算机上可以显示多个地区的时间

D．必须通过控制面板才能设置日期和时间

（9）关于最大化窗口，操作错误的是_______。

A．单击标题栏右侧的“最大化”按钮　　B．对标题栏中间位置双击

C．在任务栏上对相应窗口双击　　D．将窗口拖动至屏幕的顶端

（10）关于对话框，说法错误的是_______。

A．对话框位置可以调整

B．对话框的大小可以调整

C．在菜单中选择带有“…”的命令，会弹出对话框

D．单击“确定”“取消”或者都可以关闭对话框

3．判断题

（1）通过在开始菜单中拖动控制面板至任务栏，可将控制面板锁定在任务栏中。（　　）

（2）在复制文件或文件夹时，如果先用【Ctrl+C】，那么第二步必须用【Ctrl+V】。（　　）

（3）修改桌面主题最便捷的方法是进入控制面板，选择其中的“个性化”。（　　）

（4）如果要对 C 盘创建系统映像，那么映像文件必须放在另一个物理磁盘上，而不能放在同一个物理磁盘的不同逻辑分区上。（　　）

（5）Windows 7 的桌面背景可以自动切换，切换时间最短 10 秒，最长 1 天，但必须是 Windows 7 系统自带的图片，用户无法选择。（　　）

（6）快捷键【ALT+F4】是用来关闭被激活窗口的，也可以用于关机。（　　）

（7）打开与关闭中文输入法的快捷键是【Ctrl+Shift】，多种输入法之间进行切换的快捷键是【Ctrl+Space】。（　　）

（8）要想获得准确的时间，可以将计算机时间与 Internet 时间同步。（　　）

4．简答题

（1）操作系统的作用是什么？有何特点？

（2）在 Windows 7 中，删除硬盘上的文件盒删除磁盘上的文件有何不同？

（3）试述利用 Window 7 的控制面板添加打印机的步骤。

第 3 章　文字处理软件 Word 2010

【本章概览】

Word 2010 是目前为止功能最强大的文字处理软件。利用它不仅能够方便地进行文字编辑和排版，还可以方便地在文档中插入图片和剪贴画，以及制作各种商业表格等。

【本章目标】

- 了解如何启动 word 2010 及其工作界面。
- 掌握在文本中输入文字、增加和修改文本、输入特殊符号。
- 掌握设置字符、段落格式以及边框和底纹。
- 理解在文档中插入图片、图形、文本框、艺术字。
- 掌握创建和编辑表格，设置分隔符、应用样式和编制目录。

3.1　Word 2010 的基本知识

3.1.1　启动 Word 2010

通常，启动 Word 2010 的方式有以下三种方法。

1. 使用“开始”菜单

单击“开始”按钮，然后将鼠标指针移至“所有程序”，再选择“Microsoft Office”，在弹出的子菜单中选择“Microsoft Word 2010”菜单项（图 3-1），即可启动 Word 2010。

图 3-1　使用“开始”菜单启动 Office 2010

2. 使用桌面快捷方式

对于经常使用的程序，可在桌面上创建其快捷方式图标，双击该图标即可启动程序。创建 Word 2010 程序快捷方式图标的具体操作为：右击展开的“Microsoft Office”菜单项，并在弹出的快捷菜单中选择“发送到”→“桌面快捷方式”菜单项，如图 3-2 所示。

3. 双击硬盘上已有的 Word 文档

如果用户的硬盘上存放有 Word 2010 文档，系统中又安装有 Word 2010 程序，那么只要在“我的电脑”窗口中找到这个文档，并双击它，即可启动 Word 2010 并打开该文档。

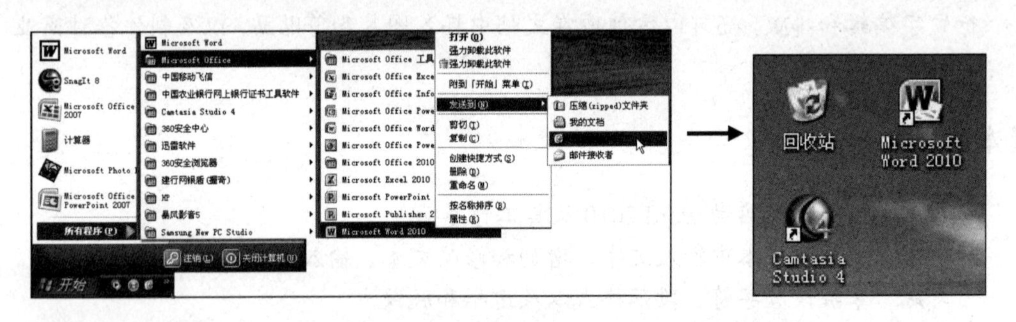

图 3-2 创建桌面快捷方式图标

3.1.2 退出 Word 2010

若要退出 Word 2010 程序，最常用的方法有以下两个。

（1）单击程序标题栏右侧的“关闭”按钮。

（2）单击“文件”选项卡标签，在展开的界面中单击左侧的“退出”项也可退出程序。

3.1.3 Word 2010 的工作界面

启动 Word 2010 程序后，就进入其工作界面（图 3-3）。Word 2010 的工作界面包括了快速访问工具栏、标题栏、功能区、编辑区和状态栏等部分。

（1）快速访问工具栏：为便于用户操作，系统提供了快速访问工具栏，主要放置一些在编辑文档时使用频率较高的命令。默认情况下，该工具栏位于控制菜单按钮的右侧，其中包含了“保存”、“重复”和“撤销”按钮。

（2）标题栏：标题栏位于窗口的最上方，其中显示了当前编辑的文档名、程序名和一些窗口控制按钮。其中单击标题栏右侧的三个窗口控制按钮，可将程序窗口最小化、还原、最大化或关闭。

（3）控制菜单图标：该图标位于窗口左上角，单击该图标，会打开一个窗口控制菜单，通过该菜单可执行还原、最小化和关闭窗口等操作。

（4）标尺：分为水平标尺和垂直标尺，主要用于确定文档内容在纸张上的位置。通过单击编辑区右上角的“标尺”按钮，可显示或隐藏标尺。

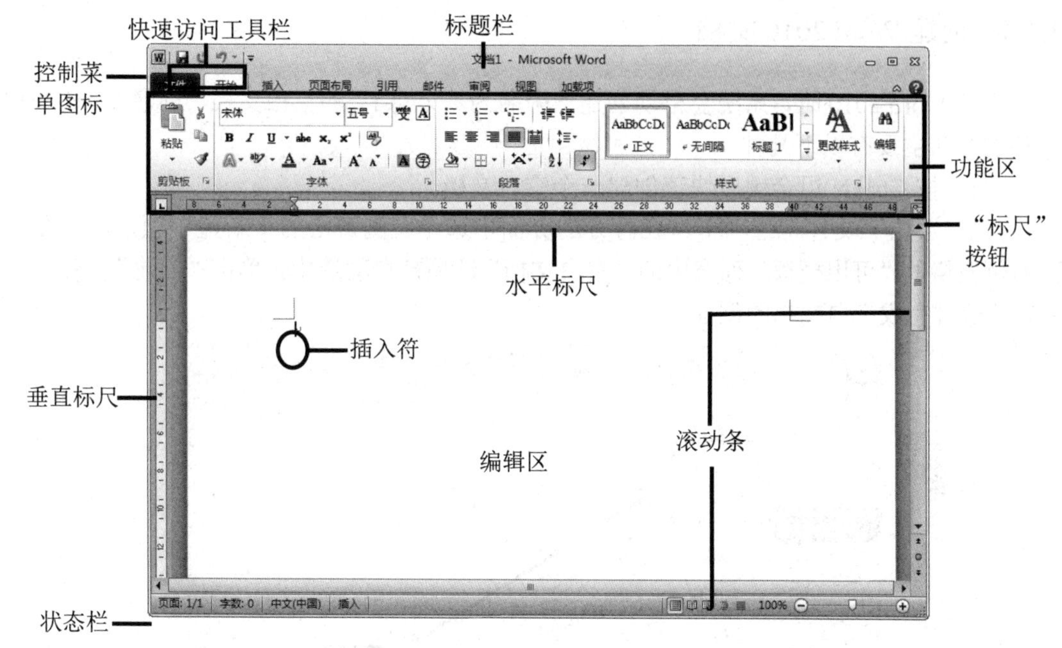

图 3-3　Word 2010 的工作界面

（5）状态栏：状态栏位于 Word 文档窗口底部，其左侧显示了当前文档的状态和相关信息，右侧显示的是视图模式和视图显示比例。单击“缩小”按钮或向左拖拽缩放滑块，可缩小视图显示比例；单击“放大”按钮或向右拖拽缩放滑块，可放大视图显示比例。

（6）功能区：Word 2010 将其大部分功能命令分类放置在功能区的各选项卡中，如“文件”“开始”“插入”“页面布局”等选项卡。在每一个选项卡中，命令又被分成了若干个组（图 3-4）。要执行某项命令，可先单击命令所在的选项卡的标签切换到该选项卡，然后再单击需要的命令按钮即可。

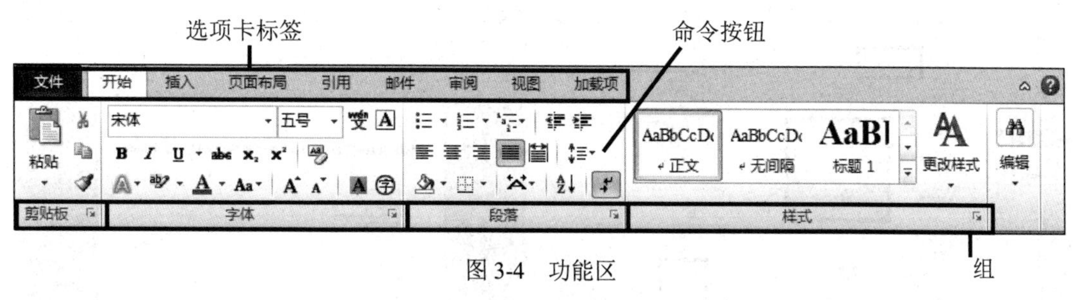

图 3-4　功能区

（7）滚动条：分为垂直滚动条和水平滚动条。通过上下或左右拖动滚动条，可以浏览文档中位于工作区以外的内容。

（8）编辑区：在 Word 2010 中，水平标尺下方的空白区域是编辑区，用户可在该区域内输入文本、插入图片，或对文档进行编辑、修改和排版等。在编辑区左上角有一个不停闪烁的光标，称为插入符，用于指示当前的编辑位置。

3.1.4 创建 Word 2010 文档

启动 Word 2010 时，系统会自动创建一个名为“文档 1”的空白文档。创建 Word 2010 文档的方法主要有以下几种。

（1）按 Ctrl+N 组合键可快速创建一个空白文档。

（2）单击“文件”选项卡，在打开的界面中选择左侧窗格的“新建”项，此时在界面右侧窗格的“可用模板”列表中的“空白文档”选项被自动选中，单击“创建”按钮（图 3-5），即可完成空白文档的创建。

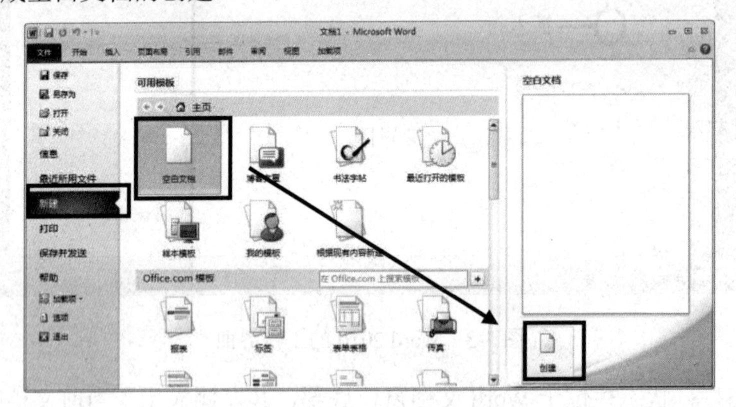

图 3-5　创建空白文档

（3）在 Word 2010 中，提供了各种类型的文档模板，有效利用这些模板，可快速创建带有相应格式和内容的文档。要应用模板创建文档，在“可用模板”列表中选择“样本模板”选项，然后在列表中选择想要使用的模板类型，如“平衡简历”，最后单击“创建”按钮即可，如图 3-6 所示。

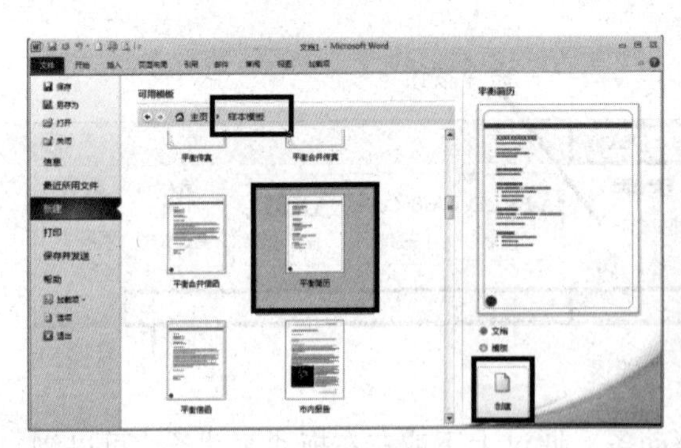
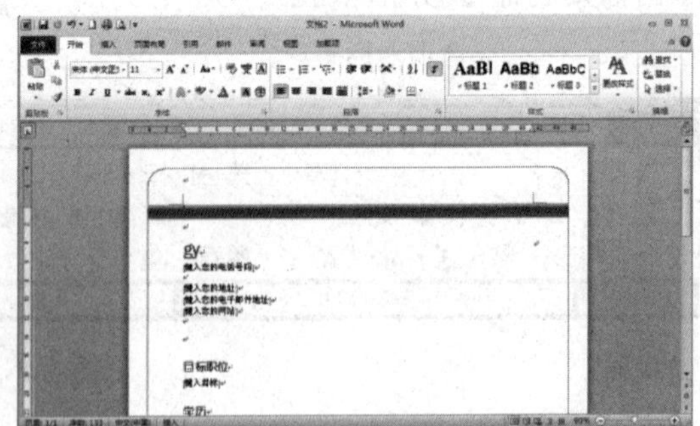

图 3-6　利用模板创建文档

3.1.5 保存 Word 2010 文档

创建文档并对其编辑后，应及时保存。否则，若出现停电、死机等意外情况，文档内容就会丢失。要保存 Word 2010 文档的方法如下。

（1）单击快速访问工具栏中的“保存”按钮；或单击“文件”选项卡，在打开的界面中选择左侧窗格的“保存”项；或按 Ctrl+S 组合键。

（2）如果此时是第一次保存文档，将打开“另存为”对话框。在该对话框的“保存位置”下拉列表中选择保存文档的大致位置，在“文件名”编辑框中输入文档名称，在“保存类型”下拉列表中选择要保存为的文件类型，最后单击“保存”按钮即可将文档保存，如图 3-7 所示。

图 3-7　保存文档

3.1.6　关闭 Word 2010 文档

Word 2010 文档编辑完毕，或不再继续编辑文档时，可关闭文档。其操作方法如下：单击“文件”选项卡，在打开的界面中选择左侧窗格中的“关闭”项。该操作只关闭当前编辑的文档，而不退出 Word 2010 程序。

关闭文档或退出 Word 2010 程序时，若文档未保存，系统会弹出图 3-8 所示提示对话框，询问用户是否保存文档。

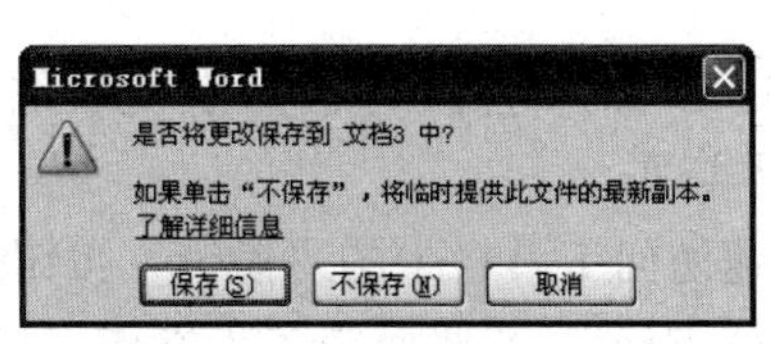

图 3-8　提示框

3.1.7　打开 Word 2010 文档

在 Word 2010 中，打开文档的方法有多种。其中最常用的是利用“文件”选项卡中的“打开”命令，其操作方法如下。

（1）按 Ctrl+O 组合键，或单击“文件”选项卡，在打开的界面中选择左侧窗格中的“打开”项，打开“打开”对话框。

（2）在“查找范围”下拉列表中选择文档所在的位置，然后选择要打开的文档，最后单击“打开”按钮，即可打开所选的文档，如图 3-9 所示。

若要同时打开多个文档，可按住 Ctrl 键依次单击要打开的文档，将它们同时选中；或按住 Shift 键单击要打开的前后两个文档，将这两个文档及它们之间的所有文档全部选中，然后单击“打开”按钮。

图 3-9　利用“文件”选项卡中的“打开”命令打开文档

打开 Word 2010 文档其他方法有以下几个。

（1）打开存放文档的文件夹，然后双击文档图标，系统将启动 Word 2010 并打开该文档。

（2）若要打开最近编辑过的文档，可单击“文件”选项卡标签，在打开的界面中部显示了最近打开过的文档列表（默认为 25 个），单击所需文档名称即可将其打开。界面的右侧窗格对应显示了文档所在的位置。

3.1.8　操作的撤销、恢复和重复

在编辑文档的过程中，Word 2010 会自动记录用户执行的操作，这使得撤销错误操作和恢复被撤销的操作非常容易实现。

（1）撤销操作：单击快速访问工具栏中的“撤销”按钮，或按 Ctrl+Z 组合键撤销最近一步操作，如图 3-10（a）所示。若要撤销多步操作，可重复执行撤销命令，或单击“撤销”按钮右侧的下三角按钮，在打开的列表中单击选择要撤销的操作，如图 3-10（b）所示。

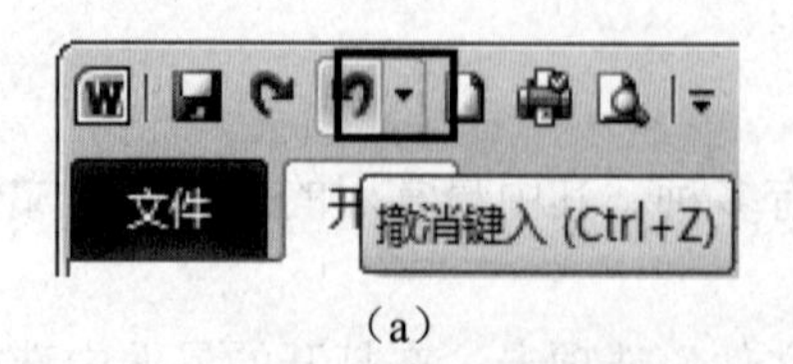

（a）

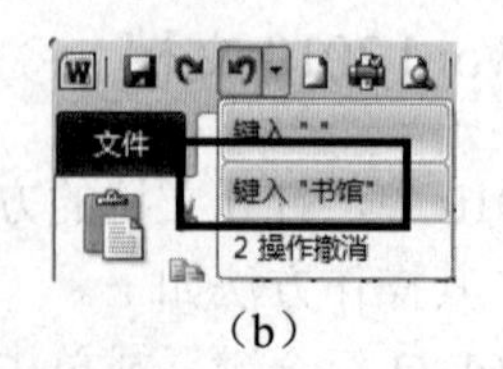

（b）

图 3-10　撤销操作

（2）恢复操作：单击快速访问工具栏中的“恢复”按钮，或按 Ctrl+Y 组合键，可

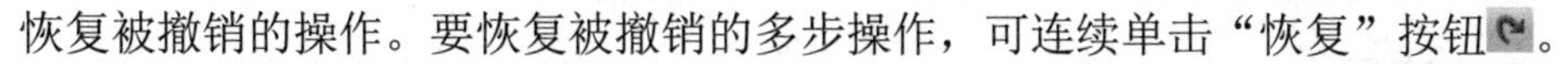

恢复被撤销的操作。要恢复被撤销的多步操作，可连续单击“恢复”按钮。

（3）重复操作：“恢复”按钮是个可变按钮，当用户撤销了某些操作时该按钮变为“恢复”按钮；当用户进行诸如录入文本、编辑文档等操作时，该按钮变为“重复”按钮，允许用户重复执行最近所做的操作。

3.2　Word 2010 文档的基本操作

文本包括汉字、标点、英文字母和特殊符号等。创建文档后，第一项任务通常是在文档中书写内容。可以借助键盘和各种输入法输入英文、汉字、标点和一些特殊符号。另外，Word 2010 还提供了一些辅助功能，借助这些功能可方便地输入特殊符号和日期等。

3.2.1　在文本中输入文字

输入文字时，首先选择一种合适的输入法，然后在文档中输入内容。输入的文字会显示在光标（插入点）显示的位置。如果没有光标（插入点）显示，在编辑区中单击鼠标即可让其显示。当输入满一行时，Word 会自动换行；一个段落输入完毕，按 Enter 键开始新的段落，如图 3-11 所示。

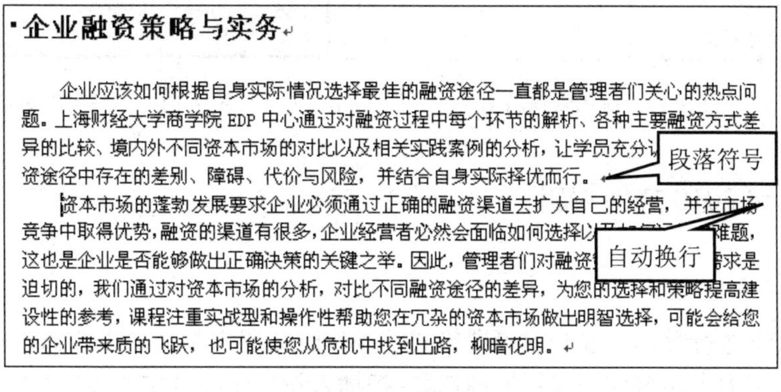

企业融资策略与实务

企业应该如何根据自身实际情况选择最佳的融资途径一直都是管理者们关心的热点问题。上海财经大学商学院 EDP 中心通过对融资过程中每个环节的解析、各种主要融资方式差异的比较、境内外不同资本市场的对比以及相关实践案例的分析，让学员充分认
资途径中存在的差别、障碍、代价与风险，并结合自身实际择优而行。

资本市场的蓬勃发展要求企业必须通过正确的融资渠道去扩大自己的经营，并在市场竞争中取得优势，融资的渠道有很多，企业经营者必然会面临如何选择以
难题，这也是企业是否能够做出正确决策的关键之举。因此，管理者们对融资
需求是迫切的，我们通过对资本市场的分析，对比不同融资途径的差异，为您的选择和策略提高建设性的参考，课程注重实战型和操作性帮助您在冗杂的资本市场做出明智选择，可能会给您的企业带来质的飞跃，也可能使您从危机中找到出路，柳暗花明。

段落符号

自动换行

图 3-11　输入文字

3.2.2　增加和修改文本

在输入文本的过程中难免会出现少字或输入错误的现象，此时便需要对文本执行添加、修改等操作。其操作流程如下。

（1）在输入的过程中如果输入有误，可将插入符置于错误处，然后按 Backspace 键删除插入符左侧的字符；若按 Delete 键，可删除插入符右侧的字符。

（2）如果需要增补文本，可将插入符置于要增补文本处，然后输入所需内容即可。

（3）在输入文本的过程中，如果要用新输入的内容取代原有内容，可使用“改写”模式，此时可单击状态栏中的“插入”按钮，使其变为“改写”按钮，进入“改写”编辑模式，然后将插入符置于要改写文本的左侧，输入新文本即可。

3.2.3 输入特殊符号

如果要在 Word 2010 文档中输入诸如箭头、方块、几何图形、希腊字母、带声调的拼音等键盘上没有的特殊字符。其操作方法如下。

（1）确定插入符，然后在功能区打开“插入”选项卡，单击“符号”组中的“符号”按钮Ω符号，在展开的列表中单击选择需要输入的特殊符号，如图 3-12 所示。

（2）若列表中没有用户所需符号，可单击列表底部的“其他符号”，打开“符号”对话框（图 3-13）。在“字体”下拉列表中选择不同字体，在其下方的符号列表会显示相应的符号类型，用户可在其中选择需要的符号，然后单击“插入”按钮，将其插入到文　　档中。

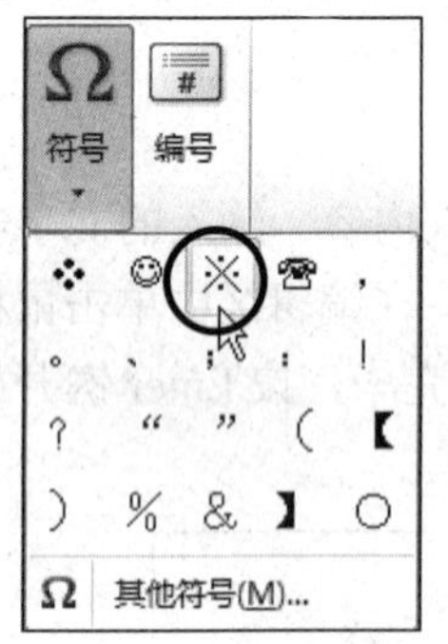

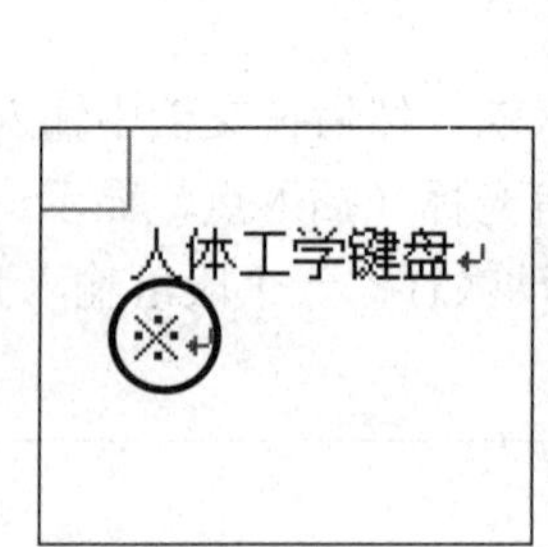

图 3-12　输入特殊符号

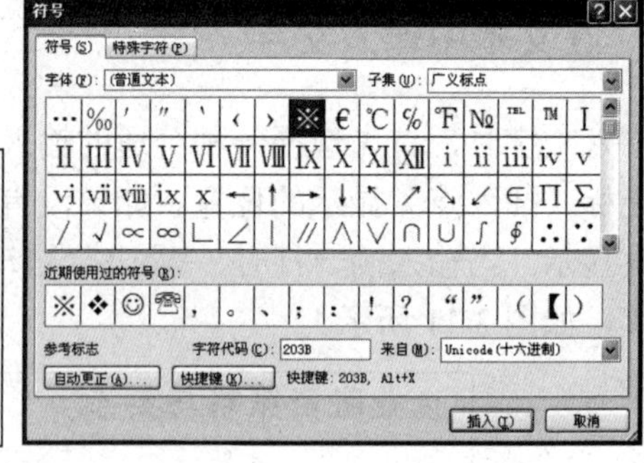

图 3-13　“符号”对话框

3.2.4 Word 2010 文档编辑

1. 文本选择

在对文本进行移动、复制或设置格式等操作时，通常都需要先选择相应的文本。选择文本的最常用的方法是使用鼠标拖拽选取：把插入符置于要选定文本的最前面（或最后面），然后按住鼠标左键不放，拖动鼠标到要选择文本的结束处，松开鼠标左键即可选中鼠标轨迹经过的文本，选中的文本将以蓝色底纹显示。若要取消文本的选取，只需在文档的任意位置单击鼠标即可。除此之外，还可以在文档中使用如下一些方法选择文本。

（1）选择一个英文单词：用鼠标左键双击该单词。

（2）选择一句话：按住【Ctrl】键，单击句子中的任何位置，可选中两个句号中间的一个完整的句子。

（3）选择一行文本：将鼠标指针移至文本左侧，当鼠标指针变为↗形状时单击。

（4）选择连续多行文本：将鼠标指针移至文本左侧，当鼠标指针变为↗形状时单击并按住鼠标左键向上或向下拖动；或是先选择首行文本，然后按住【Shift】键单击要选择的最后一行文本的任意位置。

（5）选择一个段落：在该段落左侧空白位置处双击，或是在该段落中任意位置处三击。

（6）选择连续的文本区域：按住【Shift】键单击要选择文本的开头和结尾处。

（7）选择不连续文本区域：选择一个文本区域后，按住【Ctrl】键再选择其他文本区域。

（8）选择矩形文本区域：将鼠标指针置于要选择的文本一角，按住【Alt】键拖动鼠标到要选择的文本的对角。

（9）选择整篇文档：将鼠标指针移至文档左侧，当鼠标指针变为形状时三击；另外，按【Ctrl+A】组合键也可选择整篇文档内容。

（10）选择一行中插入符前面的文本：按【Shift+Home】组合键。

（11）选择一行中插入符后面的文本：按【Shift+End】组合键。

（12）选择从插入符至文档首的内容：按【Ctrl＋Shift＋Home】组合键。

（13）选择从插入符至文档尾的内容：按【Ctrl＋Shift＋End】组合键。

2. 移动与复制文本

常见的编辑文本的操作主要有移动、复制、查找和替换。如对重复出现的文本，不必一次次地重复输入，只要复制即可；对放置不当的文本，可快速将其移动到合适位置。移动与复制操作不仅可以在同一个文档中使用，还可以在多个文档之间进行。

移动和复制文本常用的方法有两种：一种是使用鼠标拖动；另一种是使用“剪切”“复制”和“粘贴”命令。若要短距离移动或复制文本，使用鼠标拖动的方法比较方便。

（1）选中要移动的文本或段落（将段落标记也选中时，表示移动整个段落），将鼠标指针移至其上方，此时鼠标指针显示为形状，如图 3-14 所示。

（2）按住鼠标左键并拖动，至目标位置时释放鼠，所选文本即被移动到了目标位置，原位置不再保留移动的文本，如图 3-15 所示。

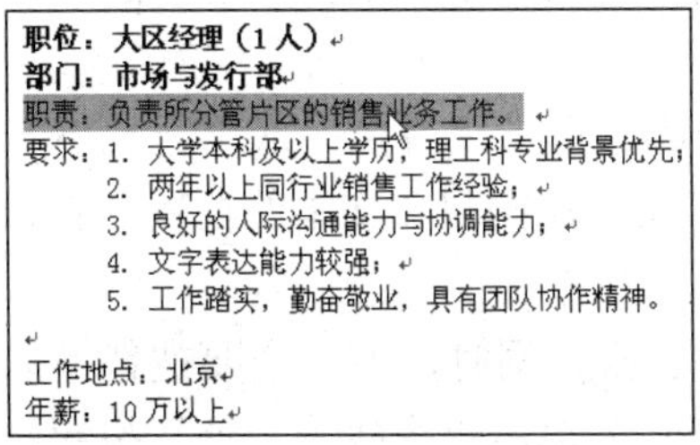

职位：大区经理（1 人）
部门：市场与发行部
职责：负责所分管片区的销售业务工作。
要求：1. 大学本科及以上学历，理工科专业背景优先；
2. 两年以上同行业销售工作经验；
3. 良好的人际沟通能力与协调能力；
4. 文字表达能力较强；
5. 工作踏实，勤奋敬业，具有团队协作精神。

工作地点：北京
年薪：10 万以上

图 3-14　选择要移动的文本并拖动至目标位置

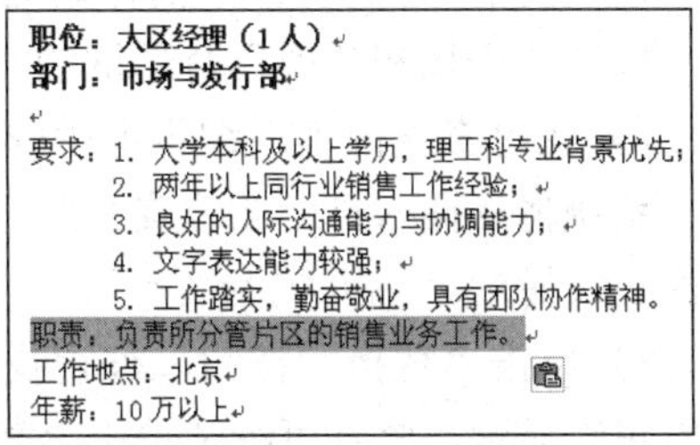

职位：大区经理（1 人）
部门：市场与发行部

要求：1. 大学本科及以上学历，理工科专业背景优先；
2. 两年以上同行业销售工作经验；
3. 良好的人际沟通能力与协调能力；
4. 文字表达能力较强；
5. 工作踏实，勤奋敬业，具有团队协作精神。
职责：负责所分管片区的销售业务工作。
工作地点：北京
年薪：10 万以上

图 3-15　释放鼠标后即可移动文本

（3）若在拖动鼠标的同时按住【Ctrl】键，此时鼠标指针变为形状，表示执行的是复制操作，释放鼠标后，原位置的文本依然保留。

3. 查找文本

利用 Word 2010 提供的查找功能可以在文档中迅速查找到相关内容，从而使得文档修改工作变得十分迅速和高效。查找文档中的指定内容，可按如下步骤进行。

（1）在文档中某个位置单击以确定查找的开始位置，如果希望从文档开始位置进行查找，应在文档的开始位置单击。

（2）单击“开始”选项卡上“编辑”组中的“查找”按钮，如图 3-16（a）所示，打开“导航”任务窗格，在窗格上方的编辑框中输入要查找的内容。

（3）此时，文档中将以橙色底纹突出显示查找到的内容，左侧窗格中则显示要查找的文本所在的标题。单击“下一处搜索结果”按钮，可从上到下将文档依次定位到查找到的内容处；单击“上一处搜索结果”按钮，则可从下到上定位搜索结果，如图 3-16（b）所示。

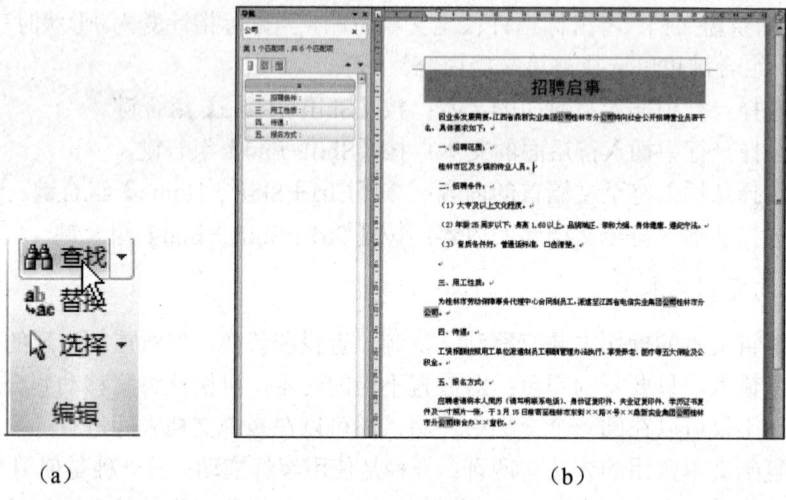

（a）　　　　　　　　　　（b）

图 3-16　查找文本

4. 替换文本

在编辑 Word 2010 文档时，可以使用替换命令对整个文档中的某些内容进行替换，从而加快修改文档的速度。其操作方法如下。

（1）将插入符定位在文档开始处，单击“开始”选项卡上“编辑”组中的“替换”按钮，打开“查找和替换”对话框的“替换”选项卡。

（2）在“查找内容”编辑框中输入要查找的内容，单击“替换”或“查找下一处”按钮，系统将从插入符所在位置开始查找，然后停在第一次出现该文本的位置，且该文本以蓝色底纹显示。

（3）单击“替换”按钮，被查找到的内容将被替换；同时，下一个要被替换的内容以蓝色底纹显示，此时可继续单击“替换”按钮替换。若单击“查找下一处”按钮，被查找到的内容将不被替换，并且系统会继续查找，并停在下一个出现改文本的位置。

（4）若单击“全部替换”按钮，则文档中的该内容全部被替换。替换完成后，在显示的提示对话框中单击“确定”按钮，如图 3-17 所示，返回“查找和替换”对话框，再单击“关闭”按钮退出。

图 3-17　替换完毕

5. 高级查找和替换

单击“查找和替换”对话框中的“更多”按钮，将展开该对话框，如图 3-18 所示。利用展开部分中的选项可进行文本的高级查找和替换操作，部分选项的作用介绍如下。

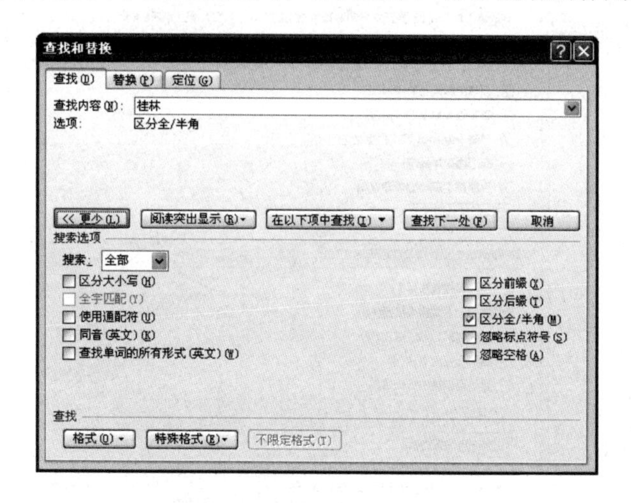

图 3-18　高级查找与替换选项

（1）“区分大小写”复选框：选中该复选框可在查找和替换内容时区分英文大小写。

（2）“使用通配符”复选框：选中“使用通配符”复选框，可在查找和替换时使用“?”和“*”通配符，其中，“？”代表单个字符，“*”代表任意字符串。

（3）“格式”按钮：单击该按钮可查找具有特定格式的文本，或将原文本格式替换为指定的格式。

（4）“特殊格式”按钮：可查找诸如段落标记、制表符等特殊标记。

3.2.5　检查文档中文字的拼写和语法

在编辑文档时，用户经常会因为疏忽而造成一些错误，很难保证输入文本的拼写和语法都完全正确。Word 2010 的拼写和语法功能开启后，将自动在它认为有错误的字句下面加上波浪线，从而提醒用户。

开启此项检查功能的操作步骤如下。

（1）在 Word 2010 应用程序中，单击“文件”选项卡，打开 Office 后台视图。

（2）单击执行“选项”命令。

（3）打开“Word 选项”对话框，切换到“校对”选项卡。

（4）在“在 Word 中更正拼写和语法时”选项区域中选中“键入时检查拼写”和“键入时标记语法错误”复选框，如图 3-19 所示。用户还可以根据具体需要，选中“使用上下文拼写检查”等其他复选框，设置相关功能。

（5）最后，单击“确定”按钮，拼写和语法检查功能的开启工作完成。

提示：如果所安装的 Word 2010 版本中已经开启此功能，则不需要进行上述操作。

拼写和语法检查功能的使用十分简单，在 Word 2010 中打开“审阅”选项卡，单击“校对”功能区中的“拼写和语法”按钮，打开“拼写和语法”对话框，然后根据具体情况进行忽略或更改等操作，如图 3-20 所示。

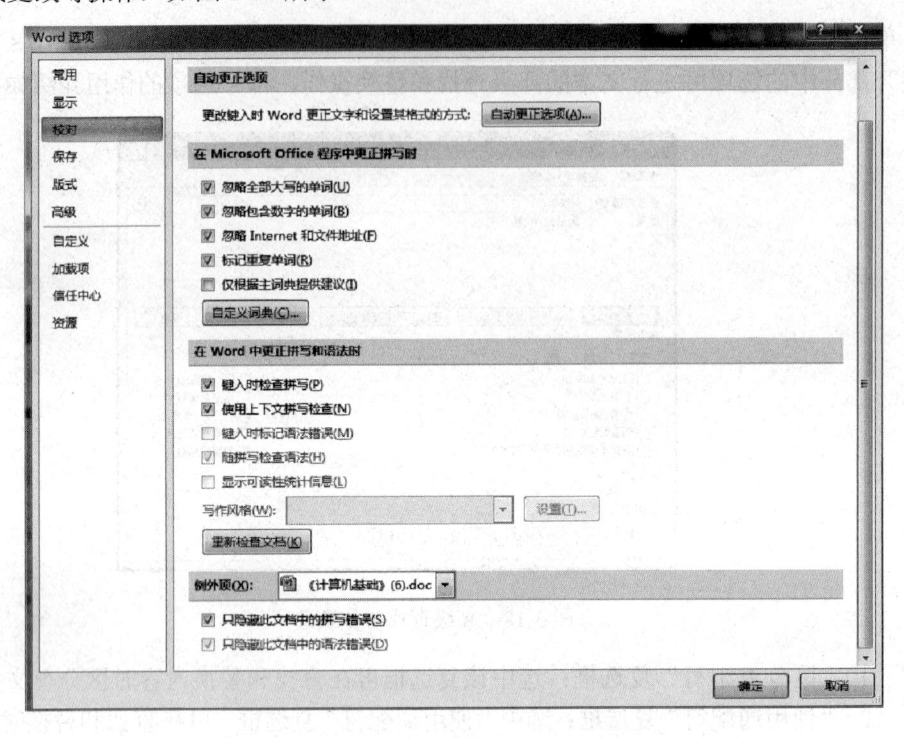

图 3-19　设置自动拼写和语法检查功能

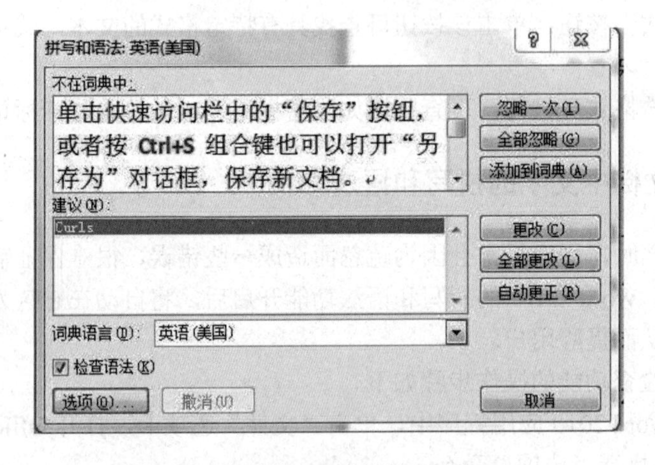

图 3-20　使用拼写和语法检查功能

3.2.6　多窗口编辑

为了使用户编辑文本时操作方便，Word 允许同时打开多个文档进行编辑，每一个文档对应一个窗口。多窗口编辑包括两种情况：一种是将同一个文档拆分成两个窗口（也可以更多），用户在不同的窗口内对同一个文档进行加工；另一种是同时显示的多个窗口来自不同的文档，用户在同一屏幕上对多个文档进行加工。

（1）文档窗口的拆分

①拖动“窗口拆分条”拆分窗口。用鼠标拖动窗口内垂直滚动条上方的“窗口拆分条”至用户所需位置，放开鼠标，如图 3-21 所示。这样就把一个长文档的不同部分分别显示在两个窗口内。双击两个窗格之间的拆分栏，窗口合二而一。

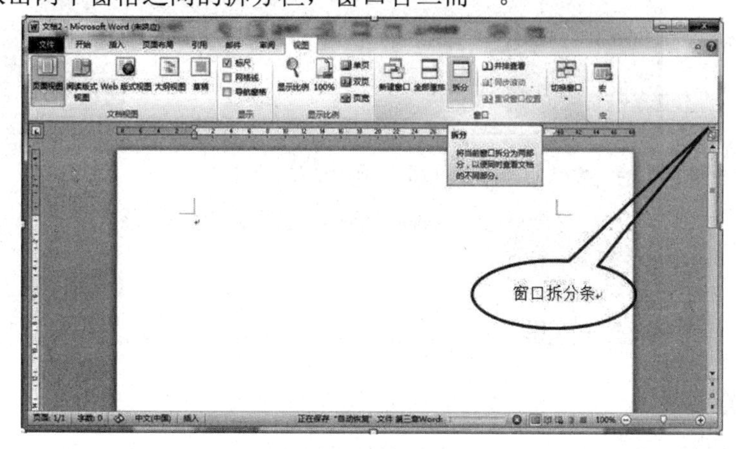

图 3-21　窗口菜单

②用“窗口”功能区的“拆分”按钮拆分窗口。单击“视图”选项卡“窗口”功能区的“拆分”按钮，窗口中间出现拆分线，如图 3-22 所示。用鼠标将拆分线拖至所需位置，单击鼠标或按【Enter】键文档窗口一分为二，如图 3-22 所示。取消窗口“拆分”，只需单击“窗口”功能区的“取消拆分”按钮即可。

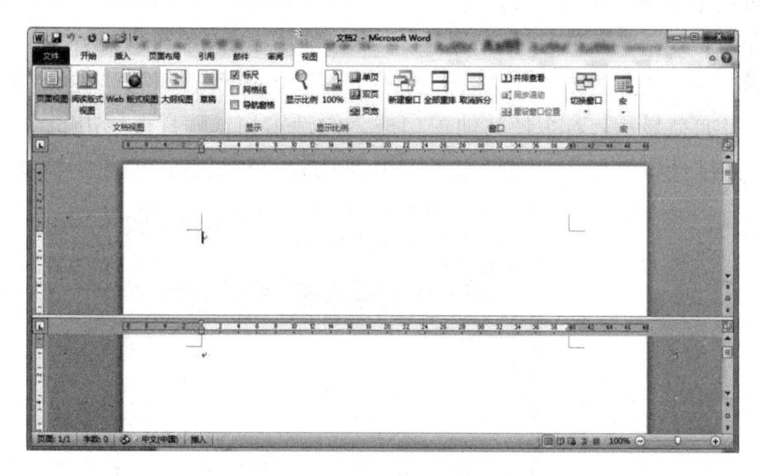

图 3-22　拆分窗口

（2）多窗口编辑。Word 应用程序窗口内允许同时显示多个文档窗口，这些文档窗口内显示的可以是同一个文档的不同部分或不同视图，也可以是多个不同的文档。Word 的多窗口编辑技术提供了多个窗口的管理方法。

①同一文档新建窗口。使用“视图”选项卡“窗口”功能区的“新建窗口”按钮建立新窗口。如果当前打开的窗口为文档 2，单击“新建窗口”按钮后，屏幕上增加一个窗口，窗口自动编号为文档 2∶1、文档 2∶2。单击“窗口”菜单中的“全部重排”按钮，就可以使这些窗口同时在屏幕上显示，如图 3-23 所示。使用垂直滚动条调整文档位置，可以在不同窗口内显示同一文档的不同部分或者不同视图。

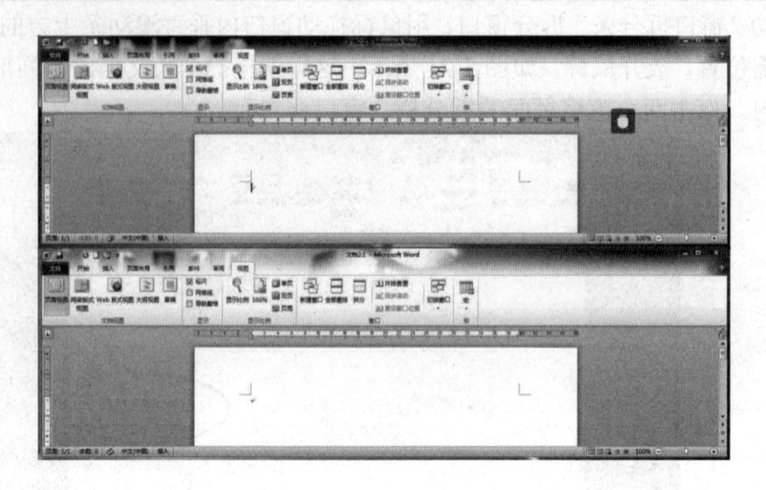

图 3-23　窗口全部重排

②打开多个文档。Word 可以一次打开多个文档，在对“打开”对话框中的文件列表框中的文档进行多文档选择时，有以下两种方法。

● 同时选中多个连续排列的文档

单击第一个选中的文档名，按住【Shift】键，再单击最后一个文档名，在第一个文档与最后一个文档之间的文档都被选中。

● 同时选中多个分散排列的文档

单击第一个文档名，按住【Ctrl】键，再分别单击各个欲打开的文档名。

选定文档后，单击“文件”选项卡的“打开”命令就可以将选定的多个文档同时打开。当前激活窗口加亮显示。若想使其他窗口成为激活窗口，就直接单击其窗口。单击“窗口”功能区的“并排查看”按钮，可以打开“并排比较”对话框，如图 3-24 所示。

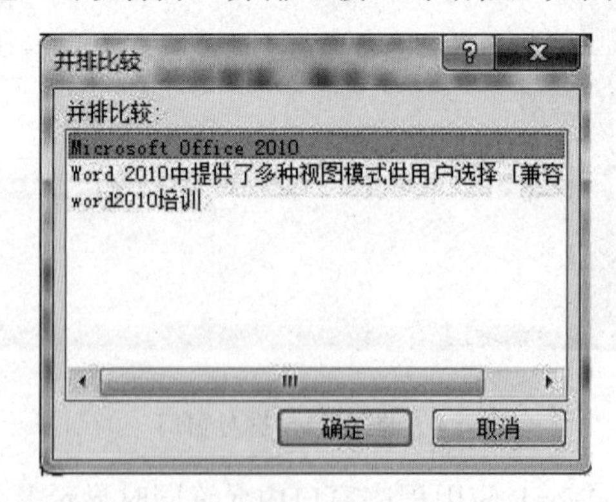

图 3-24　并排比较对话框

在打开的“并排比较”对话框中，选择一个准备进行并排比较的 Word 文档，并单击“确定”按钮，如图 3-25 所示。并排比较的两个窗口可以是同一文档的两个窗口，也可以是两个不同文档的窗口。在其中一个 Word 2010 文档的“窗口”分组中单击“同步滚动”按钮，如图 3-26 所示，则可以实现在滚动当前文档时另一个文档同时滚动。

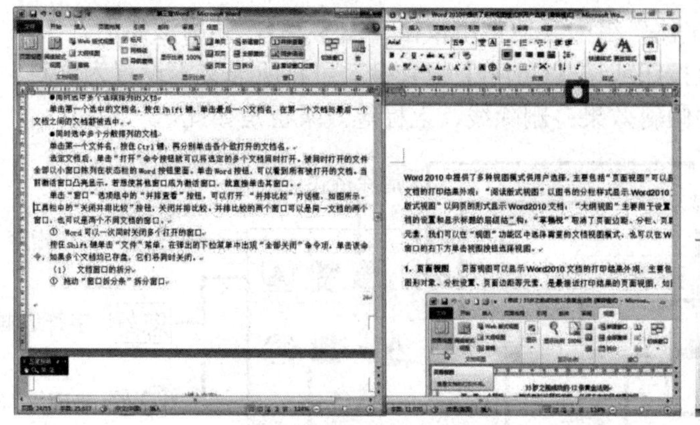

图 3-25　并排比较的两个文档

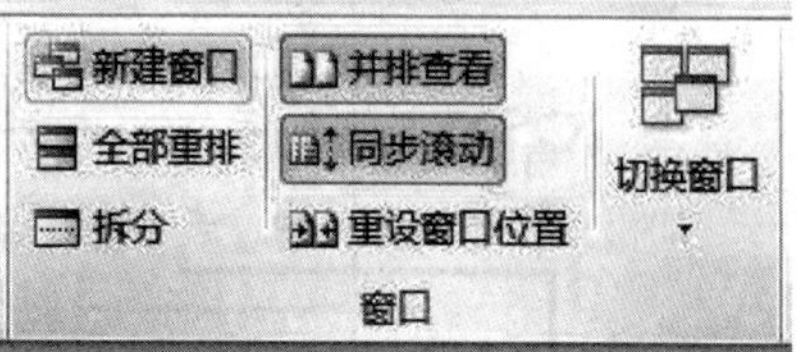

图 3-26　并排比较与同步滚动按钮

3.3　Word 2010 文档格式设置

为文档设置必要的格式，不仅可使文档看起来更加美观，还能使读者更加轻松地阅读和理解文档内容。

3.3.1　设置字符格式

在 Word 2010 中，字符格式主要包括字体、字号、字体颜色，以及加粗、倾斜、下划线、底纹、上标和下标、字符间距和位置等效果。要为文本设置字符格式，可利用“开始”选项卡上“字体”组中的按钮或“字体”对话框等进行。

1. 利用“字体”组

使用“开始”选项卡上“字体”组中的按钮可以快速地设置字符格式，操作方法如下。

（1）单击“开始”选项卡上“字体”组中“字体”下拉列表框 宋体 右侧的三角按钮，在展开的列表中选择所需字体，如“黑体”；单击“字号”下拉列表框 五号 右侧的三角按钮，在展开的列表中选择字号，如“小初”，如图 3-27 所示。

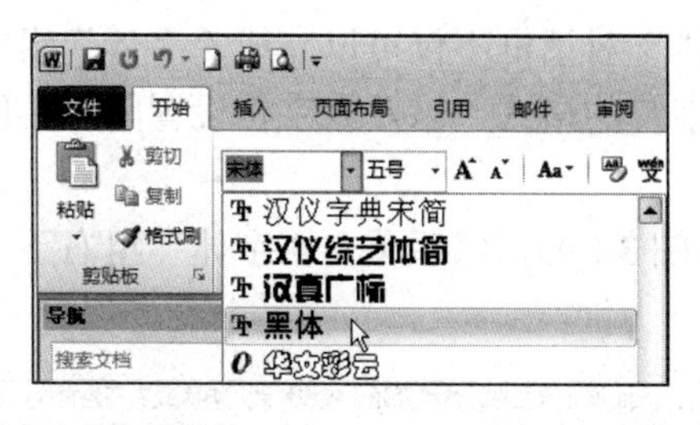

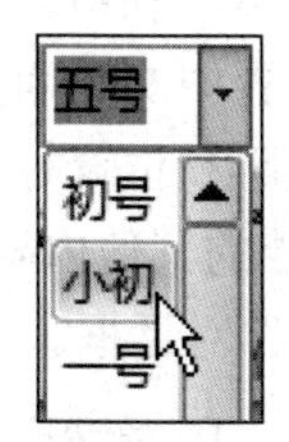

图 3-27　设置文本的字体与字号

（2）单击“字体”组右侧的“字体颜色”按钮 A 右侧的三角按钮，在展开的列表中选择“红色”，将字体颜色设为红色。

（3）单击“字体”组左侧的“加粗”按钮 B，或按【Ctrl+B】组合键，将所选文本设置为加粗效果。取消文本的选取状态。

Word 2010“开始”选项卡“字体”组中其他常用按钮（图 3-28），其用法如下。

（1）“倾斜”按钮：单击该按钮或按【Ctrl+I】组合键，可将所选文本设置为倾斜。再次执行此操作可取消所选文本的倾斜效果；删除线、上标等效果也是如此。

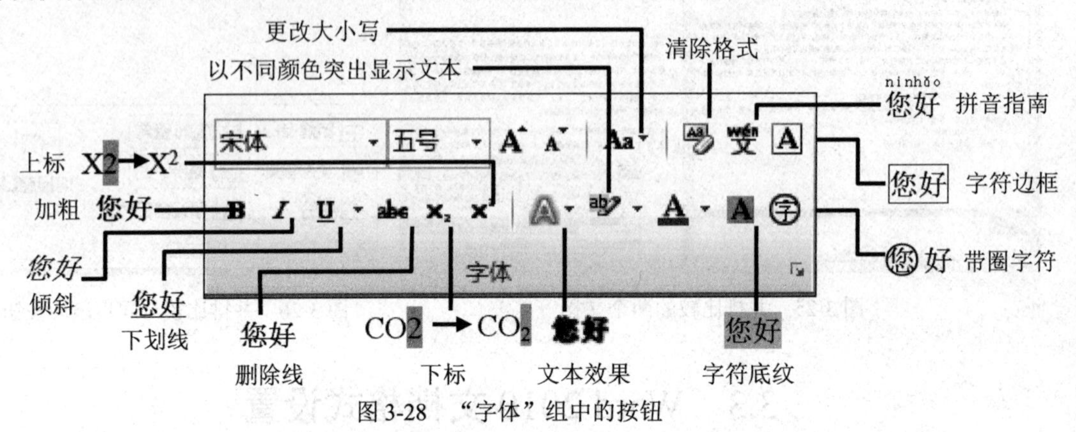

图 3-28 “字体”组中的按钮

（2）“下划线”按钮：单击该按钮或按 Ctrl+U 组合键，可为所选文本添加下划线。单击其右侧的按钮，可在弹出的下拉列表中设置下划线线型及颜色。

（3）“删除线”按钮、“上标”按钮、“下标”按钮、字符边框”按钮和“字符底纹”按钮：单击相应的按钮，可为所选文本设置删除线、边框和底纹，或将所选文本设置为上标或下标效果。

（4）“以不同颜色突出显示文本”按钮：单击该按钮右侧的按钮，可在弹出的下拉列表中设置所选文本的背景颜色，从而突出显示文本。

（5）“拼音指南”和“带圈字符”按钮：在“设置中文版式”任务中学习这两个按钮的用法。

（6）“清除格式”按钮：清除为所选文本设置的所有格式，将其恢复为系统默认格式。

（7）“文本效果”按钮：单击该按钮右侧的三角按钮，可在展开的列表中为所选文本应用发光、阴影等外观效果。

2. 利用“字体”对话框

在 Word 2010 中，利用“字体”对话框不仅可以完成“字体”组中的所有字符设置功能，还可以分别设置中文和西文字符的格式，以及为字符设置阴影、阳文、空心等特殊效果，或设置字符间距和位置等。

（1）选中文档的其他内容（图 3-29），然后单击“字体”组右下角的对话框启动器按钮，打开“字体”对话框。

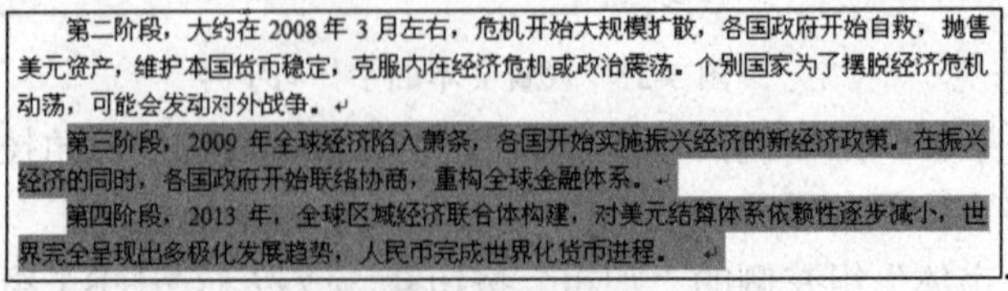

第二阶段，大约在 2008 年 3 月左右，危机开始大规模扩散，各国政府开始自救，抛售美元资产，维护本国货币稳定，克服内在经济危机或政治震荡。个别国家为了摆脱经济危机动荡，可能会发动对外战争。

第三阶段，2009 年全球经济陷入萧条，各国开始实施振兴经济的新经济政策。在振兴经济的同时，各国政府开始联络协商，重构全球金融体系。

第四阶段，2013 年，全球区域经济联合体构建，对美元结算体系依赖性逐步减小，世界完全呈现出多极化发展趋势，人民币完成世界化货币进程。

图 3-29 选中文档内容

（2）在“中文字体”下拉列表中选择“华文中宋”；在“西文字体”下拉列表框中选择“Times New Romas”；在“字号”列表框中选择“三号”[图 3-30（a）]，单击“确定”按钮，效果如图 3-30（b）所示。

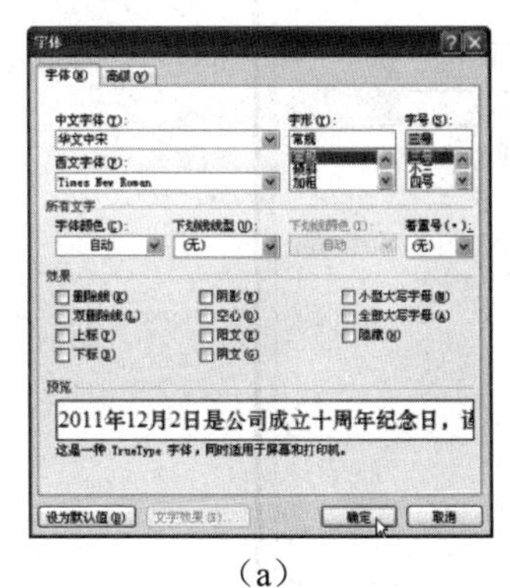

（a）

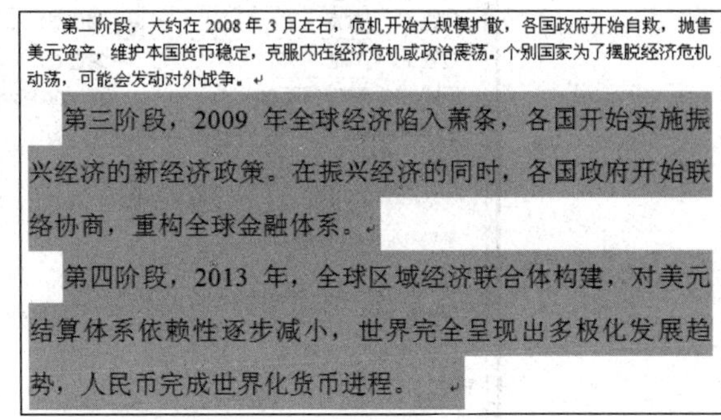

第二阶段，大约在 2008 年 3 月左右，危机开始大规模扩散，各国政府开始自救，抛售美元资产，维护本国货币稳定，克服内在经济危机或政治震荡。个别国家为了摆脱经济危机动荡，可能会发动对外战争。

第三阶段，2009 年全球经济陷入萧条，各国开始实施振兴经济的新经济政策。在振兴经济的同时，各国政府开始联络协商，重构全球金融体系。

第四阶段，2013 年，全球区域经济联合体构建，对美元结算体系依赖性逐步减小，世界完全呈现出多极化发展趋势，人民币完成世界化货币进程。

（b）

图 3-30　利用“字体”对话框设置文本字符格式

（3）选中“全球区域经济联合体构建”文本，打开“字体”对话框，在“效果”设置区单击选中“阴影”复选框，字体颜色选择红色，然后单击“确定”按钮[图 3-31（a）]，为所选文本设置阴影后的效果如图 3-31（b）所示。

（a）

全球区域经济联合体构建

（b）

图 3-31　为字符设置特殊效果

在“效果”设置区选择或取消某复选框，即可为所选文本设置或取消相应的特殊效果。其中，设置“阴影”“阴文”和“阳文”效果可使文本具有立体感。要注意的是，某些效果是互斥的，只能二选一，如“上标”与“下标”，“阳文”与“阴文”等。

（4）选中文本，打开“字体”对话框，在“字号”列表框中选择“小二”，然后单击“高级”选项卡标签打开该选项卡，在“间距”下拉列表框中选择“加宽”，在“磅值”编辑框中输入 2 磅，或单击编辑框右侧的向上三角按钮，将间距数值调整为 2 磅，最后单击“确定”按钮，如图 3-32 所示。

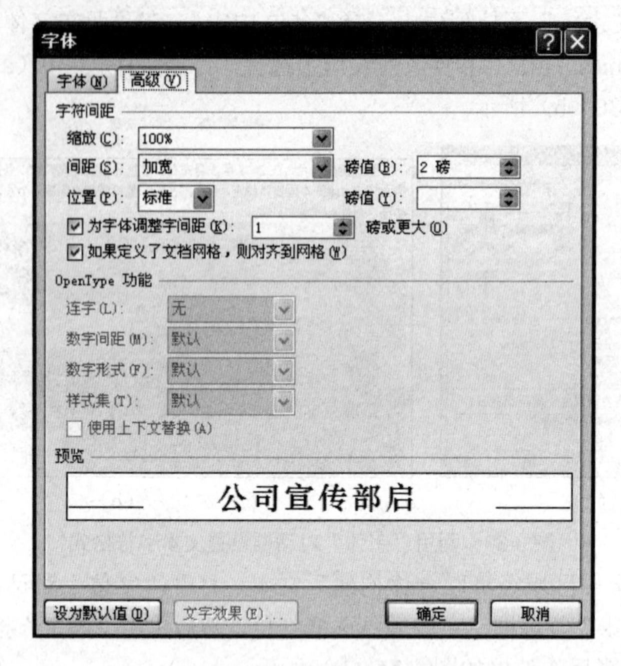

图 3-32　为字符设置间距

①间距：是指字符之间的距离。在该下拉列表框中选择“加宽”或“紧缩”选项，然后可在右侧的“磅值”编辑框中设置需要加宽或紧缩的字符间距值。若选择“标准”选项，可恢复默认的字符间距。

②字符缩放：是指在保持字符高度不变的情况下改变字符宽度，100%表示无缩放。用户可在该下拉列表框中选择缩放百分比，或直接输入缩放百分比。

③磅值：在“位置”下拉列表框中选择“提升”或“降低”选项，然后在“磅值”编辑框中设置需要的数值，可将所选字符向上提升或向下降低。

3.3.2　设置段落格式

段落的基本格式包括段落的缩进、对齐、段落间距及行距等。可以利用“开始”选项卡上“段落”组中的按钮、“段落”对话框及标尺等进行段落格式设置。如果要设置单个段落的格式，只需将插入符置于该段落中即可，如果要同时设置多个段落的格式，则需要将这些段落同时选中。

1. 利用“段落”组设置段落格式

利用“开始”选项卡上“段落”组中的按钮可以设置段落的对齐方式、缩进、行间距，以及边框和底纹、项目符号等，如图 3-33 所示。

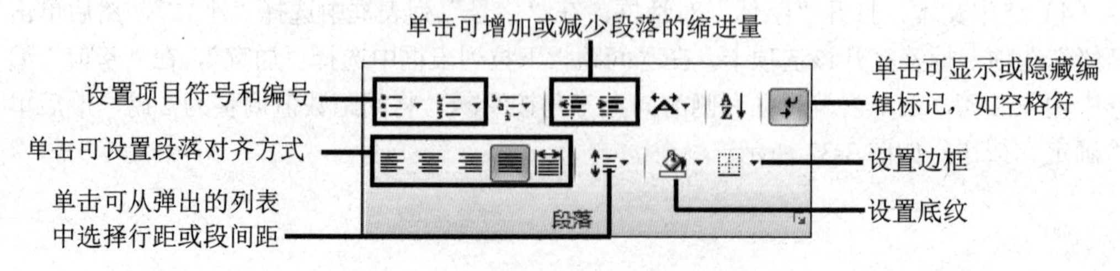

图 3-33　“段落”组

如打开文档，选中要设置对齐的两个标题段落，单击“段落”组中的“居中”按钮，即可将选中的段落居中对齐。

在 Word 2010 中，“段落”组中提供了 5 个段落对齐方式按钮，如图 3-34 所示。其作用如下。

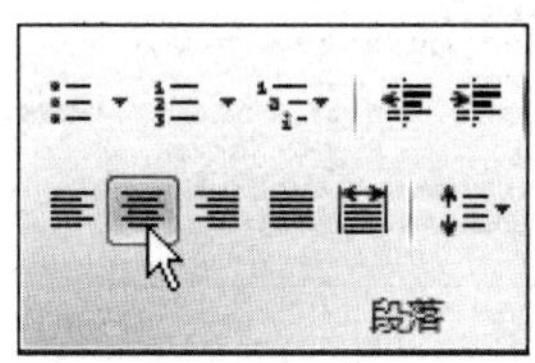

图 3-34　段落对齐按钮

（1）“文本左对齐”按钮：单击该按钮可使段落文本靠页面左侧对齐。

（2）“居中”按钮：单击该按钮可使段落文本居中对齐。

（3）“文本右对齐”按钮：单击该按钮可使文本靠右对齐。

（4）“两端对齐”按钮：单击该按钮可使文本对齐到页面左右两端，并根据需要增加或缩小字间距，不满一行的文本靠左对齐。

（5）“分散对齐”按钮：单击该按钮可使文本左右两端对齐。与“两端对齐”不同的是，不满一行的文本会均匀分布在左右文本边界之间。

2. 利用“段落”对话框设置段落格式

使用“段落”对话框可以设置更多的段落格式，而且可以精确地设置段落的缩进方式、段落间距以及行距等，具体操作如下。

（1）将插入符置于正文段落中，然后单击“段落”组右下角的对话框启动器按钮，打开“段落”对话框。

（2）在“段落”对话框“缩进”设置区的“特殊格式”下拉列表中选择“首行缩进”，并在“磅值”编辑框中设置缩进值为 2 字符（单击编辑框右侧的向上或向下三角按钮可增加或减少缩进值），如图 3-35 所示。

①单倍行距：这是 Word 默认的行距方式，也是最常用的方式。在该方式下，当文本的字体或字号发生变化时，Word 会自动调整行距。

②多倍行距：顾名思义，该方式下行距将在单倍行距的基础上增加指定的倍数。

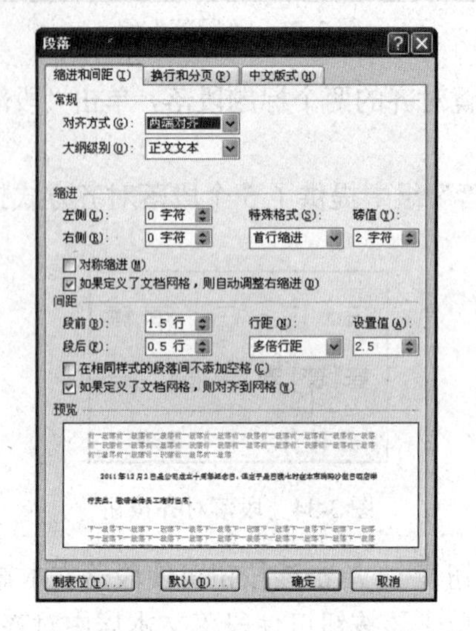

图 3-35　“段落”对话框

③固定值：选择该方式后，可在其后的编辑框中输入固定的行距值。该方式下，行距将不随字体或字号的变化而变化。

④最小值：选择该方式后，可指定行距的最小值。

（3）在“间距”设置区中将“段前”和“段后”值分别设置为 1.5 行和 0.5 行；在“行距”下拉列表框中选择“多倍行距”，然后将值设置为 2.5。段间距是指两个相邻段落之间的距离，行间距则是指行与行之间的距离。

（4）在“段落”对话框中设置好相关参数后，单击“确定”按钮。

另外，还可以利用“页面布局”选项卡“段落”组中的相应选项精确设置段落的左、右缩进及段前和段后间距，如图 3-36 所示。

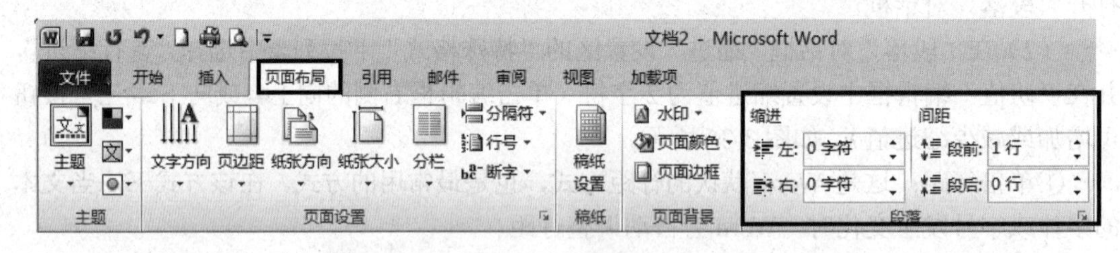

图 3-36　“页面布局”选项卡的“段落”组

3. 利用标尺设置段落缩进

除了使用“段落”对话框外，还有一种更快捷的设置段落缩进的方式，那就是将鼠标指针移至标尺上的相应滑块上，然后按住鼠标左键不放并向右或向左拖动，如图 3-37 所示。

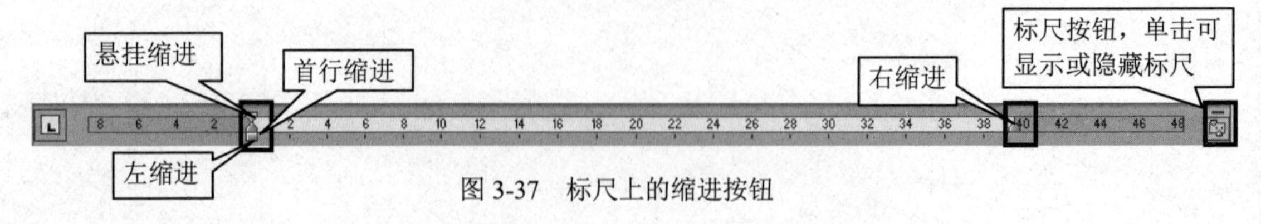

图 3-37　标尺上的缩进按钮

4. 使用格式刷复制格式

在编辑文档时，若文档中有多处内容要使用相同的格式，可使用“格式刷”工具来进行格式的复制，以提高工作效率。其具体操作如下。

（1）选中已设置格式的文本或段落，这里选中整个段落（含段落标记）。

（2）单击“开始”选项卡上“剪贴板”组中的“格式刷”按钮，此时鼠标指针变成刷子形状，拖动鼠标选择要应用该格式的文本或段落即可。如图 3-38 所示。

图 3-38　使用格式刷复制格式

在 Word 2010 中，段落格式设置信息被保存在每段后的段落标记中。因此，如果只希望复制字符格式，就不要选中段落标记；如果希望同时复制字符格式和段落格式，则须选中段落标记。此外，如果只希望复制某段落的段落格式，只需将插入符置于源段落中，单击“格式刷”按钮，再单击目标段落即可，无需用选中段落文本。

若要将所选格式应用于文档中多处内容，只需双击“格式刷”按钮，然后依次选择要应用该格式的文本或段落。在此方式下，若要结束格式复制操作，需按【Esc】键或再次单击“格式刷”按钮。

3.3.3　设置项目符号和编号

项目符号用于表示内容的并列关系，编号用于表示内容的顺序关系，合理地应用项目符号和编号可以使文档更具条理性。下面就来学习设置项目符号和编号的方法。

1. 设置项目符号和编号

在输入完文本后，选中要添加项目符号或编号的段落，单击“开始”选项卡上“段落”组中的“项目符号”按钮或“编号”按钮右侧的三角按钮，在展开的列表中选择一种项目符号或编号样式，即可为所选段落添加所选项目符号或编号，如图 3-39 所示。

要取消为段落设置的项目符号或编号，可选中这些段落，然后打开“项目符号”或“编号”下拉列表，从中选择“无”选项。

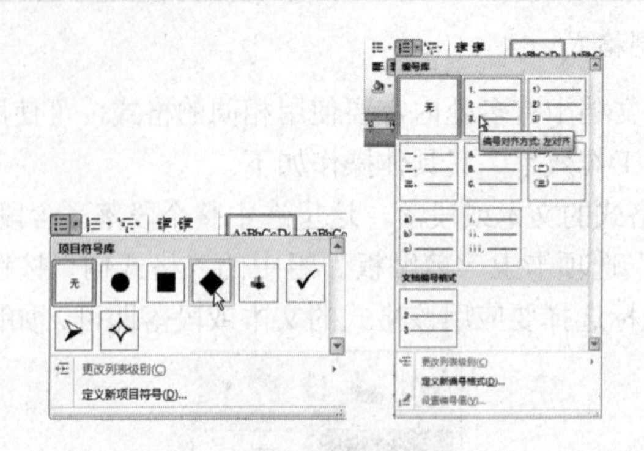

图 3-39　为段落设置项目符号和编号

2. 自定义项目符号和编号

如对系统预定的项目符号和编号不满意，还可以为段落设置自定义的项目符号和编号。自定义项目符号。自定义项目符号的操作步骤如下。

（1）选中要自定义项目符号的段落，然后选择图 3-40（a）所示的“项目符号”列表底部的“定义新项目符号”选项，打开“定义新项目符号”对话框。

（2）单击“符号”按钮，在打开的“符号”对话框中选择需要的项目符号，再单击“确定”按钮返回“定义新项目符号”对话框，然后单击“确定”按钮即可添加自定义的项目符号，如图 3-40（b）所示。

①“符号”按钮：单击该按钮，可在弹出的对话框中选择图片作为项目符号。

②“对齐方式”下拉框：在此可选择项目符号的对齐方式。

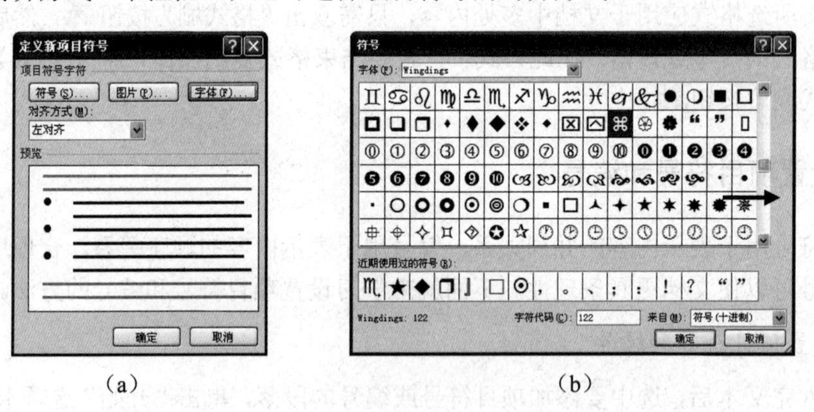

（a）　　　　　　　　　　　（b）

图 3-40　自定义项目符号

3. 自定义编号

自定义编号的操作步骤如下。

（1）选中要自定义编号的段落，然后选择“编号”列表底部的“定义新编号格式”选项，打开“定义新编号格式”对话框。

（2）在“编号样式”下拉列表框中选择需要的编号样式，在“编号格式”编辑框中输入需要的编号格式（注意不能删除“编号格式”框中带有灰色底色的数值），单击“确定”按钮，即可添加自定义的编号格式，如图 3-41 所示。

（3）为段落定义了编号后，其将从所选的第 1 个段落开始进行连续编号。若希望从某个段落开始进行新的编号，需将插入符置于该段落的上一段落，然后在“编号”列表中选择“设置编号值”项，在打开的对话框中选择“开始新列表”单选钮，并在“值设置为”编辑框中输入起始编号，如图 3-42 所示。

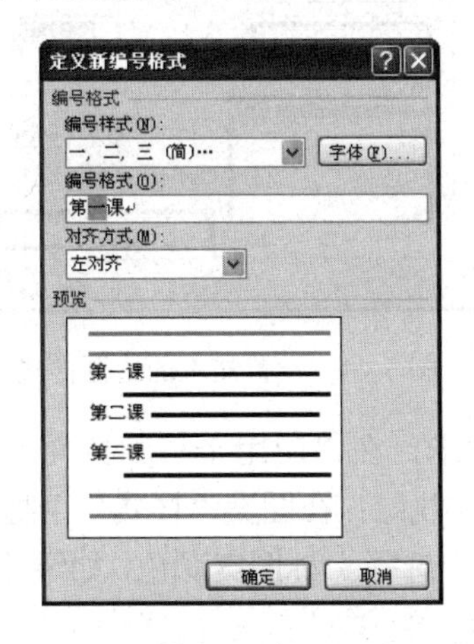

图 3-41　自定义编号

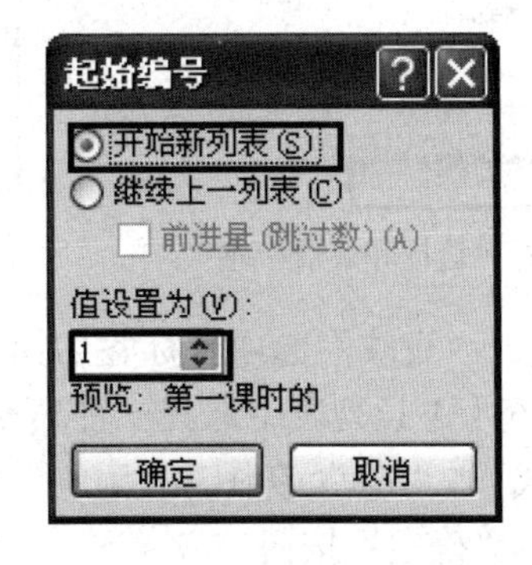

图 3-42　设置起始编号

自定义的项目符号或编号将被添加至“项目符号”或“编号”按钮列表中，如果其没有自动应用于用户选择的段落，需从这两个列表中选择。此外，如果从设置了项目符号或编号的段落开始一个新段落，新段落将自动添加项目符号或编号，要取消此设置，可连续按两次【Enter】键。

3.3.4　设置边框和底纹

边框和底纹是美化文档的重要方式之一，在 Word 2010 中，不但可以为选择的文本添加边框和底纹，还可以为段落和页面添加边框和底纹。

1. 为文本添加边框和底纹

通过单击“开始”选项卡上“字体”组中的“字符边框”按钮，可以为选中的文本添加或取消单线边框；单击“字符底纹”按钮，可为选中的文本添加或取消系统默认的灰色底纹。如果要对边框和底纹进行更多设置，如设置边框类别、线型、颜色、线条宽度和底纹颜色等，则需要通过“边框和底纹”对话框进行。其具体操作步骤如下。

（1）选中要添加边框和底纹的文本，单击“开始”选项卡上“段落”组中的“边框”按钮右侧的三角按钮，在展开的列表中选择“边框和底纹”项（图 3-43），打开“边框和底纹”对话框。

（2）在“边框”选项卡的“应用于”下拉列表中选择“文字”，在“设置”区中选择一种边框样式，如“三维”；然后在“样式”列表中选择一种线型样式，如“双线”，在“颜色”和“宽度”下拉列表中分别设置边框的颜色（如绿色）和宽度（如 0.5 磅），如图 3-44 所示。

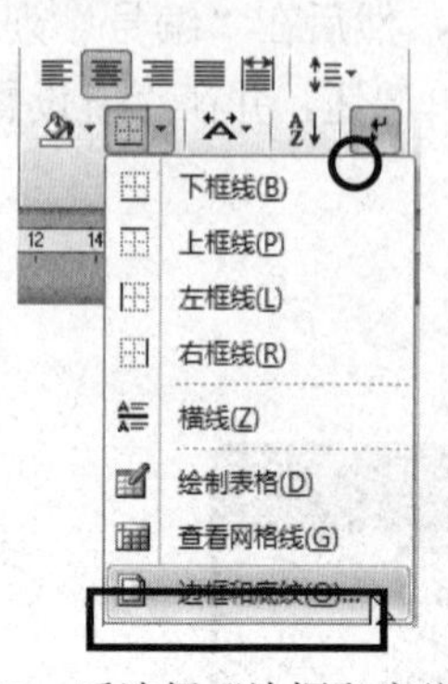

图 3-43 后选择“边框和底纹”项

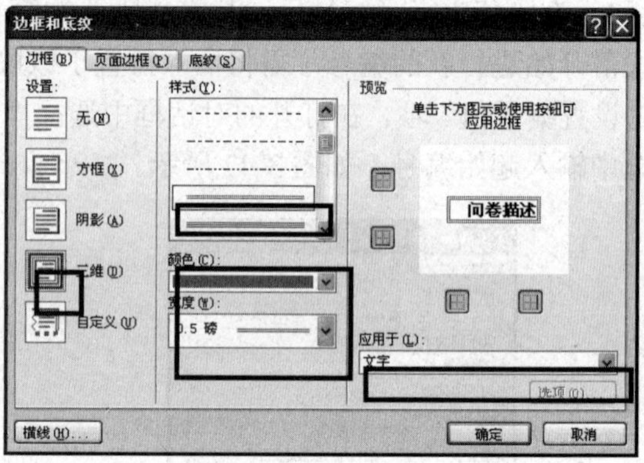

图 3-44 设置文本的边框样式

（3）单击“底纹”选项卡标签切换到该选项卡，在“应用于”下拉列表中选择“文字”；在“填充”下拉列表中选择一种填充颜色，如浅绿；在图案“样式”下拉列表中选择一种图案样式，如“5%”；在图案“颜色”下拉列表中选择一种图案颜色，如绿色（图 3-45）。设置完毕单击“确定”按钮。

2. 为段落添加边框和底纹

为段落添加边框和底纹的具体操作步骤如下。

（1）要快速为段落添加边框，可选中要添加边框的段落，然后单击“开始”选项卡“段落”组“边框”按钮右侧的三角按钮，在展开的列表中选择要添加的边框类型，如选择“外侧框线”，如图 3-46 所示。

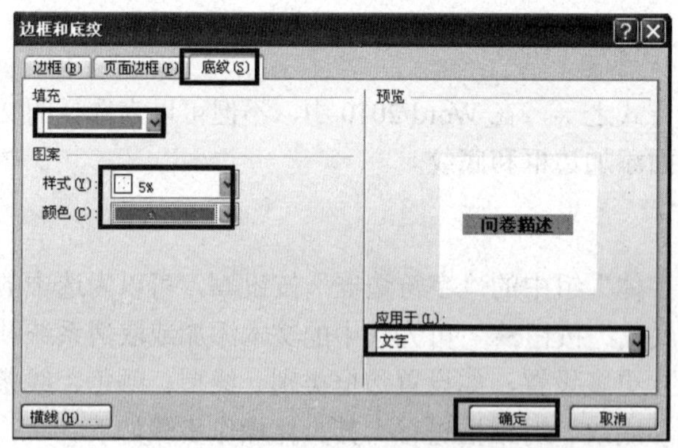

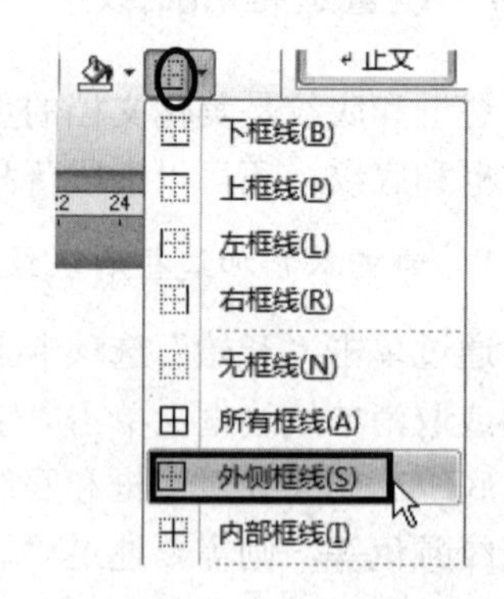

图 3-45 设置底纹颜色

图 3-46 快速为段落添加边框

（2）若要为段落添加复杂的边框和底纹，可选中要添加边框或底纹的段落，或将插入符置于该段落中，然后打开“边框和底纹”对话框，分别在“边框”和“底纹”选项卡的“应用于”下拉列表中选择“段落”选项，然后设置需要的边框和底纹样式、颜色等，单击“确定”按钮，如图 3-47 所示。

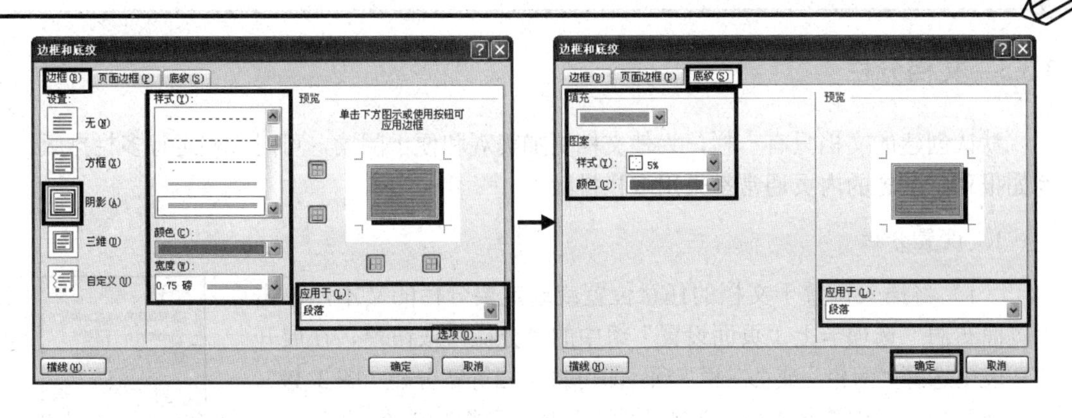

图 3-47　为段落添复杂的加边框和底纹

如果单击“边框”选项卡“预览”窗口中的左、右、上、下边框按钮，可增加或删除相应位置的段落边框。

3. 在页面周围添加边框

在整个页面周围添加边框，可以获得生动的页面外观效果。设置页面边框的具体操作步骤如下。

（1）参考前面的方法打开“边框和底纹”对话框，并切换到“页面边框”选项卡。若要为页面添加普通的线型边框，只需参照为文本或段落设置边框的方法进行操作即可。

（2）若要为页面添加艺术型边框，可在“艺术型”下拉列表中选择一种艺术边框，然后在“宽度”编辑框中输入或单击其右侧的微调按钮，调整艺术边框的宽度值（图 3-48），单击“确定”按钮。

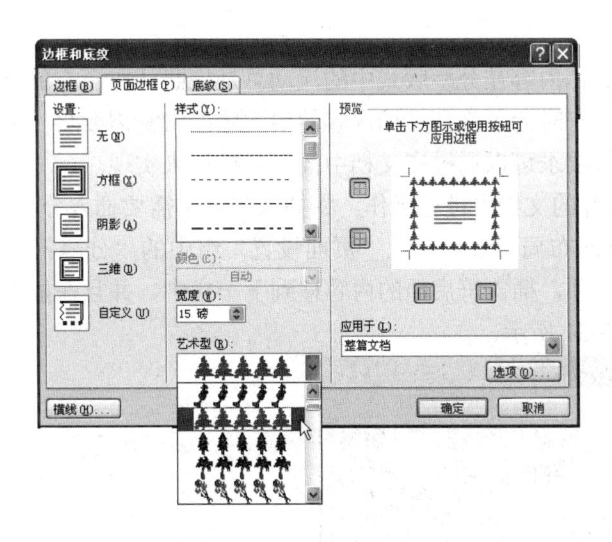

图 3-48　为页面添加艺术边框

①“应用于”下拉列表：在该列表中可选择页面边框的应用范围。

②“选项”按钮：单击该按钮，可在弹出对话框中设置页面边框距页面边缘的距离。

用户也可单击“页面布局”选项卡上“页面背景”组中的“页面边框”按钮，打开“边框和底纹”对话框。

3.3.5 文档分栏

默认创建的文档只有一栏，为使文档更加美观和便于阅读，可对文档进行多栏排版。例如报刊、杂志的内页通常都采用多栏排版。

1. 设置分栏

（1）将插入符置于文档的任意位置或选定要分栏的文本，单击“页面布局”选项卡上“页面设置”组中的“分栏”按钮，在展开的列表中选择“两栏”或“三栏”项，即可将文档等宽分栏（图 3-49）。若在展开的列表中选择“偏左”或“偏右”项，可将文档不等宽分栏。

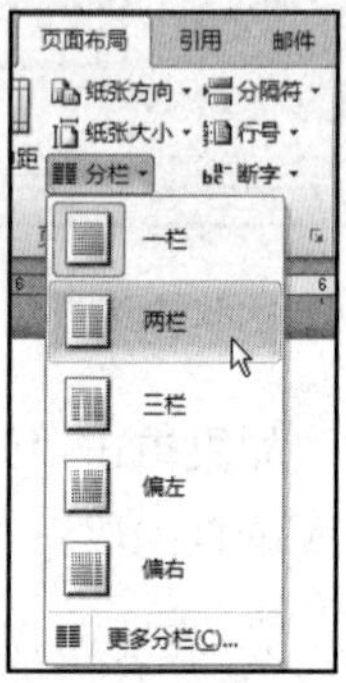

（2）若不选定要分栏的文本，默认是对整篇文档进行分栏；若文档包含多节（关于节的概念，请参考项目七内容），则默认对当前节的所有内容进行分栏。

（3）要将文档分为更多的栏或设置分栏选项，可在“分栏”列表底部选择“更多分栏”项，打开“分栏”对话框，在“列数”编辑框中输入要分成的栏数，然后选中“栏宽相等”复选框，单击“确定”按钮，即可将所选文本等宽分为多栏，如图 3-50 示。

图 3-49　为文档设置等宽栏

（4）也可在“分栏’对话框的“宽度”编辑框中设置栏宽，在“间距”编辑框中输入栏间距。若选中“分隔线”复选框，还可在栏与栏之间设置分隔线，使各栏之间的界限更加明显。此外，还可在“应用于”下拉列表框中选择分栏的应用范围，如应用于整篇文档、当前选择的文本还是本节。

2. 插入分栏符

一般情况下，文档内容在分栏版式中的流动总是按照从左至右的顺序，在填满一栏后再开始新的一栏。但有时为了强调文档内容的层次感，常常需要将一些重要的段落从新的一栏开始，这种排版要求可以通过在文档中插入分栏符来实现。

（1）继续在打开的文档中进行操作。将插入符置于需要插入分栏符的位置。

（2）单击“页面布局”选项卡上“页面设置”组中的“分隔符”按钮，在展开的列表中选择“分栏符”项，插入符后面的内容移到下一栏中，并且在插入符的上方显示“分栏符”字样。如图 3-51 所示。

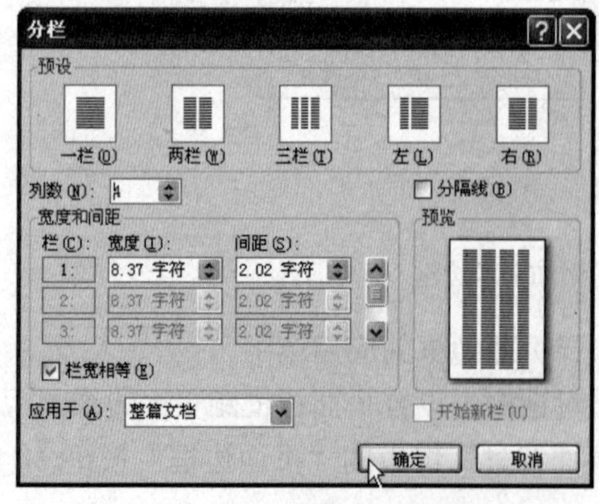

图 3-50　设置更多分栏

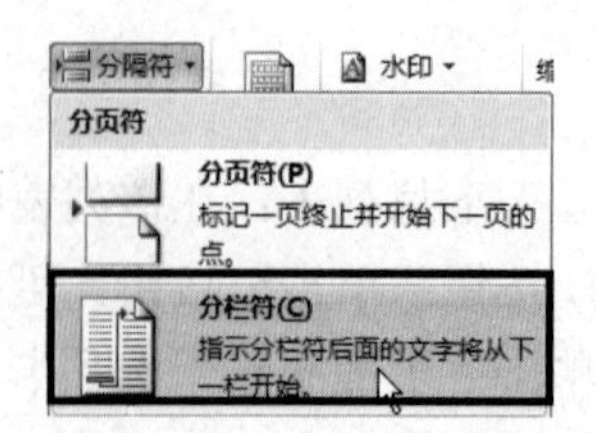

图 3-51　插入分栏符

3.3.6　设置中文版式

某些版式是中文所特有的，如为文字加注拼音、合并字符、设置带圈字符、纵横混排和双行合一，以及为段落设置首字下沉等。

1. 设置中文版式

下面为文字加注拼音、合并字符，以及设置带圈字符、纵横混排和双行合一等。

（1）为文字加注拼音

在编排小学课本或少儿读物时，经常需要编排带拼音的文本，这时可以利用 Word 2010 提供的“拼音指南”来快速完成此项工作。其具体操作步骤如下：

①选中要加注拼音的文本，然后单击“字体”组中的“拼音指南”按钮，打开“拼音指南”对话框。

②默认情况下，系统会自动为选中的文本添加拼音，只需在“对齐”方式下拉列表框中选择拼音针对文本的对齐方式，在“偏移量”编辑框中输入拼音距文本的距离，在“字号”下拉列表中选择拼音字号（图 3-52），然后单击“确定”按钮即可。

为字符添加拼音后，若要删除拼音，可再次选中添加拼音的字符，打开“拼音指南”对话框，单击“全部删除”按钮。

（2）设置带圈字符。在编排文档时，为了突出显示某些字符或数字的意义，可以为它们加一个圈。需要注意的是，该操作每次只能设置单个汉字或两位数字。

①选择要设置带圈字符的文本，然后单击“字体”组中的“带圈字符”按钮，打开“带圈字符”对话框。

②单击“样式”设置区中的“增大圈号”选项，在“圈号”列表框中选择圈号的形状，如圆形（图 3-53），单击“确定”按钮即可。

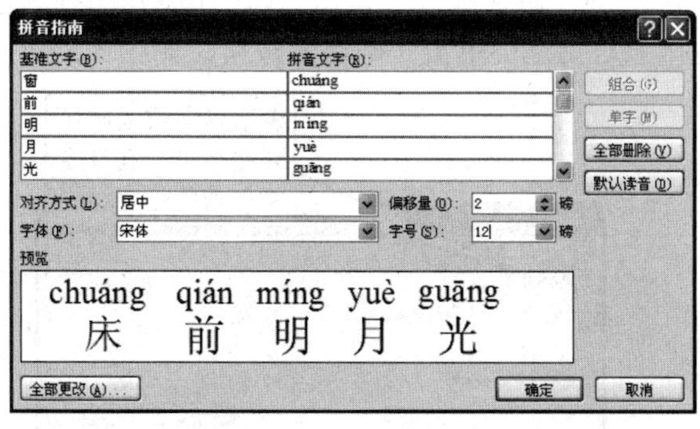

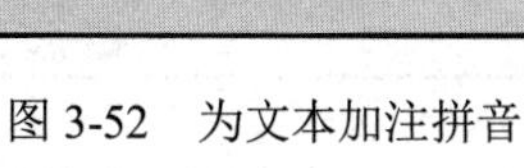

图 3-52　为文本加注拼音

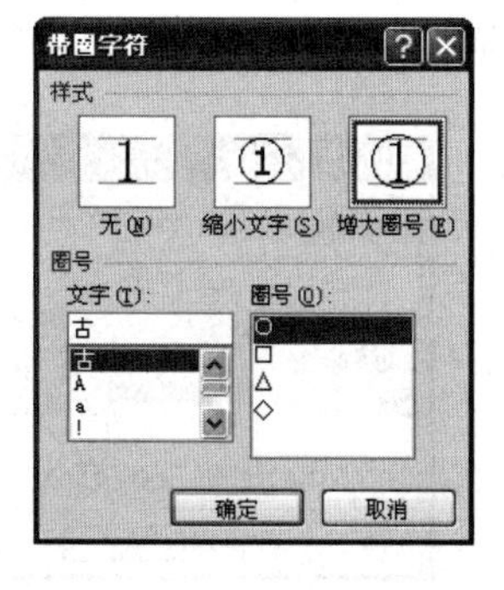

图 3-53　设置带圈字符

样式中的各选项意义如下。

① 无(N) 选项：选择“无”选项可取消为所选字符设置的圈号。

② 缩小文字(S) 选项：选择“缩小文字”选项可缩小字符以添加圈号。

③ 增大圈号(E) 选项：选择“增大圈号”可在保持所选字符不变的情况下添加圈号。

（3）合并字符。合并字符就是将选定的多个字符上下排列，使多个字符占据一个字符大小的位置。在合并字符时要注意，无论中英文，最多只能选择 6 个字符，多出来的字符会被自动删除。

①选择要合并的字符，单击“开始”选项卡上“段落”组中的“中文版式”按钮，在展开的列表中选择“合并字符”项（图 3-54），打开“合并字符”对话框。

②在“字体”下拉列表中选择合并字符后的字体，如“华文新魏”；在“字号”下拉列表中选择合并字符后的字号，如“16”，设置完毕单击“确定”按钮即可，如图 3-55 所示。

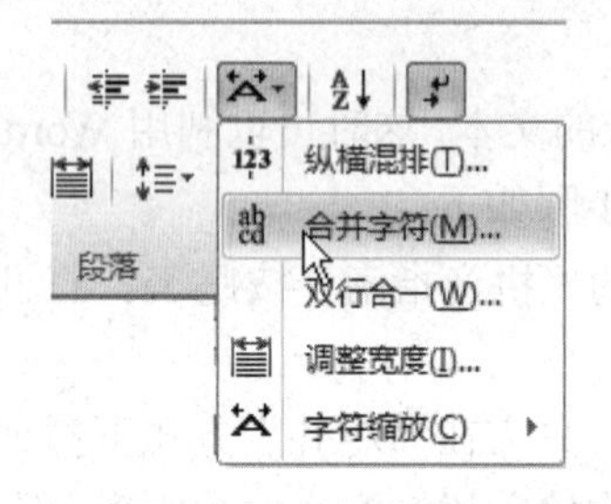

图 3-54　选择字符后选择“合并字符”项

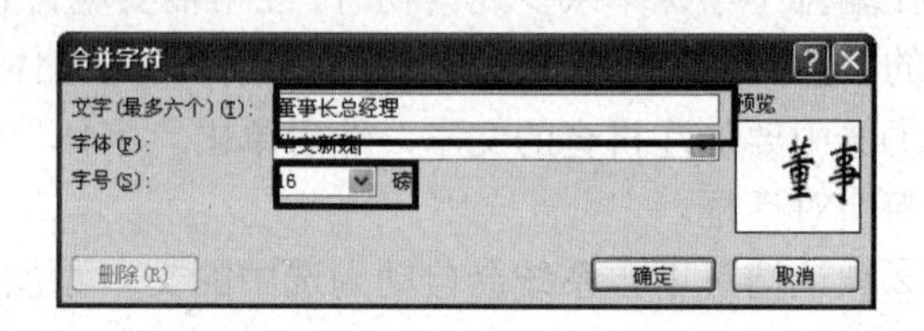

图 3-55　设置字符合并选项及效果

（4）双行合一。双行合一指在保持原始行高不变的情况下，将选择的字符以两行并为一行的方式显示。其操作流程如下。

①选择要进行双行合一的文本，然后单击“开始”选项卡上“段落”组中的“中文版式”按钮，在展开的列表中选择“双行合一”项，打开“双行合一”对话框。

②选择“带括号”复选框，在“括号样式”下拉列表中选择括号样式（图 3-56），单击“确定”按钮即可。

（5）纵横混排。纵横混排可以在同一页面中改变部分字符的排列方向，例如由原来的纵向变为横向，或由原来的横向变为纵向。其设置方法为：选择要进行纵横混排的文本，然后单击“开始”选项卡上“段落”组中的“中文版式”按钮，在展开的列表中选择“纵横混排”项，在打开的“纵横混排”对话框中单击“确定”按钮，如图 3-57 所示。

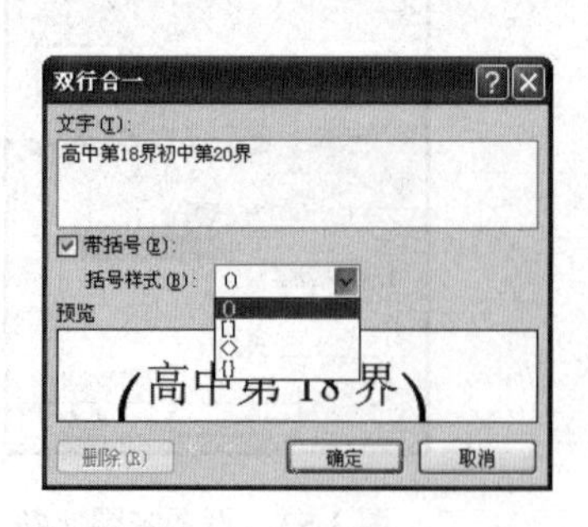

图 3-56　设置双行合一

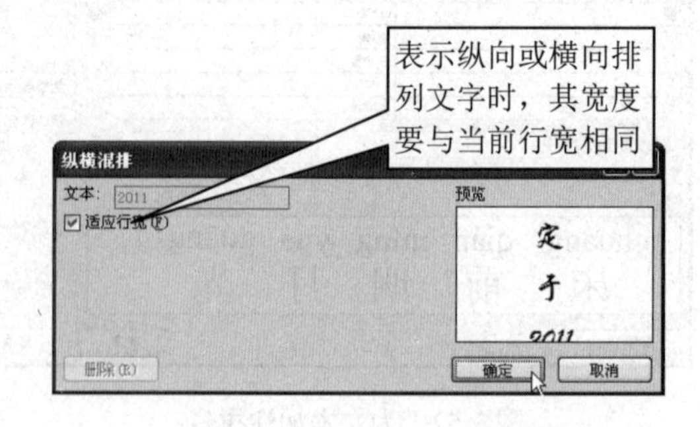

图 3-57　纵横混排”对话框

2. 设置首字下沉

使用“首字下沉”命令可以将段落开头的第一个或若干个字母、文字变为大号字，并以下沉或悬挂方式显示，以美化文档的版面。

（1）将插入符置于要设置首字下沉的段落中，然后单击“插入”选项卡上“文本”

组中的“首字下沉”按钮，在展开的列表中选择一种下沉方式，如“下沉”，如图 3-58 所示。

（2）若要对首字下沉文字做更为详细的设置，可确定插入符后在“首字下沉”列表中选择“首字下沉选项”；打开“首字下沉”对话框，然后在其中选择下沉方式，设置下沉文字的字体、下沉行数及距正文的距离，单击“确定”按钮，如图 3-59 所示。

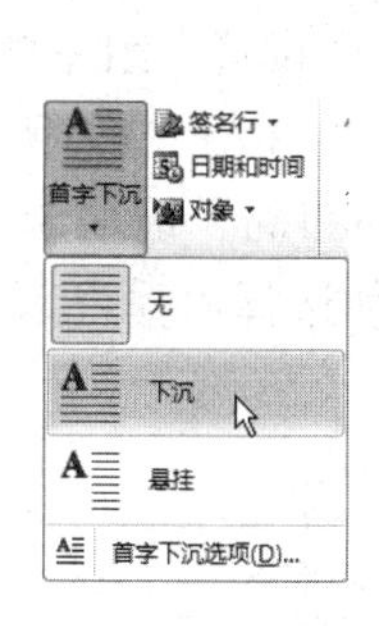

图 3-58　设置首字下沉效果

图 3-59　设置下沉选项

3.3.7　Word 2010 文档的页面设置

在 Word 2010 中，可以根据需要对文档的页面进行设置，如设置纸张大小、纸张方向、页边距和文档网格等。

1. 设置纸张大小和方向

默认情况下，Word 2010 文档使用的纸张大小是标准的 A4 纸，其宽度是 21 厘米，高度是 29.7 厘米，可以根据实际需要改变纸张的大小及方向等。

（1）要设置纸张大小，可单击“页面布局”选项卡上“页面设置”组中的“纸张大小”按钮，在展开的列表中选择所需的纸型，如 B5，如图 3-60（a）所示。

（a）

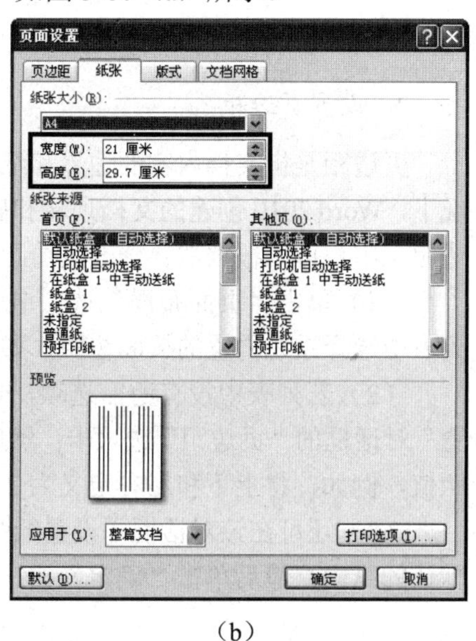

（b）

图 3-60　设置文档纸张大小

（2）若列表中没有所需选项，可单击列表底部的“其他页面大小”项，打开“页面设置”对话框的“纸张”选项卡，然后在“纸张大小”下拉列表框进行选择；还可直接在“宽度”和“高度”编辑框中输入数值来自定义纸张大小，如图 3-60（b）所示。

（3）在“应用于”下拉列表中可选择页面设置的应用范围（整篇文档、当前节或插入符之后），纸张大小置完毕。

（4）要改变纸张方向，可单击“页面布局”选项卡“页面设置”组中的“纸张方向”按钮，然后在展开的列表中进行选择，如选择“横向”，如图 3-61（a）所示。

（5）要快速设置页面中文字的排列方向，可单击“页面布局”选项卡“页面设置”组中的“文字方向”按钮，从弹出的列表中进行选择，例如选择“垂直”。单击“确定”按钮，纸张大小和方向设置完毕，如图 3-61（b）所示。

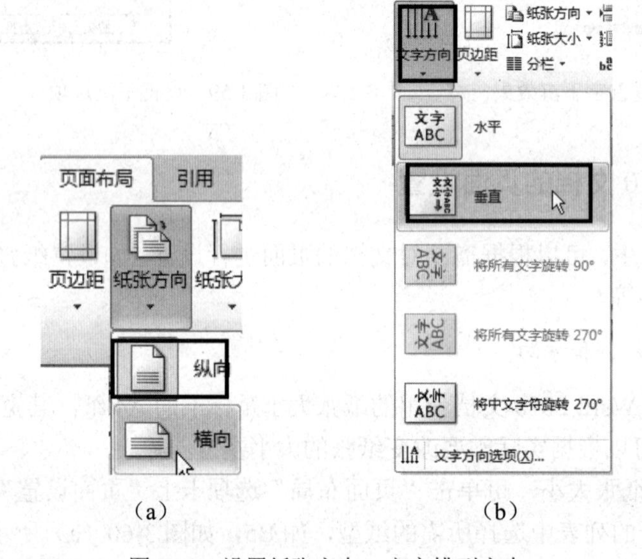

（a）　　　　　　　　　　（b）

图 3-61　设置纸张方向、文字排列方向

2. 设置页边距

页边距是指文档内容的边界和纸张边界间的距离，也即页面四周的空白区域。默认情况下，Word 2010 创建的文档顶端和底端为 2.54 厘米的页边距，左右两侧为 3.17 厘米的页边距。用户可以根据需要修改页边距。

（1）单击“页面布局”选项卡上“页面设置”组中的“页边距”按钮，可在展开的列表中选择系统内置的页面边距，如图 3-62（a）所示。

（2）若列表中没有所需选项，可单击列表底部的“自定义边距”项，打开“页面设置”对话框的“页边距”选项卡；然后在“上”“下”“左”“右”编辑框中分别自定义页边距值，例如，将上下和左右定义为 2 厘米和 3 厘米，如图 3-62（b）所示。

（3）还可在该对话框中设置纸张方向，如单击选择“纵向”，将纸张方向重新设置为默认的纵向，最后单击“确定”按钮关闭对话框，完成页边距的设置。

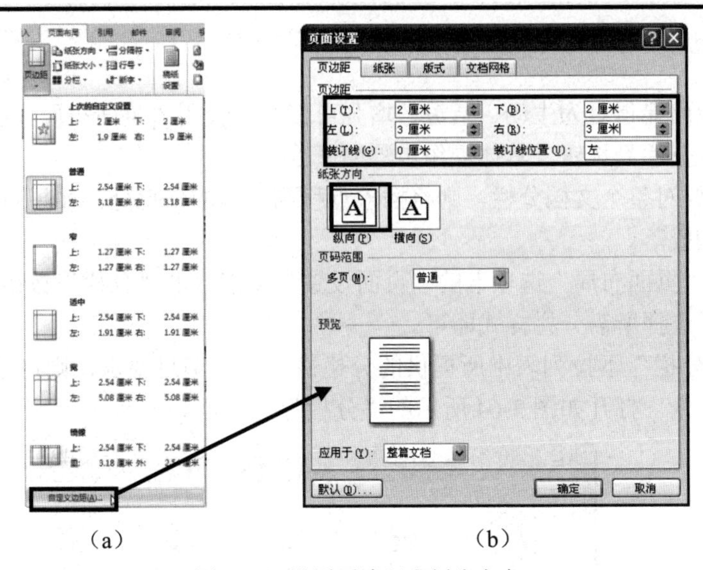

（a）　　　　　　　　　　　　（b）

图 3-62　设置页边距和纸张方向

3. 设置文档网格

通过设置文档网格，可轻松控制文字的排列方向以及每页中的行数和每行中的字符数。

（1）单击“页面布局”选项卡上“页面设置”组右下角的“对话框启动器”按钮，打开“页面设置”对话框。

（2）切换至“文档网格”选项卡，在“方向”列表区选择“水平”，将前面设置为垂直排列的文字方向重新恢复为默认的水平排列。

（3）在“网格”列表区选择“指定行和字符网格”单选钮，然后在“字符数”设置区中指定每行显示的字符数，如设置为 35。

（4）在“行数”编辑框中指定每页显示的行数，如设置为 40（图 3-63）。单击“确定”按钮，完成文档网格设置。

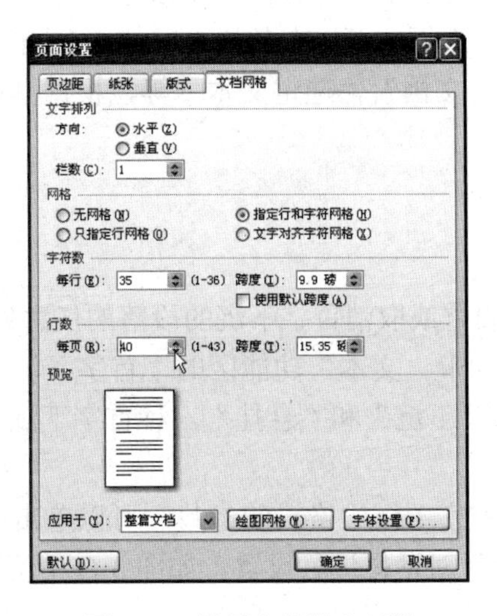

图 3-63　设置字符数和行数

4. 分栏排版

分栏使得版面显得更为生动、活泼、增强可读性。使用“页面布局”选项卡“页面设置”功能区的“分栏”按钮。具体操作步骤如下。

（1）如果要对整个文档分栏，则将插入点移到文本的任意处；如果对部分段落分栏，则应先选定这些段落。

（2）单击“页面布局”选项卡的“页面设置”功能区的“分栏”按钮，打开“分栏”下拉列表，然后选择所需分栏样式即可。

（3）若“分栏”下拉列表中所提供的分栏格式不能满足要求，则可单击下拉列表中“更多分栏”命令，打开如图 3-64 所示的“分栏”对话框。

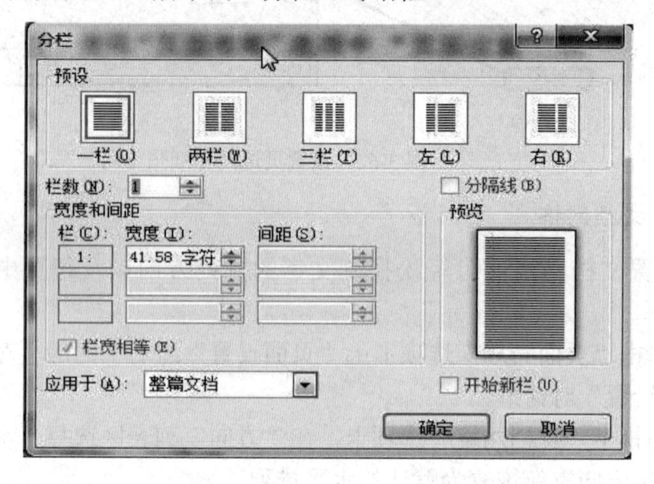

图 3-64　分栏对话框

（4）选定“预设”框中的分栏格式，或在“栏数”文本框中键入分栏数，在“宽度和间距”框中设置栏宽和间距。

（5）单击“栏宽相等”复选框，则各栏宽度相等，否则可以逐栏设置宽度。

（6）单击“分隔线”复选框，可以在各栏之间加一分隔线。

（7）应用范围有“整个文档”、“选定文本”等，根据具体情况选定后单击“确定”按钮。

5. 首字下沉

具体操作步骤如下。

（1）将插入点移到要设置或取消首字下沉的段落的任意处。

（2）单击“插入”选项卡“文本”功能区的“首字下沉”按钮，在打开的“首字下沉”下拉列表中，从“无”、“下沉”和“悬挂”三种首字下沉选项中选定一种，如图 3-65 所示。

（3）若需设置更多“首字下沉”格式的参数，可以单击下拉列表中的“首字下沉选项”命令，打开“首字下沉”对话框进行设置。如图 3-66 所示。

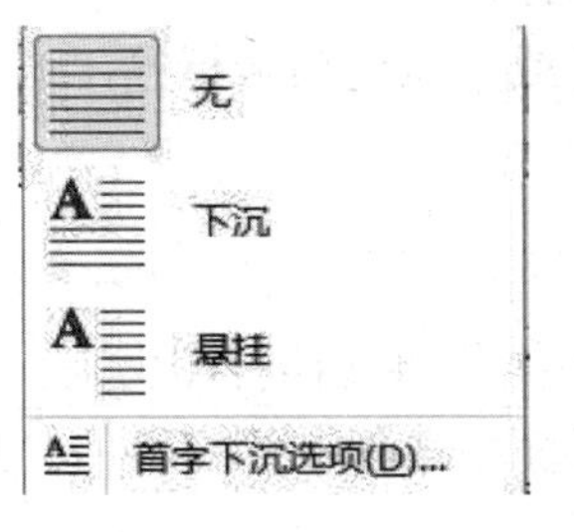

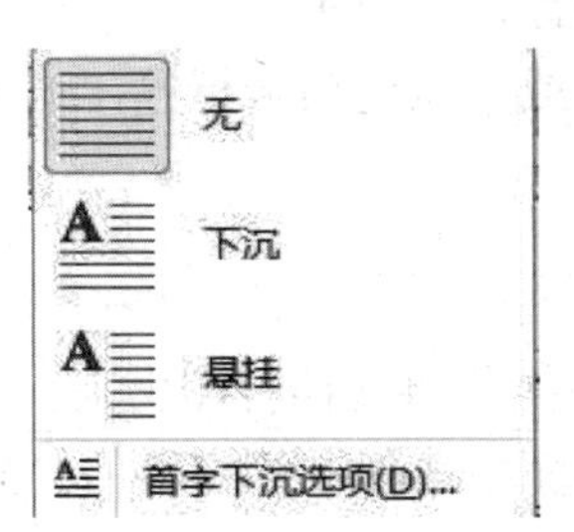

图 3-65　“首字下沉”下拉列表

图 3-66　“首字下沉”对话框

3.3.8　打印文档

Word 2010 提供了多种打印文档的方式，用户不仅可以按指定范围打印文档，还可以进行双面打印、多版打印、缩放打印等。同时，应掌握管理打印任务的方法，如暂停打印、终止打印等。

1. 打印预览

为防止出错，在打印文档前应先进行打印预览，以便及时修改文档中出现的问题，避免因版面不符合要求而直接打印造成纸张浪费。进行打印预览的方法如下。

（1）单击“文件”选项卡，在打开界面中单击左侧窗格的“打印”项，在右侧窗格可预览打印效果，如图 3-67 所示。

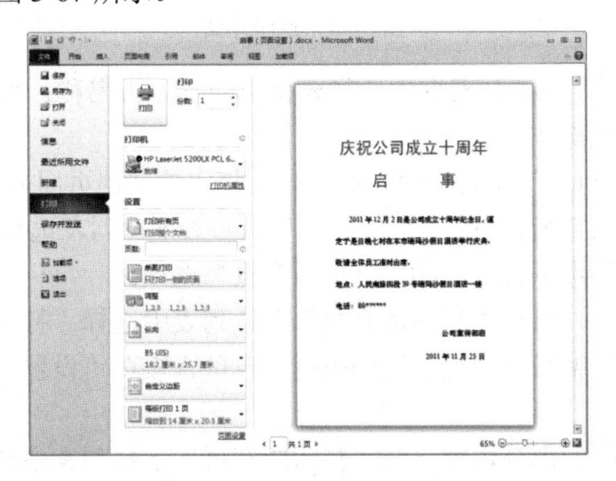

图 3-67　打印预览界面

（2）对文档进行打印预览时，可通过右侧窗格下方的相关按钮查看预览内容。如果文档有多页，单击右侧窗格左下角的“上一页”按钮◀和“下一页”按钮▶，可查看前一页或下一页的预览效果。在这两个按钮之间的编辑框中输入页码数字，然后按【Enter】键，可快速查看该页的预览效果。

（3）在右侧窗格的右下角，通过单击“缩小”⊖或“放大”按钮⊕，或拖动显示比例滑块，可缩小或放大预览效果的显示比例。

（4）单击右侧窗格右下角的“缩放到页面”按钮，将以当前页面显示比例进行预览；

单击“显示边距”按钮▢，将以黑色边框显示出边距所在位置。

（5）完成预览后，单击“文件”选项卡标签或其他选项卡标签，退出打印界面，返回文档编辑状态。

2. 打印文档

如果用户的电脑连接有打印机，可以使用以下操作将文档打印出来。

（1）单击“文件”选项卡，然后在打开的界面中选择左侧窗格的“打印”选项，此时可在中间窗格设置打印选项，如图 3-68 所示。

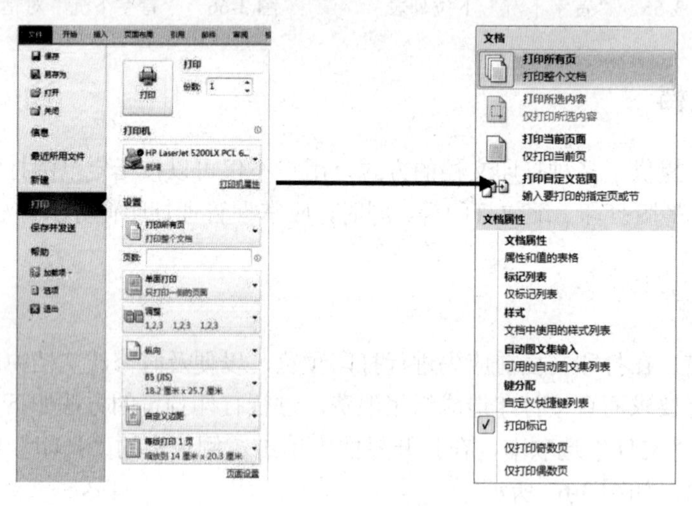

图 3-68　打印界面

（2）在“打印机”下拉列表框中选择要使用的打印机名称。如果当前只有一台可用打印机，则不必执行此操作。

（3）在“打印所有页”下拉列表框中选择要打印的文档页面内容。

①若只需打印插入符所在页，可在“打印所有页”下拉列表选择“打印当前页面”项；若要打印全部页面，则可保持默认的“打印所有页”选项。

②若要打印指定页，可在“打印所有页”下拉列表中选择“打印自定义范围”项，然后在其下方的“页数”编辑框中输入页码范围（也可直接在“设置”区的“页数”编辑框中输入）。

③如果选中文档中的部分内容，在“打印所有页”下拉列表中选择“打印所选内容”项，将只打印选中的内容。

（4）在中间窗格的“份数”编辑框中输入要打印的份数。如果只打印一份，则不必执行此操作。

（5）设置完毕，单击“打印”按钮即可设置打印文档。

3. 几种特殊的打印方式

除前面介绍的一般打印方式外，Word 2010 还提供了如下几种特殊的打印方式。

①双面打印。如果用户需要将文档打印在纸张的双面上，在进行打印设置时，应在“设置”区中单击“打印所有页”按钮，在展开的列表中选择“仅打印奇数页”选项。完成奇

数页打印后，将纸张翻转，再次打开“打印所有页”下拉列表，从中选择“仅打印偶数页”选项，接着打印偶数页。

②多版打印。如果用户需要在一张纸上打印多页文档内容，可单击“每版打印 1 页”按钮，在展开的列表中选择每张纸打印的页数，如图 3-69 所示。

③缩放打印。如果打印纸张与文档设置的页面大小不同，可在“每版打印 1 页”下拉列表中选择“缩放至纸张大小”项，然后在展开的子列表进行选择，以适应指定纸张。例如，在前面为“启事”文档设置的纸张大小为 A4 纸，如果要将其打印到 B5 纸上，可在该列表中选择“B5”选项，如图 3-70 所示。

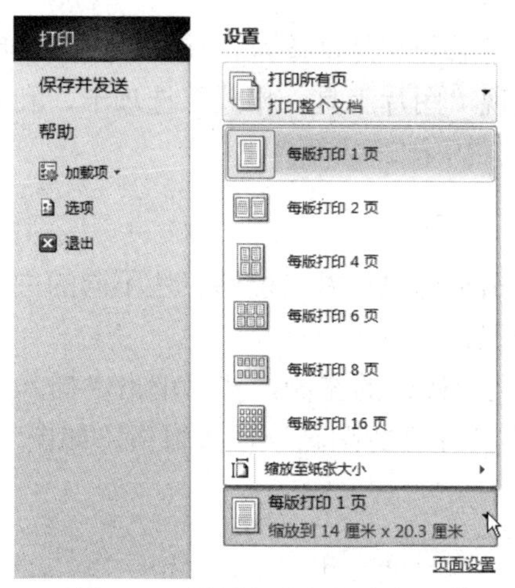

图 3-69　设置每张纸打印的页数

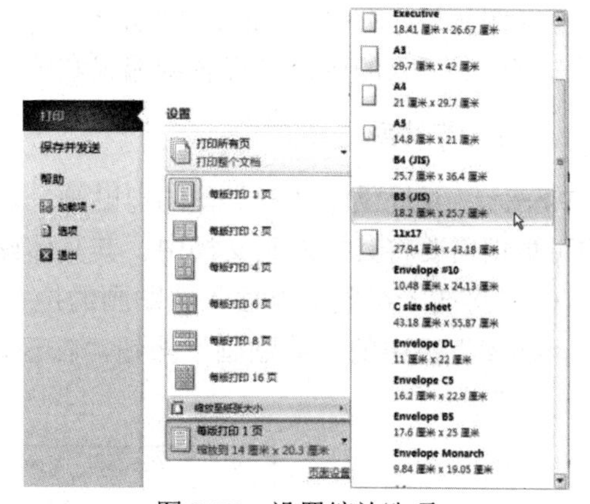

图 3-70　设置缩放选项

4. 暂停和终止打印

在打印文档的过程中，如果要暂停或终止打印，可执行如下操作。

（1）单击“开始”按钮，选择“打印机和传真”项，打开“打印机和传真”窗口，如图 3-71 所示。

（2）双击目前使用的打印机的图标，在打开的打印机窗口中，右键单击正在打印的文件，在打开的快捷菜单中选择“暂停”菜单项，可暂停文档的打印（图 3-72）；如果选择“取消”菜单项，则可取消打印文档。

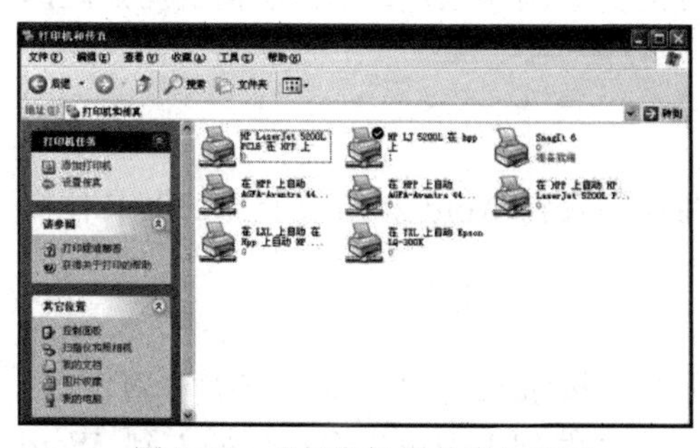

图 3-71　“打印机和传真”窗口

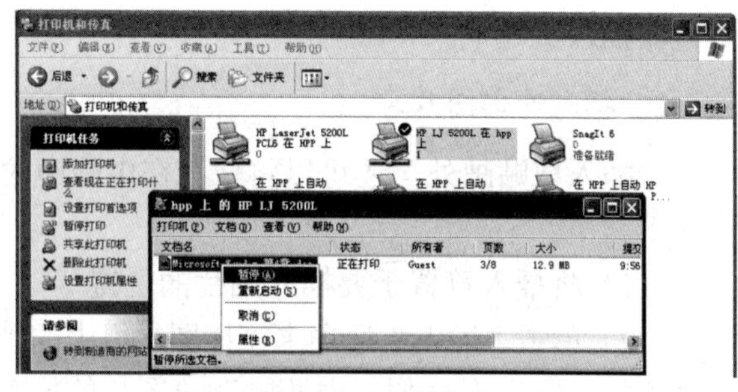

图 3-72　“暂停”打印

实际操作中，使用以上方法取消打印后，打印机有时候还会继续打印。这是因为许多打印机都有自己的内存（缓冲区）。用户可以查看打印机的帮助文件，以找到快速清除其内存的方法（如重启一下打印机）。

3.4 Word 2010 文档图文混排

在 Word 2010 中，不仅可以输入和编排文本，还可以插入图片和艺术字，或绘制图形和文本框等，并可以为这些对象设置样式、边框、填充和阴影等效果，从而让用户可以轻松地设计出图文并茂、美观大方的文档。

3.4.1 在 Word 文档中使用图片

在 Word 2010 文档中插入符合主题需要的各种剪贴画和外部图片，使文档更加生动形象。插入图片后，在 Word 2010 的功能区将自动出现“图片工具 格式”选项卡，利用该选项卡可以对插入的图片进行各种编辑和美化操作。

1. 插入剪贴画

Word 2010 提供了多种类型的剪贴画，这些剪贴画构思巧妙，能够表达不同的主题，用户可根据需要将其插入到文档中。其具体操作如下。

（1）将插入符置于要插入剪贴画的位置，如文档标题的左侧，然后单击“插入”选项卡“插图”组中的“剪贴画”按钮，在窗口右侧打开“剪贴画”任务窗格。如图 3-73 所示。

图 3-73 单击“剪贴画”按钮

（2）在“剪贴画”任务窗格的“搜索文字”编辑框中输入要插入的剪贴画的相关主题或关键字，如输入“边框”；在“结果类型”下拉列表框中选择文件类型，如“所有媒体文件类型”；选中“包括 Office.com 内容”复选框作为搜索的范围。

（3）设置完毕，单击“搜索”按钮，搜索完成后，在搜索结果预览框中将显示所有符合条件的剪贴画，包括来自 Microsoft Office com 的剪贴画和图片，单击所需的剪贴画即可将其插入文档中。

2. 插入外部图片

除插入剪贴画外，还可以将保存在电脑中的图片插入到 Word 2010 文档中。其具体操作如下。

（1）将插入符置于要插入图片的位置

（2）单击“插入”选项卡“插图”组中的“图片”按钮，打开“插入图片”对话框，在“查找范围”下拉列表中选择存放图片的位置，在文件列表中单击选择要插入到 Word 2010 文档中的图片。如图 3-74 所示。

（3）单击“插入”按钮，图片即插入到文档中。如图 3-75 所示。

如果一次要插入多张图片，可以在“插入图片”对话框中按住【Ctrl】键的同时，依次单击选择要插入的图片，然后单击“插入”按钮。若要删除文档中的图片，可先将其选中，然后按【BackSpace】键或【Delete】键。若在“插图”组中单击“屏幕截图”按钮，可快速截取屏幕图像，并直接将其插入到文档中。

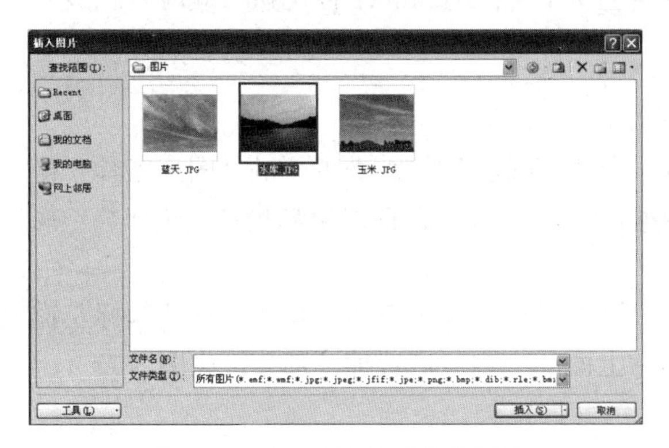

图 3-74　确定插入符后选择图片

图 3-75　所选图片被插入到文档中

3. 调整图片大小

单击选中图片后，在 Word 2010 的功能区将自动出现“图片工具　格式”选项卡（图 3-76），利用该选项卡可以对插入的图片进行各种编辑和美化操作。

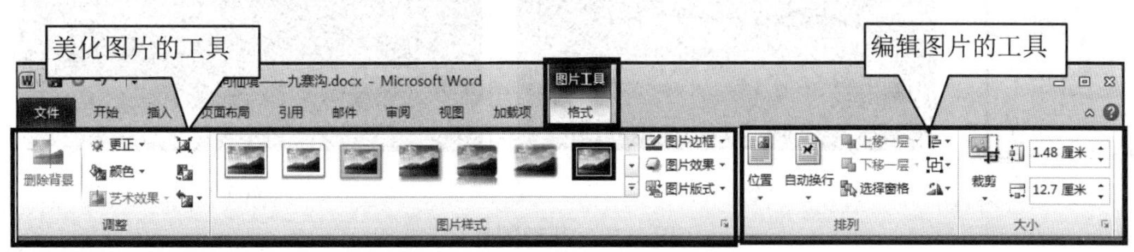

图 3-76　“图片工具　格式”选项卡

（1）要改变图片大小，可在不选择任何工具的情况下单击图片，此时在图片四周显示 8 个蓝色的方形控制点；将鼠标指针移至图片的某个角控制点上，此时，鼠标指针变为“↗”或“↘”形状，如图 3-77（a）所示。

（2）按住鼠标左键并拖动，直至获取所需的尺寸时释放鼠标，可等比例缩放图片，效果如图 3-77（b）所示。如果拖动图片中间的控制点，则可调整图片的高度或宽度。

（a）

（b）

图 3-77　利用拖动方法改变图片大小

（3）如果要精确调整图片的大小，可在选中图片后，在“大小”组中的“高度”和“宽度”编辑框中直接输入数值。此处单击“风景”图片，然后在“图片工具　格式”选项卡上“大小”组的“高度”编辑框中输入 4 厘米，然后按 Enter 键确认，此时“宽度”编辑框中的数值自动调整。

4. 裁切图片

（1）将图片上面的空白区域裁掉一部分。单击“风景”图片，然后单击“图片工具　格式”选项卡上“大小”组中的“裁剪”按钮[图 3-78（a）]，此时鼠标指针变为“”形状。

（2）将鼠标指针移至“风景”图片上边界的控制点上[图 3-78（b）]，按住鼠标左键向下拖动，至合适的位置时释放鼠标，将图片上面的空白区域裁掉一部分，如图 3-78（c）所示。

（a）　（b）　（c）

图 3-78　裁切图片

用同样的方法可裁掉图片其他区域；如果拖动 4 个角的控制点，还可等比例裁剪图片。如果希望退出图片裁切状态，可在文档其他位置单击以取消图片的选中状态，或再次单击“裁剪”按钮。图片上被剪掉的内容并非被删除了，而是被隐藏了起来。要显示被裁剪的内容，只需单击“裁剪”按钮，将鼠标指针移至相应的控制点上，按住鼠标左键向图片外部拖动鼠标即可。

5. 设置图片环绕方式、对齐和旋转

默认情况下，图片是以嵌入方式插入到文档中的，此时图片的移动范围受到限制。若要自由移动或对齐图片等，需要将图片的文字环绕方式设置为非嵌入型。

（1）单击图片，然后单击“图片工具　格式”选项卡“排列”组中的“自动换行”按钮，在展开的列表中选择一种环绕方式，如“四周型环绕”项，如图 3-79（a）所示。

图片的文字环绕：是指图片与文字之间的位置关系。例如，“四周型环绕”是指文字位于图片的四周；“衬于文字下方”指图片位于文字的下方。

（2）单击“排列”组中的“对齐”按钮，在展开列表中选择“左对齐”，如图 3-79（b）所示，将图片相对于页面左对齐，效果如图 3-79（c）所示。

（3）若要将图片按一定角度旋转，可在选中图片后单击“排列”组中的“旋转”按钮旋转，在展开的列表中选择所需选项，如图 3-80 所示。

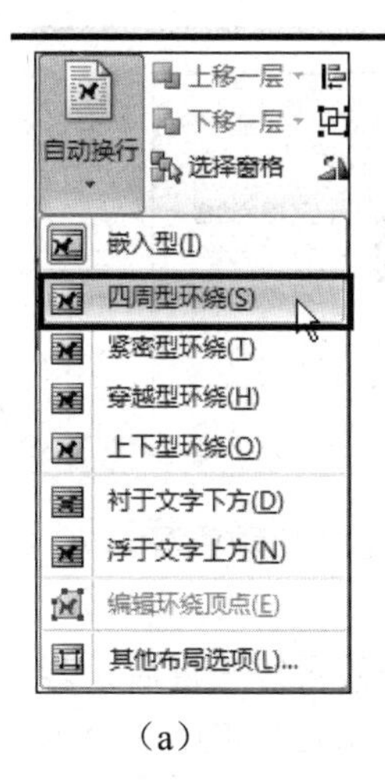

（a）

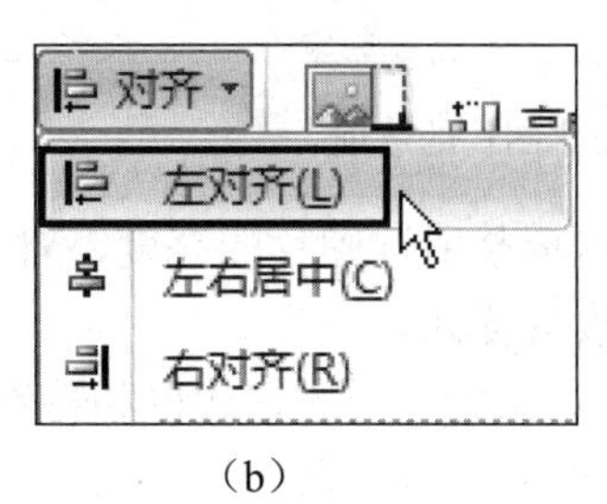

（b）

（c）

图 3-79　设置图片环绕方式和对齐

（4）若“旋转”列表中没有所需选项，可在“旋转”列表中单击“其他旋转选项”项。打开“布局”对话框并显示“大小”选项卡，然后调整该对话框“旋转”编辑框中的数值（图 3-81）。满意后单击“确定”按钮关闭对话框。

图 3-80　旋转图片

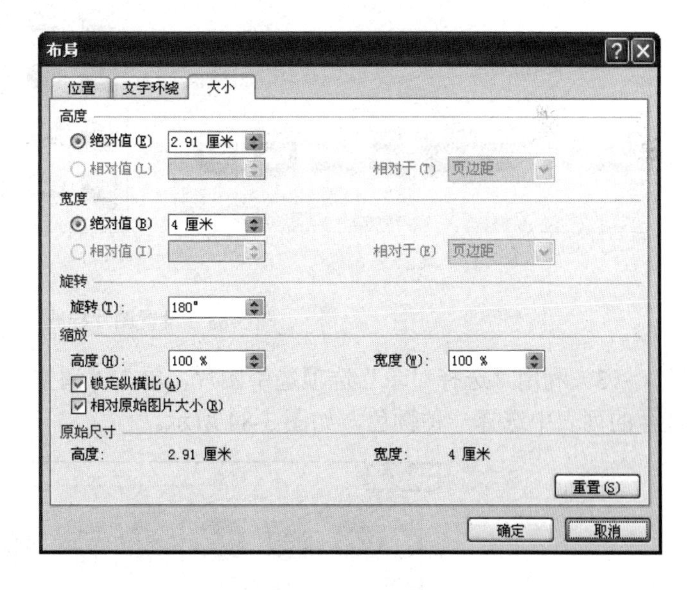

图 3-81　精确旋转图片

6. 美化图片

在 Word 2010 中，除了可以对图片进行各种编辑操作外，还可在选中图片后，利用“图片工具　格式”选项卡上的“图片样式”组快速为图片设置系统提供的漂亮样式，或为图片添加边框、设置特殊效果等，还可利用“调整”组调整图片的亮度、对比度和颜色等，如图 3-82 所示。

图 3-82 美化图片的选项

（1）单击“调整”组中的相应按钮，可调整所选图片的亮度、对比度和颜色等。

（2）利用样式列表可为所选图片快速设置样式。

对图片进行大小、旋转、裁切、亮度、对比度、样式、边框和特殊效果等设置后，若觉得效果不理想，可选中图片，然后单击“图片工具 格式”选项卡“调整”组中的“重设图片”按钮重设图片，将图片还原为初始状态。其操作步骤如下：

（1）单击图片，然后单击“图片工具 格式”选项卡上“图片样式”组样式列表框右下角的“其他”按钮，如图 3-83（a）所示。

（2）在展开的样式列表中选择所需样式，如“柔化边缘椭圆”，如图 3-83（b）所示。

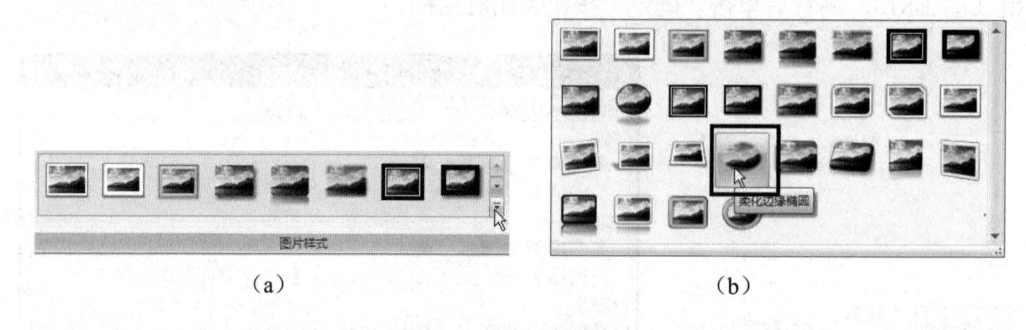

（a）（b）

图 3-83 设置图片样式

（3）利用“选择对象”选项选中图片，单击“调整”组中的“颜色”按钮颜色，在展开的列表中选择一种颜色，如图 3-84 所示。

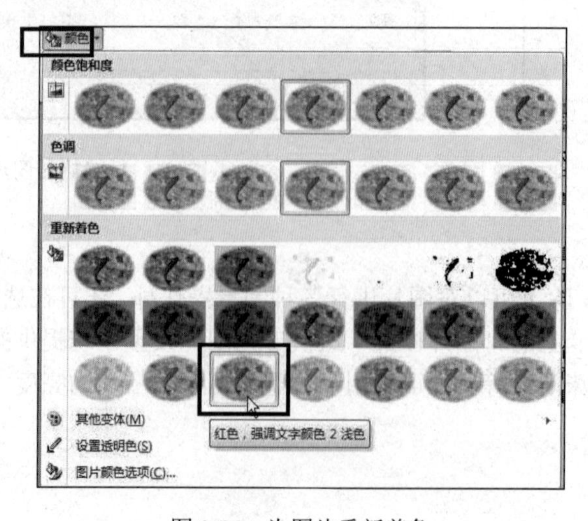

图 3-84 为图片重新着色

3.4.2　在 Word 文档中使用图形

除了可以在文档中插入图片外，还可以在文档中轻松绘制出各种图形和文本框，如线条、正方形、椭圆和星形等，以丰富文档内容和方便排版。绘制好图形后，还可利用自动出现的“绘图工具　格式”选项卡对其进行各种编辑和美化操作，使图形效果更加精彩。

1. 绘制和调整图形

（1）要在文档中绘制图形，可单击“插入”选项卡“插图”组中的“形状”按钮，在展开的列表中选择一种形状，然后在文档中按住鼠标左键不放并拖动，释放鼠标后即可绘制出相应的图形，如图 3-85（a）和图 3-85（b）所示。

（2）与图片一样，选中图形后，其周围将出现 8 个蓝色的大小控制柄和一个绿色的旋转控制柄，利用它们可以缩放和旋转图形。此外，部分图形中还将出现一个黄色的控制柄，拖动它可调整图形的变换程度，如图 3-85（c）所示。

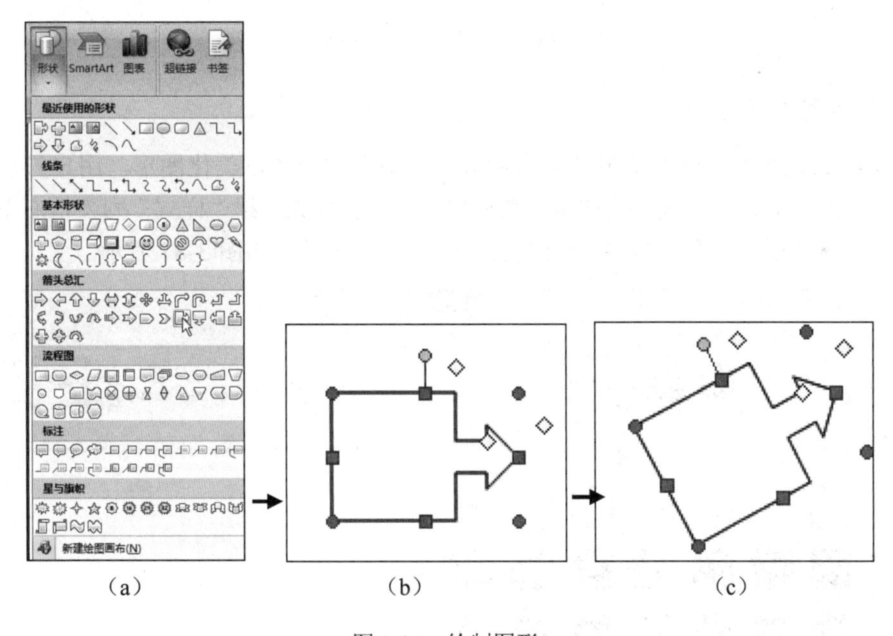

（a）　　（b）　　（c）

图 3-85　绘制图形

2. 设置图形的轮廓和填充

除了应用系统内置的样式快速美化图形外，还可自行设置图形的轮廓、填充，以及效果等。这里先学习设置图形轮廓和填充的方法。

（1）继续操作前面绘制的太阳图形。按【Ctrl+Z】组合键取消为该图形应用的样式。

（2）选中图形，单击“绘图工具　格式”选项卡上“形状样式”组中的“形状轮廓”按钮 形状轮廓 右侧的三角按钮，在展开的列表中选择“粗细”子列表中的选项，可设置自选图形的轮廓线粗细，如图 3-86（a）所示。

（3）再次单击“形状轮廓”按钮 形状轮廓 右侧的三角按钮，从展开的列表中选择轮廓线的颜色，如红色。

（4）单击“形状填充”按钮 形状填充 右侧的三角按钮，在展开的列表中可选择图形的填充颜色，如图 3-86（b）所示，此时的图形效果如图 3-86（c）所示。

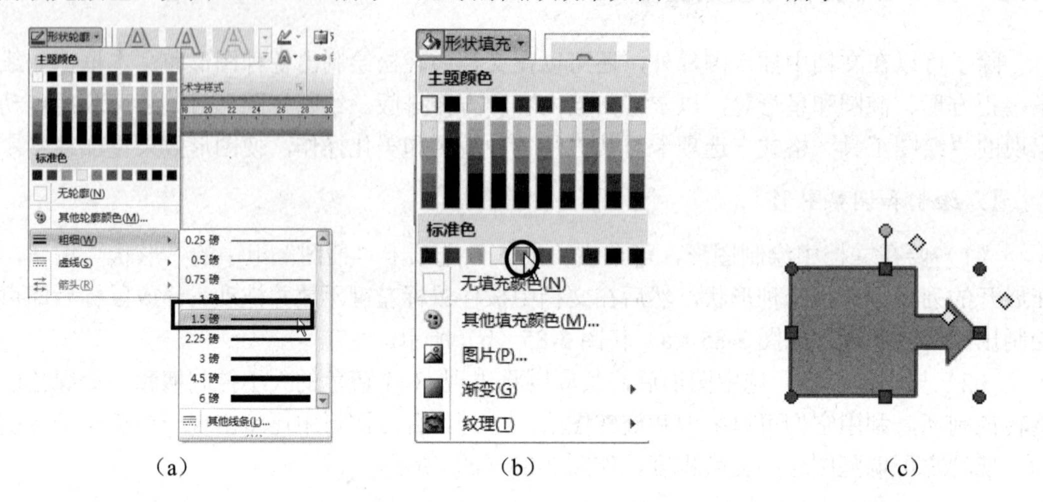

图 3-86　设置图形的线条和填充

3. 设置图形样式

在 Word 2010 中，提供了多种可直接应用于图形的样式以美化图形。用户只需双击图形，打开“绘图工具　格式”选项卡，然后单击“形状样式”组“样式”列表框右下角“其他”按钮，在展开的图片样式列表中选择所需样式即可，如图 3-87 所示。

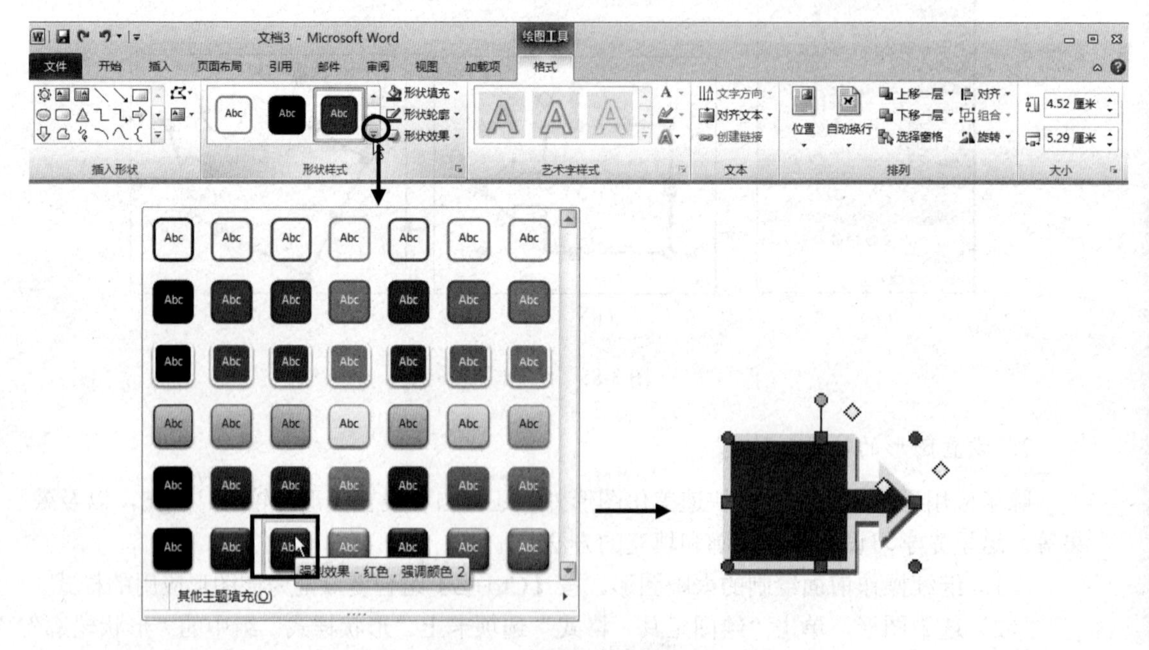

图 3-87　为图形应用样式

4. 为图形添加效果

利用“绘图工具　格式”选项卡上“形状样式”组中的“形状效果”按钮，可为图形添加阴影、映像、发光、柔化边缘等效果，具体操作步骤如下。

（1）要为图形设置效果，只需选中图形，单击“绘图工具　格式”选项卡上“形状样式”组中的“形状效果”按钮右侧的三角按钮，在展开的列表中选择一种效果样式，如“阴影”→“左下斜偏移”，如图 3-88（a）所示。

（2）若要为图形设置其他效果，只需再次单击“形状效果”按钮右侧的三角按钮，在展开的列表中选择一种效果样式，如“发光”→“紫色，18pt 发光，强调文字颜色 4”项，如图 3-88（b）所示。

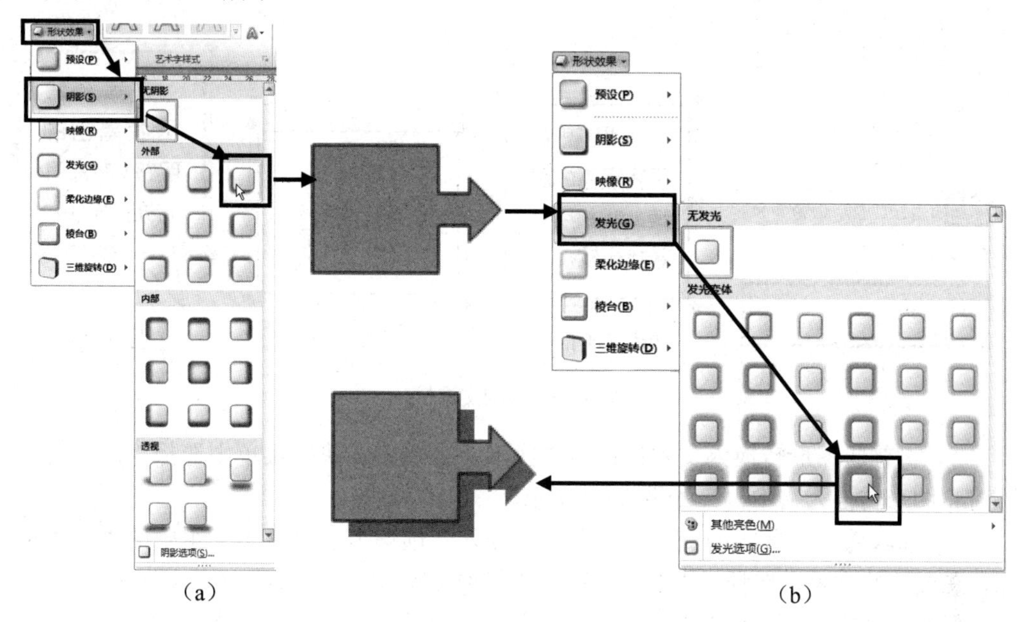

（a）　　　　　　　　　　　（b）

图 3-88　为图形设置阴影和发光效果

5. 排列和组合图形

默认情况下，Word 2010 会根据插入的对象（非嵌入型的图片、自选图形、文本框和艺术字等）的先后顺序确定对象的叠放层次，即先插入的对象在最下面，最后插入的图形在最上面，这样处在上层的图形将遮盖下面的图形。

要改变对象的叠放次序，可选中要改变叠放次序的图形，单击“绘图工具　格式”选项卡上“排列”组中的“上移一层”或“下移一层”按钮，或单击其右侧的三角按钮，在展开的列表中选择所需选项。当在文档中的某个页面上绘制了多个图形时，为了统一调整其位置、尺寸、线条和填充效果，可将它们组合为一个图形单元。

3.4.3　在 Word 文档中使用文本框

在 Word 2010 中，文本框也是一种图形对象。用户可在文本框中输入文字，放置图片、表格和艺术字等，并可将文本框放在页面上的任意位置，从而设计出较为特殊的文档版式。

1. 创建文本框

在 Word 2010 中，创建文本框的方法主要有以下几种。

（1）绘制文本框：单击“插入”选项卡上“插图”组中的“形状”按钮，在展开的列表中选择“基本形状”组中的“文本框”和“垂直文本框”形状，然后在文档中拖动鼠标，可绘制横排文本框和直排文本框。此外，利用“形状”列表“标注”组中的形状可绘制相应形状的文本框。绘制好文本框后，其内有一个闪烁的光标，此时即可在其中输入文字，如图 3-89 所示。

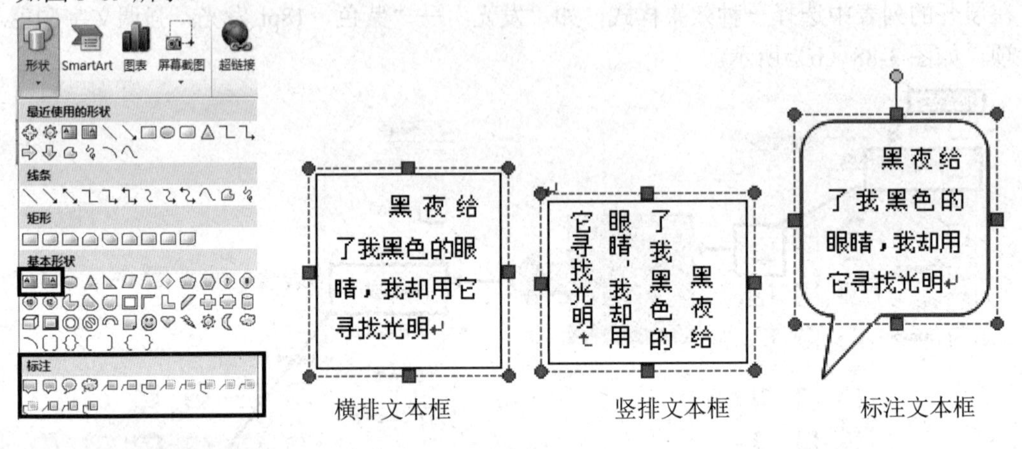

图 3-89　绘制文本框

（2）将普通图形转换为文本框：右击图形，在弹出的快捷菜单中选择“添加文字”项，可将图形转换为文本框，如图 3-90 所示。

（3）插入系统内置的的文本框：单击“插入”选项卡上“文本”组中的“文本框”按钮，在展开的列表中选择“内置”设置区的某种文本框样式，如“简单文本框”，即可在文档中插入所选文本框，此时只需修改文本框中的文字就可以了，如图 3-91 所示。

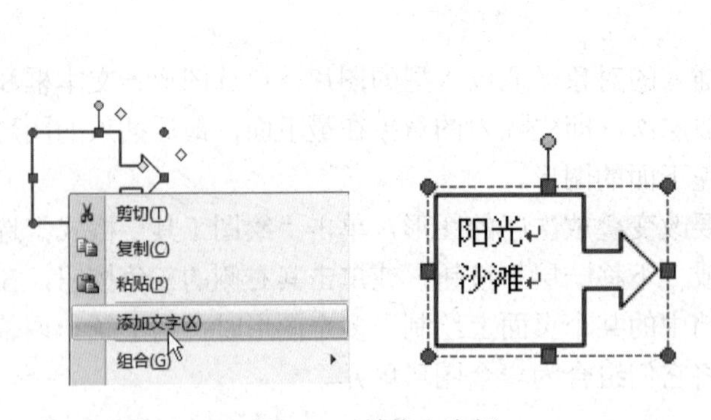

图 3-90　转换文本框

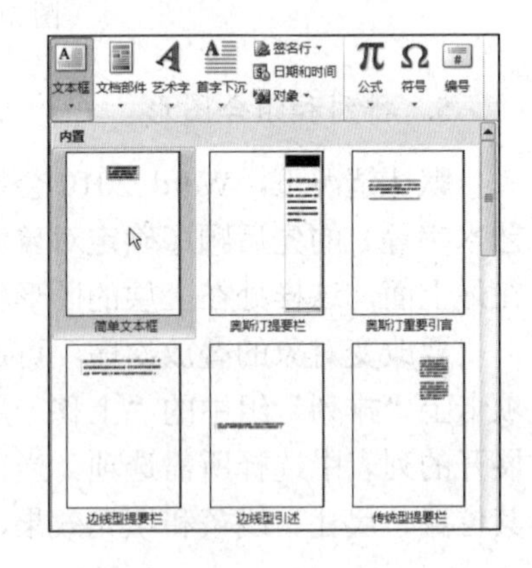

图 3-91　插入系统内置的文本框

2. 美化文本框

创建好文本框后，可利用“绘图工具　格式”选项卡对文本框的样式、边框、填充、效果、排列、大小和文本框内的文字方向等进行设置，设置方法与普通自选图形相似。图 3-92（b）所示是为将文本框形状改为“竖卷型”，并为其应用“彩色轮廓-蓝色，强调颜色 1”样式后的效果。

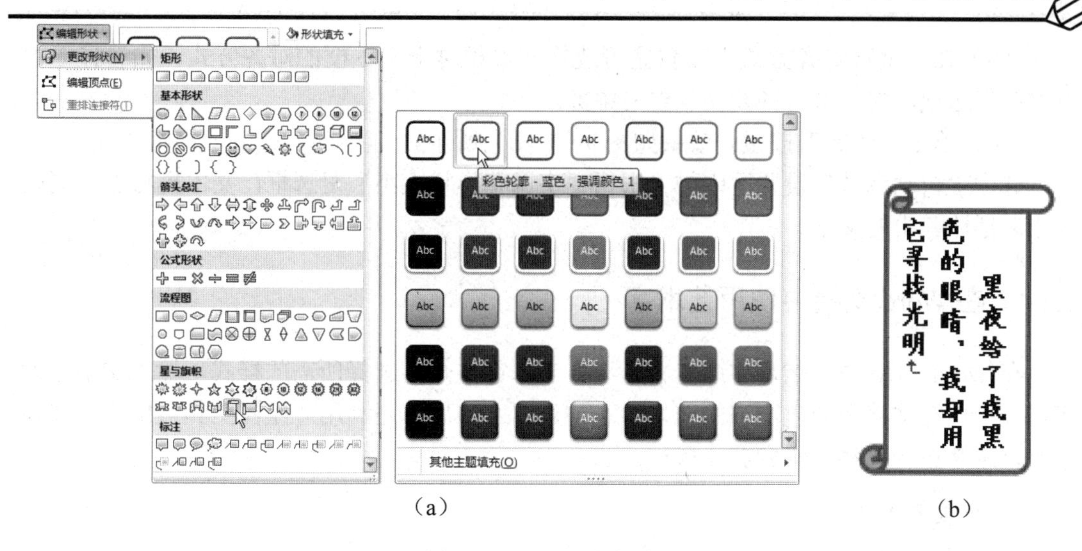

（a）　　　　　　　　　　　　　　　　（b）

图 3-92　设置文本框效果

要选择文本框，可单击文本框的边缘。要编辑文本框中的文字，可在文本框中单击，将插入符置于文本框中。

3. 设置文本框内文本的位置

要设置文本框内的文本距文本框边缘的距离，以及文本相对于文本框的对齐方式等。其操作方法如下。

（1）右击要进行设置的文本框，在弹出的快捷菜单中选择“设置形状格式”项，打开“设置形状格式”对话框，然后单击对话框左侧“文本框”选项。

（2）切换至“文本框”设置界面，在对话框右侧的“内部边距”选项区可设置文本距跟文本框的上、下、左、右边缘的距离。例如，设置左、右、上、下边距值均为“0.2 厘米”，如图 3-93（a）所示。

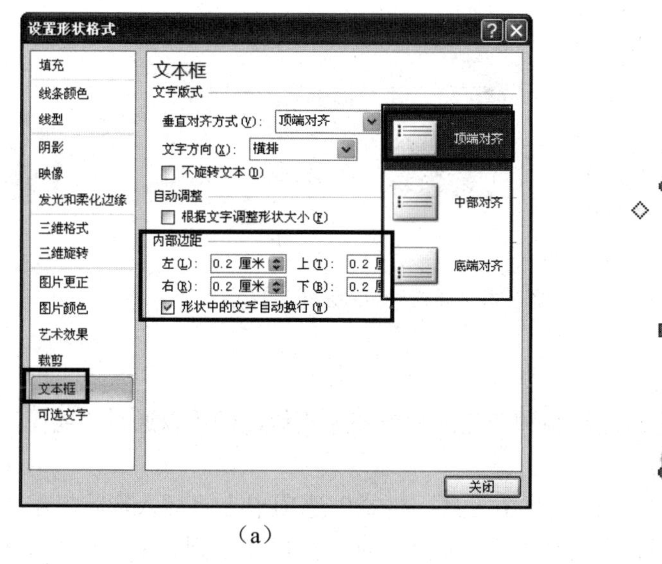

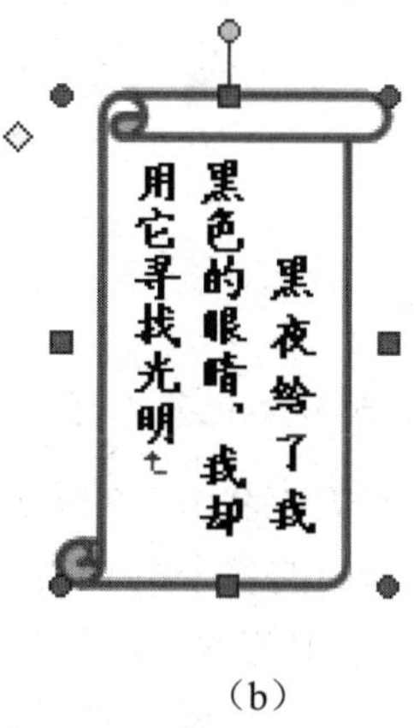

（a）　　　　　　　　　　　　　　　　（b）

图 3-93　设置文本框内文本的位置和对齐

（3）在“垂直对齐方式”设置区可选择文本相对于文本框的对齐方式，如选择“中部对齐”选项，将文本对齐在文本框的中部。

（4）单击“确定”按钮。效果如图 3-93（b）所示。

选中“自动调整”设置区中的“根据文字调整形状大小”复选框，文本框将自动调整大小以适应其中的文本。

3.4.4 在 Word 文档中使用艺术字

在 Word 2010 中，艺术字库包含了许多艺术字样式，选择所需的样式，输入文字，就可以轻松地在文档中创建漂亮的艺术字。创建艺术字后，还利用“绘图工具 格式”选项卡对艺术字进行各种编辑和美化操作。

1. 创建艺术字

要在文档中创建艺术字，操作方法如下。

（1）确定插入符，然后单击“插入”选项卡上“文本”组中的“艺术字”按钮，打开“艺术字样式”列表，选择一种艺术字样式，如“渐变填充-橙色，强调文字颜色 6，内部阴影”，如图 3-94（a）所示。

（2）此时在文档的插入符位置出现一个艺术字文本框占位符“请在此放置您的文字”，直接输入艺术字文字，即可创建艺术字，如图 3-94（b）所示。

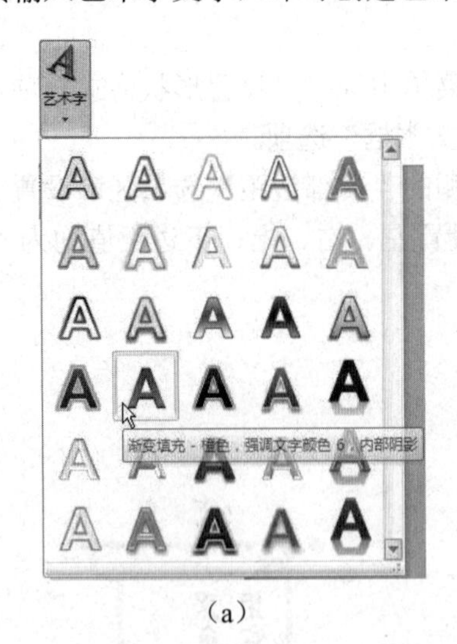

（a）

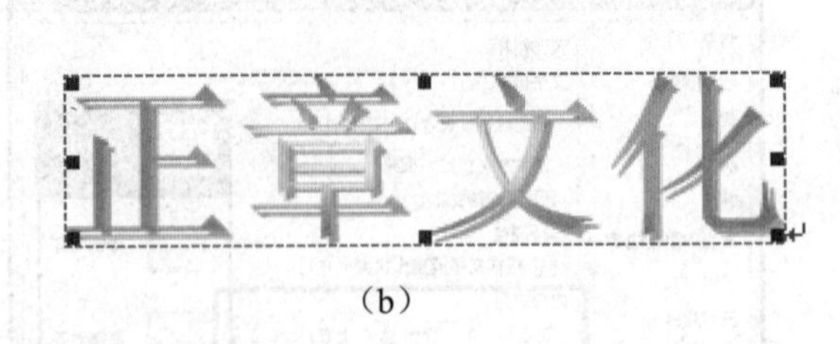

（b）

图 3-94 选择艺术字样式后输入艺术字文字

2. 编辑和美化艺术字

编辑和美化艺术字的方法与编辑和美化图片或图形相似，即可以通过“绘图工具 格式”选项卡中的各个组来实现。

（1）选中艺术字，然后单击“绘图工具 格式”选项卡上“插入形状”组中的“编辑顶点”按钮，在展开的列表中选择“更改形状”项，然后在子列表中选择某种形状，如“波形”[图 3-95（a）]，可更改艺术字文本框的形状。

（2）单击“形状样式”组中的“其他”按钮，在展开的列表中选择一种样式，如“强烈效果-橄榄色，强调颜色 3”，如图 3-84 中图所示，可对艺术字文本框的填充颜色进行设置，效果如图 3-95（b）所示。

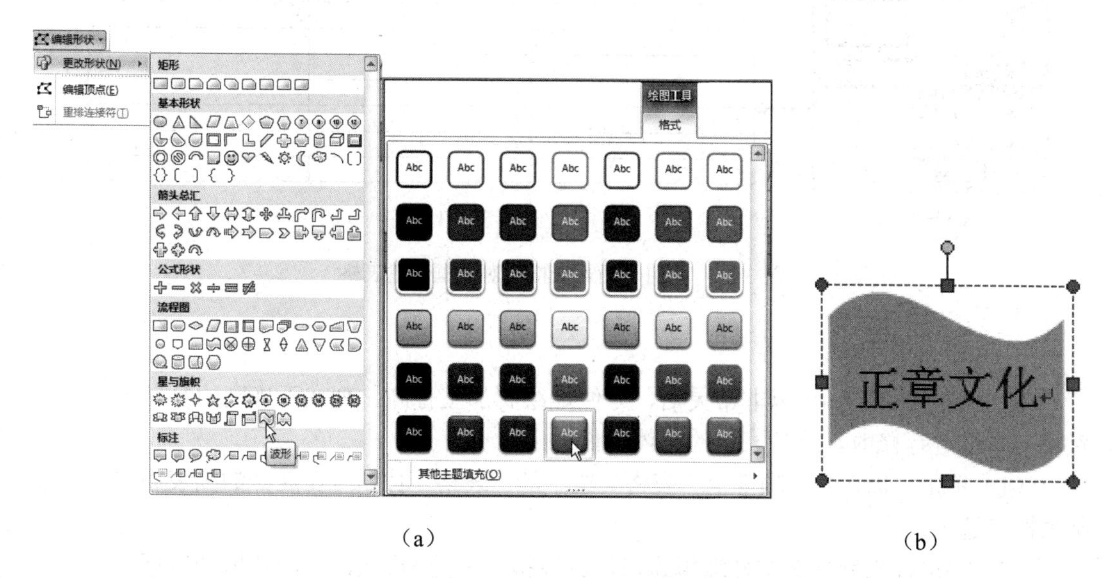

（a）　　　　　　　　（b）

图 3-95　更改艺术字文本框的样式并设置填充

3.5　在 Word 2010 文档中应用表格

在 Word 2010 中，提供了多种创建表格的方法。表格创建好后，可以很方便地进行修改，如移动表格位置或调整表格大小，为表格或单元格添加边框和底纹等，以及对表格中的数据进行排序或简单的计算等。

3.5.1　在 Word 2010 文档中创建表格

表格是由水平的行和垂直的列组成的，行与列交叉形成的方框称为单元格。在 Word 2010 中，可以使用表格网格、手绘表格或者“插入表格”对话框创建表格。

1. 用“插入表格”对话框创建表格

用“插入表格”对话框创建表格可以不受行、列数的限制，还可以对表格格式进行简单设置。“插入表格”对话框是最常用的创建表格的方法，其具体操作如下。

（1）将插入符置于要创建表格的位置，单击“插入”选项卡上“表格”组中的“表格”按钮，在展开的列表中选择“插入表格”项，打开“插入表格”对话框。

（2）在“插入表格”对话框的“列数”和“行数”编辑框中设置表格的行数和列数，如分别设置为 7 和 3，然后在“‘自动调整’操作”设置区选择一种定义列宽的方式，如选择“固定列宽”单选钮，然后输入列宽值，如“5 厘米”，如图 3-96（a）所示。

（3）单击“确定”按钮，即可创建一个 7 行 3 列，列宽为 5 厘米的表格，效果如图

3-98（b）所示。

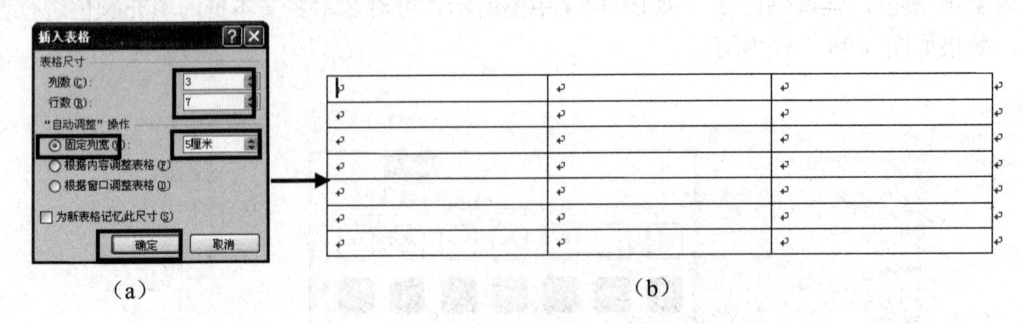

图 3-96　利用“插入表格”对话框创建表格

2. 绘制表格

使用绘制表格工具可以非常灵活、方便地绘制那些行高、列宽不规则的复杂表格，或对现有表格进行修改。绘制表格的具体操作如下。

（1）单击“插入”选项卡上“表格”组中的“表格”按钮，在展开的列表中选择“绘制表格”选项。

（2）将鼠标指针移至文档编辑窗口，鼠标指针变为✎形状，单击并拖动鼠标，此时将出现一可变的虚线框，松开鼠标左键，即可画出表格的外边框。

（3）移动鼠标指针到表格的左边框，按住鼠标左键向右拖动，当屏幕上出现一个水平虚线后松开鼠标，即可画出表格中的一条横线。

（4）重复上述操作，直至绘制出需要的行数为止。然后可采用类似的方法，在表格中绘制竖线，直至完成表格的创建。

3. 用表格网格创建表格

使用表格网格适合创建行、列数较少，并具有规范的行高和列宽的简单表格。例如，要创建一个 4 行 4 列的表格，可将插入符置于要创建表格的位置，单击“插入”选项卡上“表格”组中的“表格”按钮，在显示的网格中移动鼠标指针选择 4 行 4 列，此时将在文档中显示表格的创建效果（图 3-97），最后单击鼠标即可创建表格。

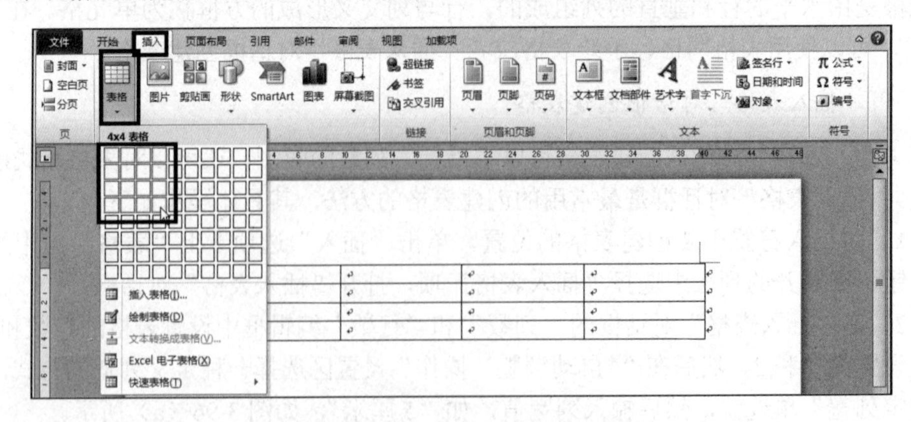

图 3-97　使用表格网格创建表格

4. 在表格中输入内容

要在表格中输入内容，只需在表格中的相应单元格中单击鼠标，然后输入内容即可。也可以使用左、右方向键在单元格中移动插入符以确定插入符，然后输入内容。

3.5.2 在 Word 2010 文档中编辑表格

为满足用户在实际工作中的需要，Word 2010 提供了多种方法来修改已经创建的表格。例如，插入行、列或单元格，删除多余的行、列或单元格，合并或拆分单元格，以及调整单元格的行高和列宽等。对表格的大多数编辑操作，都是通过“表格工具　布局”选项卡进行的，将插入符置于表格的任意单元格中，都将显示“表格工具”选项卡，此时单击“布局”选项卡标签可切换到该选项卡，如图 3-98 所示。

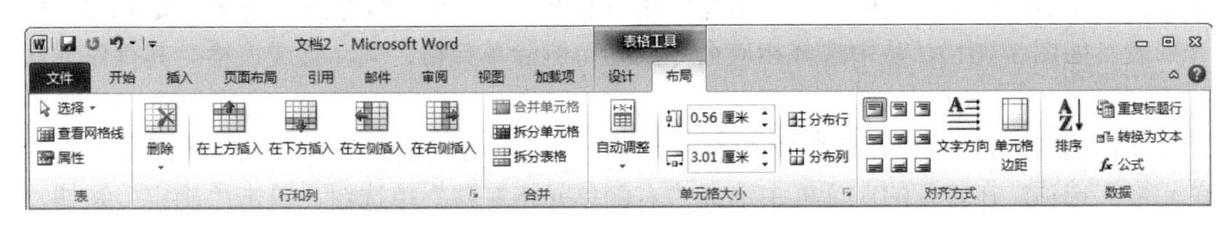

图 3-98　“表格工具　布局”选项卡

1. 选择单元格、行、列和表格

对表格的单元格、行、列、整个表格或表格内容进行编辑操作时，一般都需要先选中要操作的对象。

（1）选中单个单元格（行）：将鼠标指针移到单元格左下角，待鼠标指针变成形状后，单击鼠标可选中该单元格；双击则选中该单元格所在的一整行。

（2）选择多个相邻的单元格：单击要选择的第一个单元格，将鼠标指针移至要选择的最后一个单元格，按下【Shift】键的同时单击鼠标左键。

（3）选中一整列：将鼠标指针移到该列顶端，待鼠标指针变成形状后，单击鼠标。

（4）选中多个不相邻单元格：按住【Ctrl】键的同时，依次选择要选取的单元格。

（5）选中整个表格：单击表格左上角的“表格位置控制点”按钮。

2. 插入行、列或单元格

当需要向已有的表格中添加新的记录或数据时，就需要向表格中插入行、列或单元格。

（1）要插入行或列，可将插入符置于要添加行或列位置邻近的单元格中。单击“表格工具　布局”选项卡上“行和列”组中的“在上方插入”按钮或“在下方插入”按钮，可在插入符所在行的上方或下方插入空白行，如图 3-99 所示。

（2）若单击“在左侧插入”按钮或“在右侧插入”按钮，可在插入符所在列的左侧或右侧插入一空白列。

（3）要插入单元格，可先确定插入符，然后单击“行和列”组右下角的对话框启动器按钮，打开“插入单元格”对话框，如图 3-100 所示。

（4）在对话框中选择一种插入方式，如“活动单元格右移”，单击“确定”按钮，即可在插入符所在单元格左侧插入一个空白单元格，新单元格右侧的所有单元格右移。

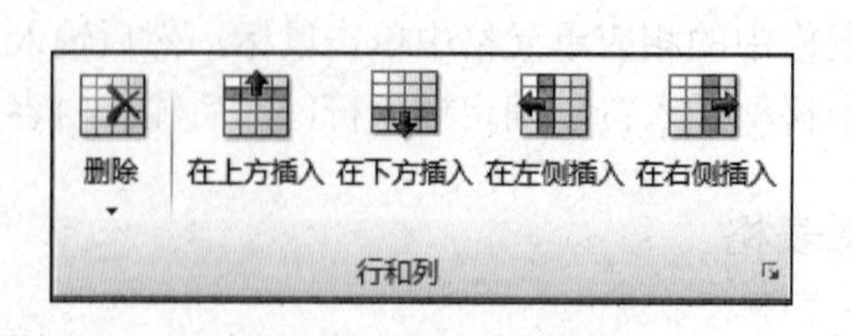

图 3-99　定位插入符

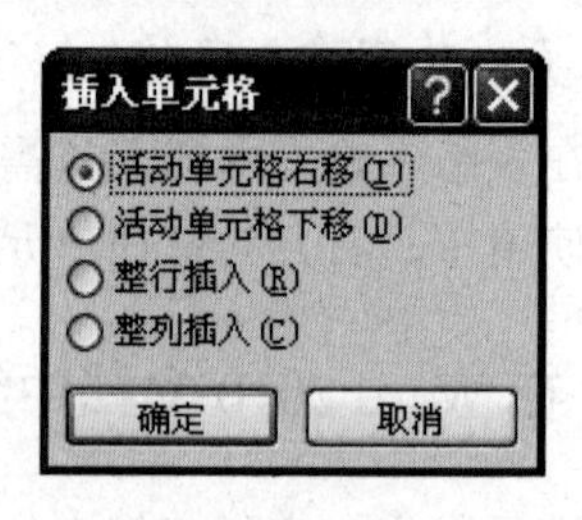

图 3-100　插入单元格

3. 删除单元格、列、行或表格

要删除单元格、列、行或表格，可将插入定位在相应单元格中，或选择好单元格区域、列或行，然后再单击“表格工具　布局”选项卡上“行和列”组中的“删除”按钮，展开列表（如图 3-101），从中选择相应命令，即可删除单元格、列、行或表格。其操作方法如下。

（1）将插入符定位在前面插入的单元格中，然后在“删除”下拉列表中选择“删除单元格”选项，在打开的对话框中选择“右侧单元格左移”单选钮，单击“确定”按钮，可将该单元格删除，同时右侧单元格左移，如图 3-102 所示。

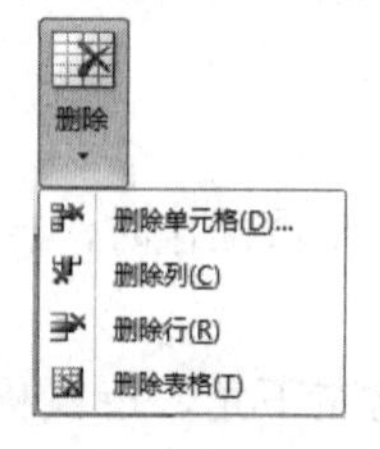

图 3-101　“删除”列表

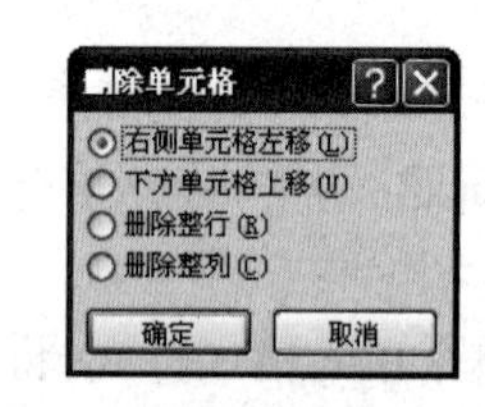

图 3-102　删除前面插入的单元格

删除单元格后，如果出现某些单元格列线没有对齐的情况，可将鼠标指针移至该列线处，然后按住鼠标左键并拖动进行调整；使用同样的方法调整其他没有对齐的单元格列线。

（2）分别将插入符置于前面插入的空行和空列的任意单元格中，在“删除”列表中选择“删除行”和“删除列”选项，将它们删除。

4. 合并与拆分单元格或表格

制作复杂表格时，有可能会将多个单元格合并成一个单元格，或将选中的单元格拆分成等宽的多个小单元格，还可将表格进行拆分，如图 3-103 所示。

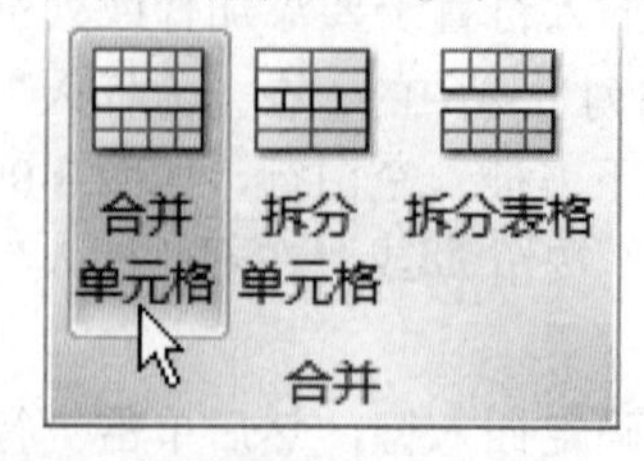

图 3-103　合并与拆分单元格或表格

（1）合并单元格。要合并单元格，可选中要合并的两个或多个单元格示，然后单击

“表格工具　布局”选项卡上“合并”组中的“合并单元格”按钮合并单元格。可使用同样的方法将该表格最后一行单元格合并。

（2）拆分单元格。要拆分单元格，可选中要拆分的多个单元格，或将插入符置于要拆分的单元格中，然后单击“合并”组中的“拆分单元格”按钮，在打开的“拆分单元格”对话框中设置要拆分成的行、列数，单击“确定”按钮即可。

（3）拆分表格。若需要将一个表格拆分成两个表格，可将插入符置于要拆分为第二个表格的首行的任意单元格中，然后单击“合并”组中的“拆分表格”按钮拆分表格即可。

5. 调整行高与列宽

在使用表格时，经常需要根据表格中的内容调整表格的行高和列宽。调整行高和列宽的方法主要有两种：一种是用鼠标拖拽；另一种是利用“单元格大小”组进行精确设置。

（1）使用鼠标拖拽。要调整列宽，可将鼠标指针置于要调整列宽的列线上，此时鼠标指针变为“+||+”形状，按住鼠标左键向右或左拖动，在合适的位置释放鼠标左键即可。

要调整行高，可将鼠标指针置于要调整行高的行边线上，此时鼠标指针变为“÷”形状，按住鼠标左键向下或向上拖动，在合适的位置释放鼠标左键即可。

（2）利用“单元格大小”组。要精确调整行高和列宽值，可在表格的任意单元格中单击或选中要调整的多行或多列，然后在“表格工具 布局”选项卡上“单元格大小”组的“高度”或“宽度”编辑框中输入数值并按【Enter】键。

6. 调整表格中文字的对齐方式

默认情况下，单元格内文本的水平对齐方式为两端对齐，垂直对齐方式为顶端对齐。要调整单元格中文字的对齐方式，可首先选中单元格、行、列或表格，然后单击“表格工具　布局”选项卡上“对齐方式”组中的相应按钮，如图 3-104 所示。

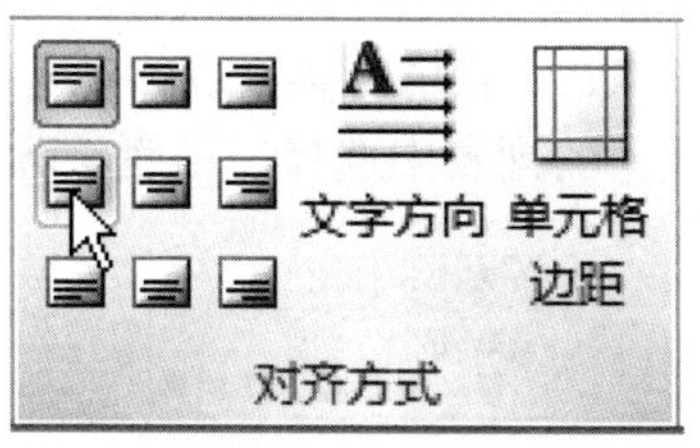

图 3-104　表格中文字的对齐方式

7. 设置表格边框

默认情况下，创建的表格边线是黑色的单实线，无填充色。除了可以利用表样式快速美化表格外，还可自行为选择的单元格或表格设置不同的边线和填充风格。

（1）选中要添加边框的表格或单元格，这里选中整个表格。分别单击“表格工具　设计”选项卡“绘图边框”组中的“笔样式”“笔画粗细”和“笔颜色”下拉列表框右侧的三角按钮，从弹出的列表中选择边框的样式、粗细和颜色，如图 3-105（a）所示。

（2）单击“表格样式”组“边框”按钮右侧的三角按钮，在展开的列表中选择要设置的边框，如“外侧框线”，为所选单元格区域添加外边框，如图 3-105（b）所示。

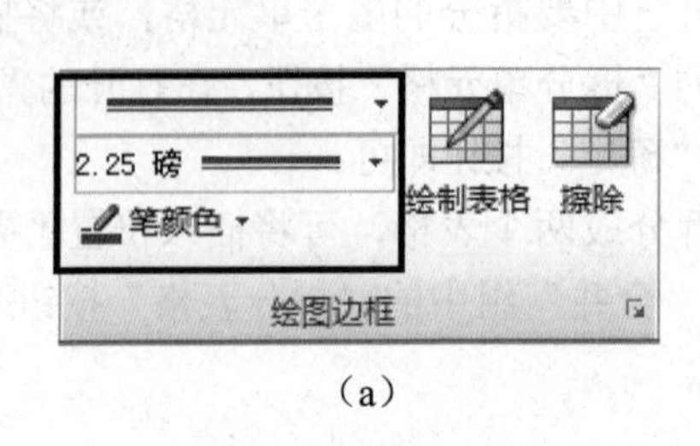

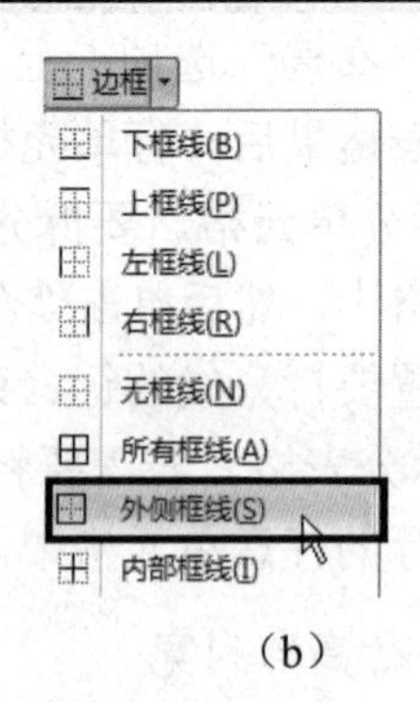

（a）　　　　　　　　　　（b）

图 3-105　为表格添加外边框

（3）保持表格的选中状态，在“笔样式”“笔画粗细”和“笔颜色”下拉列表框重新选择边框样式和粗细（图 3-106），然后在“边框”下拉列表中选择“内部框线”，为所选单元格区域添加内边框，完成边框的设置。

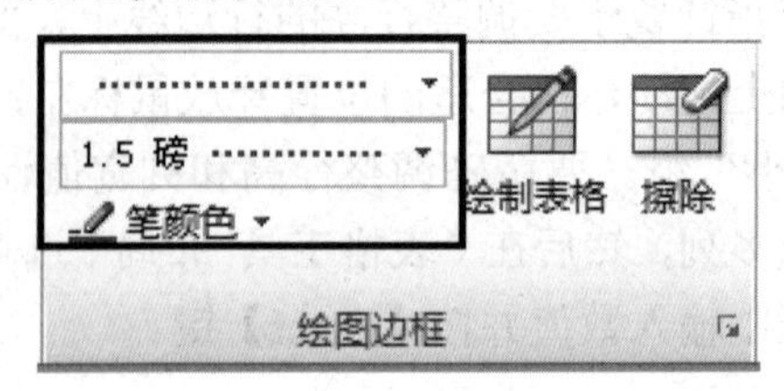

图 3-106　为表格添加内边框

8. 设置底纹

为强调某些单元格中的内容，可为该单元格设置底纹。

选中要添加底纹的单元格；单击“表格工具　设计”选项卡上“表格样式”组中的“底纹”按钮右侧的三角按钮，在展开的列表中选择一种底纹颜色，如橙色，如图 3-107 所示。

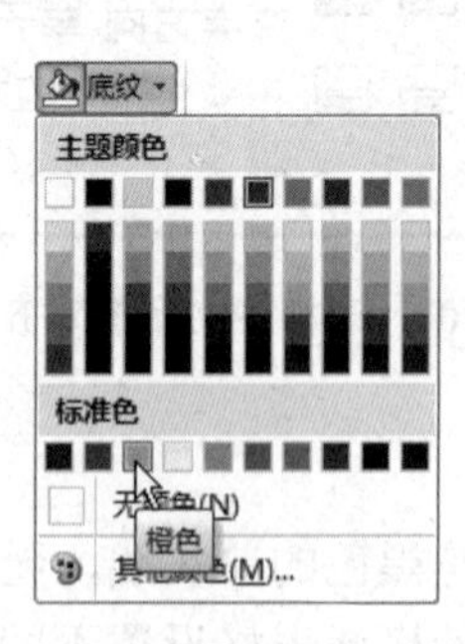

图 3-107　为单元格添加底纹

9. 为表格中的数据排序

在 Word 2010 中，可以按照递增或递减的顺序将表格内容按笔画、数字、拼音或日期等进行排序，具体操作如下。

（1）将插入符置于表格任意单元格中，然后单击“表格工具　布局”选项卡上“数据”组中的“排序”按钮（图 3-108），打开“排序”对话框。

（2）在“排序”对话框的“主要关键字”下拉列表中选择排序依据（即参与排序的列），如“1 月”所在列，然后在其右侧选择排序方式，如“降序”（图 3-109）。单击“确定”按钮，即可为表格中的数据排序。

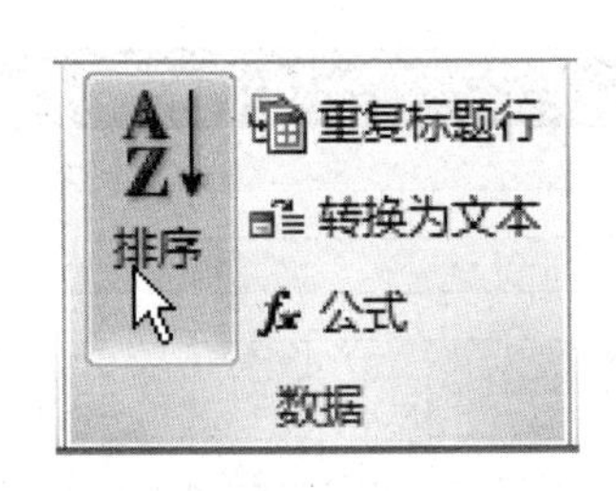

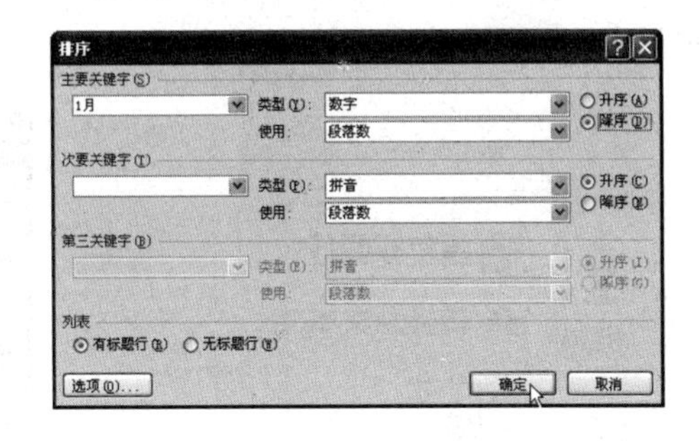

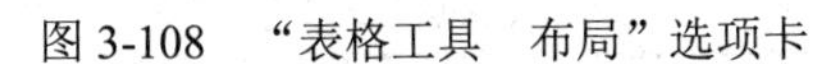

图 3-108　“表格工具　布局”选项卡　　　图 3-109　设置排序选项得到排序结果

10. 在表格中进行计算

在表格中，可以通过输入带有加、减、乘、除（+、-、*、/）等运算符的公式进行计算，也可以使用 Word 2010 附带的函数进行较为复杂的计算。表格中的计算都是以单元格或区域为单位进行的，为了方便在单元格之间进行运算，Word 2010 中用英文字母“A，B，C……”从左至右表示列，用正整数“1，2，3……”自上而下表示行，每一个单元格的名字则由它所在的行和列的编号组合而成的，如图 3-1 所示。

表 3-1　单元格名称

A1	B1	C1	D1
A2	B2	C2	D2
A3	B3	C3	D3
A4	B4	C4	D4

下面列举了几个典型的利用单元格参数表示一个单元格、一个单元格区域或一整行（一整列）的方法。

A1：表示位于第一列、第一行的单元格。

A1:B3：表示由 A1、A2、A3、B1、B2、B3 六个单元格组成的矩形区域。

A1，B3：表示 A1、B3 两个单元格。

1:1：表示整个第一行。

E:E：表示整个第五列。

SUM（A1:A4）：表示求 A1+A2+A3+A4 的值。

Average（1:1，2:2）：表示求第一行与第二行的和的平均值。

（1）应用公式进行计算。通常情况下，当需要进行计算的数据量很大时，是使用专业处理软件 Excel 来处理的。但是 Word 2010 也提供了对表格中数据进行一些简单运算的功能。

①插入符置于要放置计算结果的单元格中，单击“表格工具　布局”选项卡上“数据”

组中的“公式”按钮f_x，如图 3-110 所示。

②打开“公式”对话框，此时在“公式”编辑框中已经显示出了所需的公式，该公式表示对插入符所在位置上方的所有单元格数据求和，单击“确定”按钮即可得出计算结果，如图 3-111 所示。

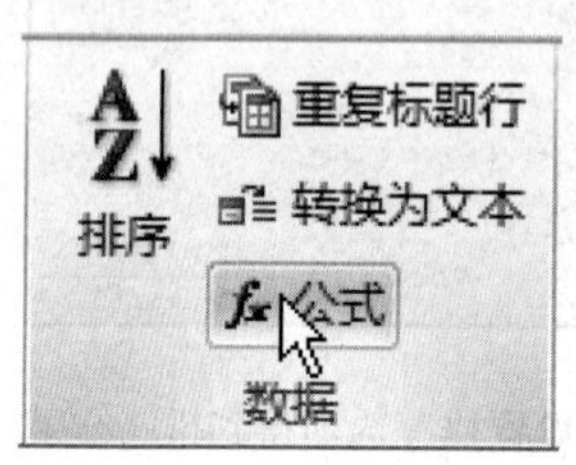

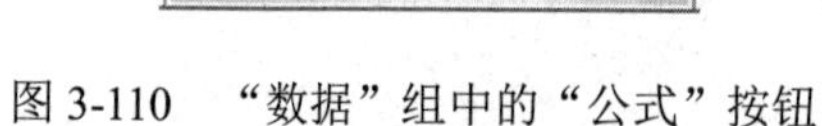
图 3-110 “数据”组中的“公式”按钮

图 3-111 利用公式计算单元格的值

（2）计算结果的更新。由于表格中的运算结果是以域的形式插入到表格中的，所以当参与运算的单元格数据发生变化时，公式也可以快速更新计算结果，用户只需将插入符放置在运算结果的单元格中，并单击运算结果，然后按【F9】键即可。

在 Word 2010 公式中，提供的参数除了 ABOVE 外，还有 RIGHT 和 LEFT。RIGHT 表示计算插入符右侧所有单元格数值的和；LEFT 表示计算插入符左侧所有单元格数值的和。

若要对数据进行其他运算，可删除“公式”编辑框中“=”以外的内容，然后从“粘贴函数”下拉列表框中选择所需的函数，如“AVERAGE”（表示求平均值的函数），最后在函数右侧的括号内输入要运算的参数值。例如，输入“=AVERAGE（A1:A4)”，表示计算 A1 至 A4 单元格区域数据的平均值；输入“=AVERAGE（RIGHT)”，表示计算插入符右侧所有单元格数值的平均值。

在删除“公式”编辑框中“=”以外的内容后，也可以直接输入要参与计算的单元格名称和运算符进行计算。例如，输入“= A1*A4+B5”，表示计算 A1 乘 A4 单元格，再加 B5 单元格的值。

11. 文本和表格之间的相互转换

（1）表格转换成文本。在 Word 2010 中，用户可以将表格中的文本转换为由逗号、制表符或其他指定字符分隔的普通文字。要将表格转换成文本，只需在表格中的任意单元格中单击，然后单击“表格工具 布局”选项卡上“数据”组中的“转换为文本”按钮，打开“表格转换成文本”对话框，在其中选择一种文字分隔符，单击“确定”按钮即可。

（2）文本转换为表格。在 Word 2010 中，可以将用段落标记、逗号、制表符或其他特定字符隔开的文本转换成表格。要将文本转换为表格，具体操作步骤如下：

①选中要转换成表格的文本，单击“插入”选项卡上的“表格”按钮，在展开的列表中选择“文本转换成表格”项，如图 3-112 所示。

②在打开的“将文字转换成表格”对话框中选择分隔符，然后单击“确定”按钮，即可将所选文本转换成表格，如图 3-113 所示。

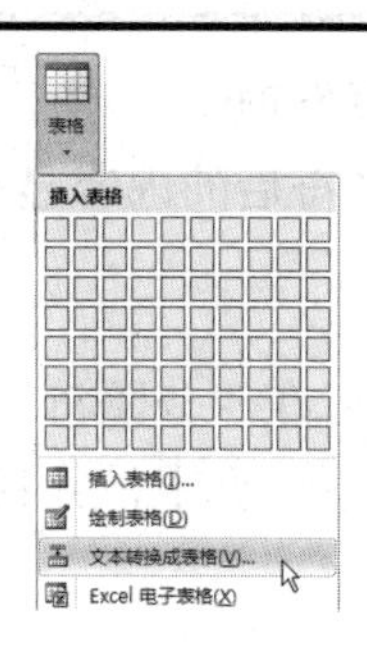

图 3-112　选择“文本转换成表格”项

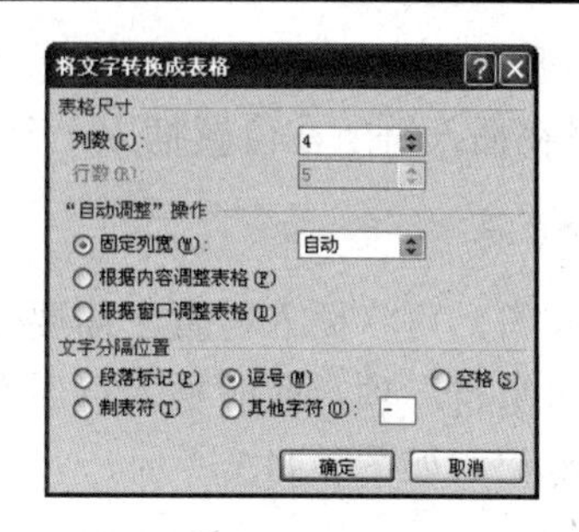

图 3-113　将文本转换成表格

3.6　Word 2010 文档高级编排

Word 2010 除掉前面的功能外，还有一些高级编排方法，如为文档分页、分节，添加页眉和页脚，使用样式编排文档以及为文档添加批注，修订文档等。

3.6.1　设置分隔符

Word 的分隔符包括分节符和分页符。通过为文档分页和分节，可以灵活安排文档内容。节是文档格式化的最大单位，只有在不同的节中，才可以对同一文档中的不同部分进行不同的页面设置，如设置不同的页眉、页脚、页边距、文字方向或分栏版式等格式。

此外，通常情况下，用户在编辑文档时，系统会自动分页。如果要对文档进行强制分页，可通过插入分页符实现。

1. 插入分节符

（1）将插入符置于需要分节的位置，然后在“页面布局”选项卡中单击“页面设置”组中的“分隔符”按钮。如图 3-114 所示。

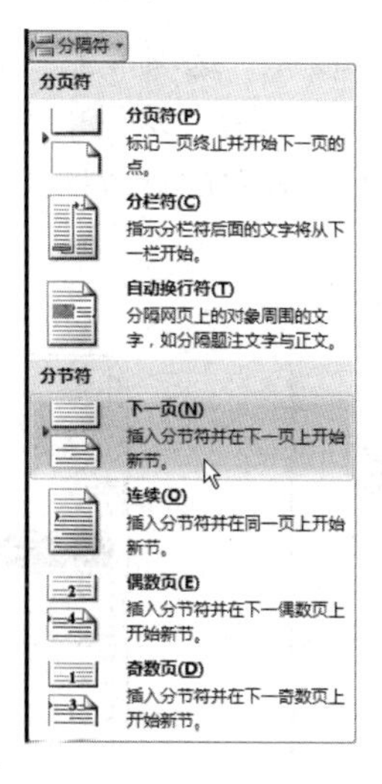

图 3-114　插入分节符

（2）在展开的列表中选择“分节符”组中的“下一页”项。

（3）此时在插入符所在位置插入一分节符，并将分节符后的内容显示在下一页中。

2. 插入分页符

要插入分页符，可将插入符置于需要分页的位置，然后在“分隔符”列表中选择“分符”组中的“分页符”项，此时插入符后面的内容显示在下一页中，并且在分页处显示一个虚线分页符标记。如图 3-115 所示。

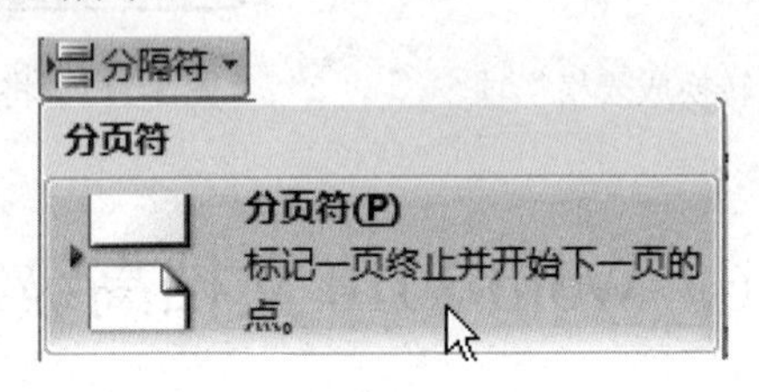

图 3-115　插入分页符

3.6.2　编辑页眉、页脚和页码

1. 添加页眉、页脚和页码

页眉和页脚分别位于页面的顶部和底部，常用来插入页码、时间和日期、作者姓名或公司徽标等内容。

（1）单击“插入”选项卡上“页眉和页脚”组中的“页眉”按钮，在展开的列表中选择页眉样式，如选择“字母表型”，如图 3-116 所示。

（2）进入页眉和页脚编辑状态，并在页眉区显示选择的页眉，同时功能区显示“页眉和页脚工具　设计”选项卡。

（3）单击“标题”标签，然后输入要设置的页眉名称，如文档名称，再利用“开始”选项卡的“字体”组设置文本的字号。

（4）单击“页眉和页脚工具　设计”选项卡上“导航”组中的“转至页脚”按钮转至页脚处，然后可任意输入和设置页脚内容。这里单击“页眉和页脚”组中的“页脚”按钮，从弹出下拉列表中为页脚选择系统内置的页脚样式，如“堆积型”，然后在“公司”编辑框中输入文字，如图 3-117 所示。

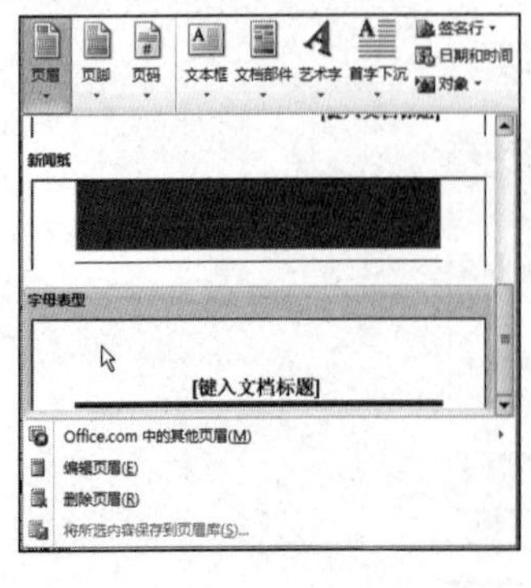

图 3-116　页眉和页脚编辑状态

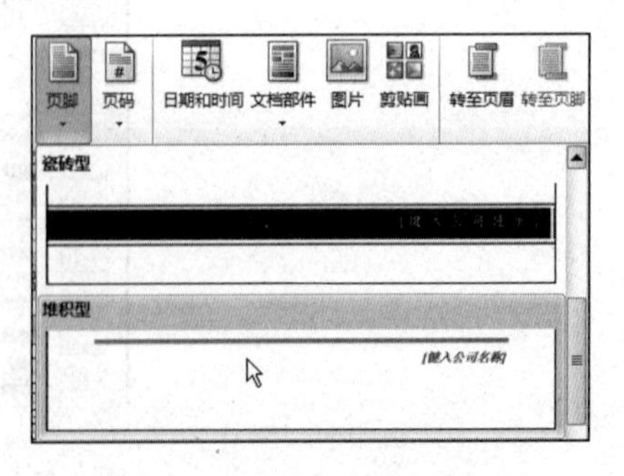

图 3-117　输入页脚文本

（5）选择系统内置的某些页脚样式时，会自动添加页码。如果没有添加，也可将插入点置于要添加页码的位置，然后单击“页眉和页脚”组中的“页码”按钮；从弹出下拉列表中选择添加页码的位置，如“当前位置”，再选择页码类型，如“普通数字”（图 3-118）。此时，系统将从文档的第 1 页开始，自动为文档编排页码。

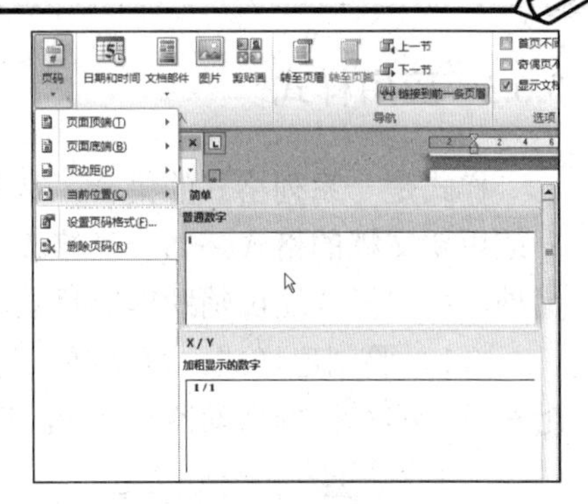

图 3-118 添加页码

（6）单击“页眉和页脚工具 设计”选项卡上“关闭”组中的“关闭页眉和页脚”按钮，退出页眉和页脚编辑状态，查看页眉和页脚设置效果。

2. 修改与删除页眉和页脚

要修改页眉和页脚内容，只需在页眉或页脚位置双击鼠标进入页眉和页脚编辑状态，此时可参考修改正文的方法修改页眉或页脚。要更改系统内置的页眉或页脚样式，可在“页眉和页脚工具 设计”选项卡的“页眉和页脚”组中重新选择一种样式。

3. 设置首页不同或奇偶页不同的页眉和页脚

使用 Word 2010 编排长文档（1 节或多节）时，每节的首页通常不要页眉和页脚，并且奇数页和偶数页的页眉和页脚内容和位置有时候也不相同。例如，在编排双面打印或印刷的文档时，通常将偶数页的页眉和页脚居中或靠左显示，而奇数页的页眉和页脚居中或靠右显示。

（1）双击首页页眉区进入页眉和页脚编辑状态，单击“页眉和页脚工具 设计”选项卡上“导航”组中的“下一节”按钮，转到第 2 节，然后选中“选项”组中的“首页不同”和“奇偶页不同”复选框。

（2）在该节的首页、奇数页和偶数页的页眉和页脚分别以不同的文字标识，并且首页和偶数的页眉和页脚将自动清除。分别为偶数页和奇数页设置不同的页眉和页脚，并修改相关的页眉线，使所有页眉线保持一致。

（3）页眉和页脚”组的“页码”列表中，择“设置页码格式”选项，然后在打开的对话框中选择“起始页码”单选钮，并在其后的编辑框中输入 1（图 3-119）。确定后退出页眉和页脚编辑状态即可。

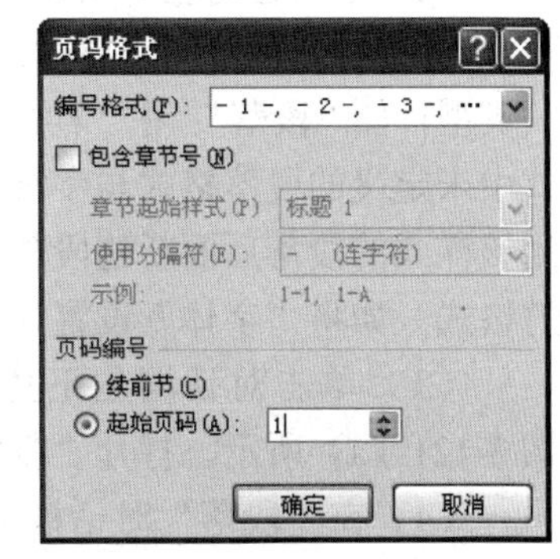

图 3-119 “页码格式”对话框

①编号样式：在此下拉列表中选择一种页码格式。

②包含章节：表示在页码格式中包含章节号，但章、节标题必须使用样式。

③续前节：如果文档被分成了若干节，选中“续前节”单选钮，可以将所有节的页码设置成彼此连续的页码。

④起始页码：选中此单选钮，则在本节中重新设置起始页码，然后在其右侧编辑框中输入起始页码。

3.6.3 应用样式

样式是一系列格式的集合，是 Word 2010 中最强有力的工具之一，使用它可以快速统一或更新文档的格式。如一旦修改了某个样式，所有应用该样式的内容格式会自动更新。另外，利用样式还可辅助提取目录。

（1）要创建样式，可将插入符置于要应用该样式的任一段落中，然后单击“样式”组右下角的对话框启动器按钮，打开“样式”任务窗格，如图 3-120（a）所示。

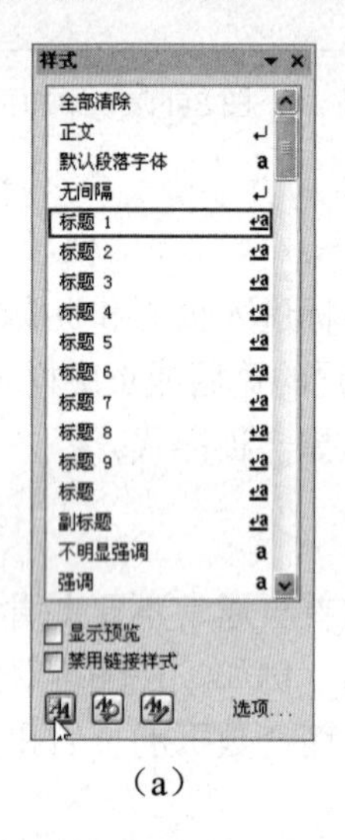

（a）

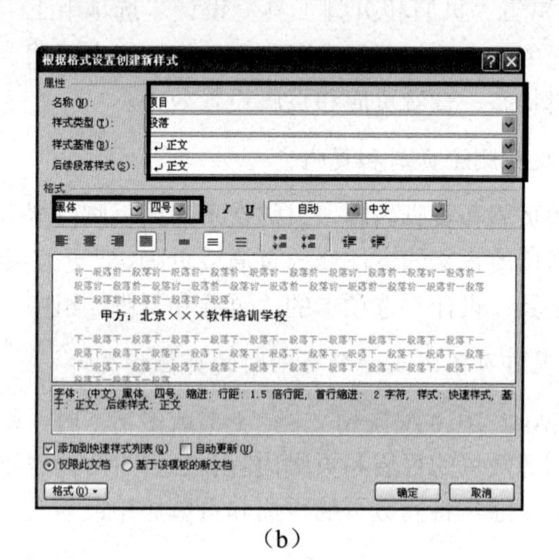

（b）

图 3-120 “样式”任务窗格和“根据格式设置创建新样式”对话框

（2）单击窗格左下角的“新建样式”按钮，打开“根据格式设置创建新样式”对话框，在“名称”编辑框中输入新样式名称，如“项目”；在“样式类型”下拉列表中选择样式类型，如“段落”；在“样式基准”下拉列表中选择一个作为创建基准的样式，表示新样式中未定义的段落格式与字符格式均与其相同；在“后续段落样式”下拉列表框中设置应用该样式的段落后面新建段落的缺省样式，如“正文”；在“格式”设置区中设置样式的字符格式，如将“字体”设置为“黑体”，字号设置为“四号”，如图 3-120（b）所示。

（3）单击对话框左下角的“格式”按钮，在展开的列表中选择“段落”项，如图 3-121（a）所示，打开“段落”对话框。

（4）在“段落”对话框中设置样式的段落格式。例如，将段前和段后间距都设置为“0.5 行”，如图 3-121（b）所示。

（5）单击“确定”按钮，返回“根据格式设置创建新样式”对话框，在该对话框的预览框中可以看到新建样式的效果，其下方列出了该样式所包含的格式。

（6）单击“确定”按钮关闭“根据格式设置创建新样式”对话框，此时在“样式”任务窗格和“样式”组中都将显示新创建的样式“项目”。

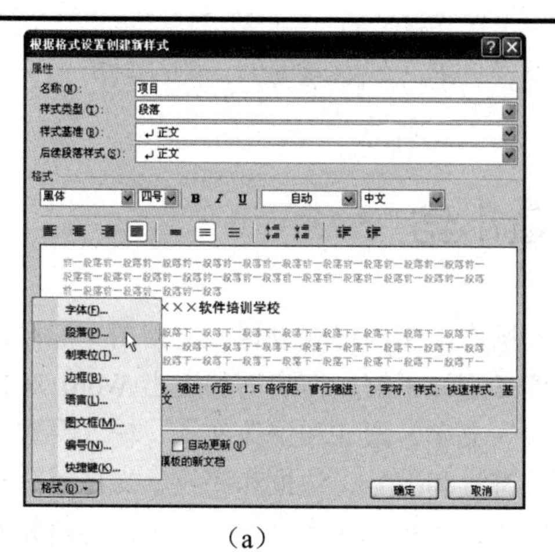

(a)

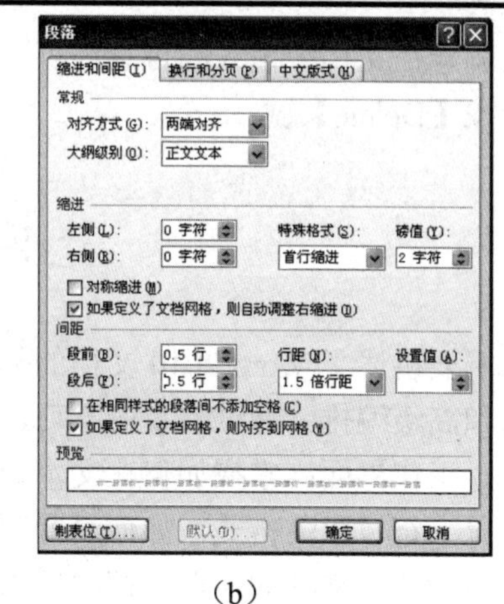

(b)

图 3-121 设置样式的段落格式

3.6.4 编制目录

Word 具有自动创建目录的功能，但在创建目录之前，需要先为要提取为目录的标题设置标题级别（不能设置为正文级别），并且为文档添加了页码。在 Word 2010 中，主要有以下三种设置标题级别的方法。

（1）利用大纲视图设置。

（2）应用系统内置的标题样式。

（3）在“段落”对话框的“大纲级别”下拉列表中选择。

在 Word 2010 中，创建目录的操作如下。

（1）将插入符置于文档中要放置目录的位置，此处为文档的末尾示。

（2）单击“引用”选项卡上“目录”组中的“目录”按钮，在展开的列表中选择一种目录样式，如“自动目录 1”示。Word 将搜索整个文档中 3 级标题及以上的标题，以及标题所在的页码，并把它们编制成为目录示。

（3）若单击目录样式列表底部的“插入目录”选项，可打开“目录”对话框（图 3-122），在其中可自定义目录的样式。

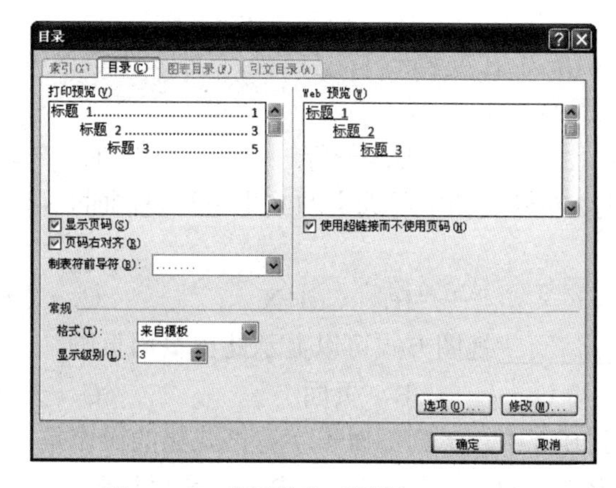

图 3-122 “目录”对话框

若要删除在文档中插入的目录，可单击“目录”列表底部的“删除目录”项，或者选中目录后按【Delete】键。

本章小结

本章主要讲述了 Word 2010 文档的基本操作、文档格式设置、文档图文混排、文档中表格应用和高级编排。通过本章的学习，读者应该了解如何启动和退出 Word 2010，了解 Word 2010 工作界面；掌握如何在文本中输入文字、增加和修改文本、输入特殊符号；理解如何设置字符、段落格式，如何设置项目符号和编号、边框和底纹、文档的分栏、中文版式、页面设置；掌握如何在文档中插入图片、图形、文本框、艺术字；清楚如何创建和编辑表格，设置分隔符、页眉、页脚、页码，以及如何应用样式和编制目录。

习题 3

1．填空题

（1）在 Word 2010 中，__________主要用于帮助用户对文档进行文字编辑和格式设置，是用户常用的功能区。

（2）在 Word 2010 中，可以通过__________来查看多页显示的内容。

（3）在 Word 2010 中，__________可以直观的显示出文档的总页数和字数。

（4）在 Word 2010 中，新建的文档进行保存时，默认的保存格式是__________。

（5）选定整个的 Word 文档最快捷的方法是按快捷键__________。

（6）在 Word 2010 中输入汉字时，段落标记是在输入__________键之后产生的。

（7）Word 文档中，为段落设置间距时，段前间距是指__________。

（8）对于较长的文档，可以在文档中插入__________，类似文章的纲要，方便用户查阅。

2．选择题

（1）Word 2010 中在文档行首空白处（文本选定区）双击鼠标左键，结果会选择__________。

A．一句话　　B．一行　　C．一段　　D．文档的全文

（2）用户要将 Word 文档中所选定的文本进行复制时，可以使用快捷键________来完成此功能。

A．Ctrl+A　　B．Ctrl+X　　C．Ctrl+C　　D．Ctrl+V

（3）只有以________视图方式可以显示此出页眉页脚。

A．普通　　B．页面　　C．大纲　　D．全屏幕

（4）在 Word 2010 中，下列不属于字符格式化的操作是________。

A．设置字体为斜体　　B．设置页边距

C．设置字体颜色　　D．设置字体带下划线

（5）“页面设置”对话框中，不能进行________设置。

A．页边距　　B．纸张大小

C．自定义纸张大小　　D．段前段后间距

（6）在 Word 文档中，文本框________。

A．不能与文字进行混排　　B．可以进行旋转

C．可以浮于文字上方表示　　D．随着框内文本内容的增多而增大

（7）在 Word 2010 中，对图片不能________。

A．添加边框　　B．裁剪　　C．添加文字　　D．添加底纹

（8）在 Word 2010 中，对表格可以进行的操作部包括________。

A．编辑表格　　B．格式化表格　　C．创建表格　　D．表格转换成图片

（9）在 Word 2010 中，进行表格单元合并之前，可以先______单元格然后再进行操作。

A．复制　　B．选定　　C．删除　　D．剪切

（10）在 Word 2010 中，进行样式设置时，通常不包含________。

A．表格样式　　B．段落样式　　C．字符样式　　D．图表样式

3. 判断题

（1）在查找和替换字符串中，可以区分大小写，但目前不能区分全角半角。（　　）

（2）在 Word 2010 中改变字符的间距，可将欲改变的字符选中，在“段落”对话框中的“间距”框中选择“加宽”或“紧缩”操作。（　　）

（3）Word 2010 中设置段落的缩进方式时，首行缩进只能设置为缩进两个字符。（　　）

（4）中文 Word 2010 文档可以设置密码。（　　）

（5）“开始”选项卡中的“剪切”和“复制”都能将选定的内容放到“剪切板”上，所以它们的功能是完全相同的。（　　）

（6）为 Word 2010 文档中不同的的段落添加项目符号时，如果调整了段落之间的顺序，则编号顺序也相应地发生变化。（　　）

（7）Word 2010 文档中不能进行图文混排。（　　）

（8）Word 2010 具有“所见即所得”的功能，即可以在打印机上以不同的字体和字号输出文档，也能在屏幕上显示出字形特征。（　　）

4. 简答题

（1）如何设置项目符号？

（2）如何设置文档的段落格式？

（3）如何移动已插入到文档中艺术字？

（4）如何合并和拆分单元格？

（5）如何给文档添加页眉页脚？

第 4 章　表格处理软件 Excel 2010

【本章概览】

Excel 2010 是一款出色的电子表格处理软件，可以对电子数据进行处理和管理，还可以利用公式对数据进行复杂运算，并生成各种图表。Excel 的任务窗格能够支持用户联机访问帮助信息。工作簿是 Excel 的数据文件，一个工作簿中最多可以容纳 255 个工作表，工作表是 Excel 2010 的主界面。

【本章目标】

- 了解工作簿、工作表和单元格，以及输入数据的方法。
- 掌握如何插入、删除、移动、复制、拆分和冻结工作表，及设置单元格格式。
- 理解如何使用 Excel 2010 的公式和函数。
- 掌握如何使用数据排序、数据筛选和分类汇总。

4.1　Excel 2010 基本知识

4.1.1　工作簿、工作表和单元格

Excel 2010 的工作界面与 Word 2010 大同小异（图 4-1），其大部分组成与 Word 2010 相似。

（1）工作簿：Excel 2010 中用于储存数据的文件就是工作簿，其扩展名为“.xlsx”，启动 Excel 2010 后系统会自动生成一个工作簿。

（2）工作表：是显示在工作簿中由单元格、行号、列标以及工作表标签组成的表格。行号显示在工作表的左侧，依次用数字 1、2，…，1048576 表示；列标显示在工作表上方，依次用字母 A、B，…，XFD 表示。默认情况下，一个工作簿包括 3 个工作表，用户可根据实际需要添加或删除工作表。

（3）编辑栏：主要用于显示、输入和修改活动单元格中的数据。在工作表的某个单元格输入数据时，编辑栏会同步显示输入的内容。

（4）工作表标签：工作表是通过工作表标签来标识的，单击不同的工作表标签可在工作表之间进行切换。

（5）名称框：主要是用于指定当前选定的单元格、图表项或绘图对象。

（6）单元格与活动单元格：是电子表格中最小的组成单位。工作表编辑区中每一个长方形的小格就是一个单元格，每一个单元格都用其所在的单元格地址来标识，并显示在

名称框中，如 C3 单元格表示位于第 C 列第 3 行的单元格。工作表中被黑色边框包围的单元格被称为当前单元格或活动单元格，用户只能对活动单元格进行操作。

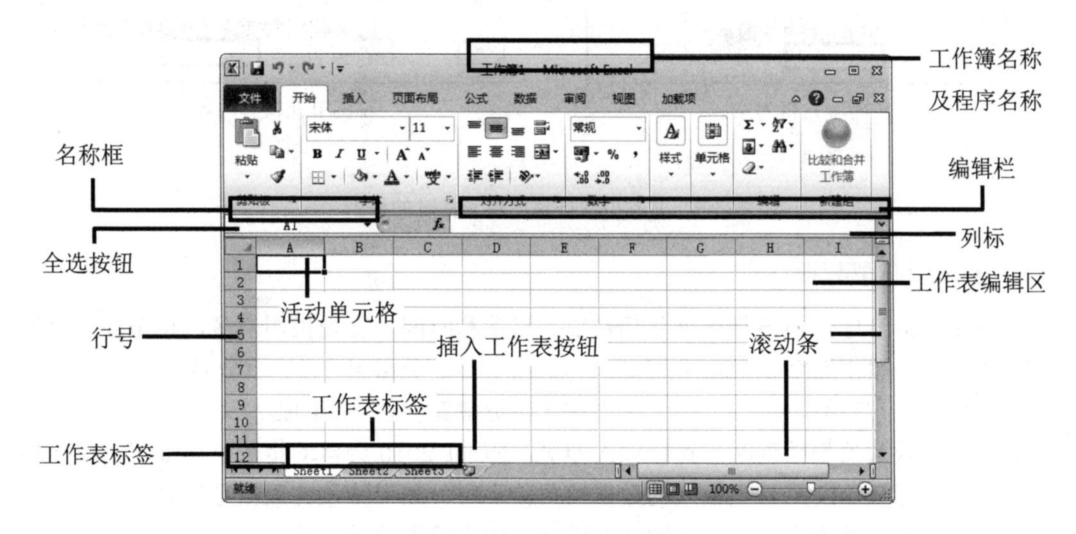

图 4-1　Excel 2010 工作界面

4.1.2　输入数据的基本方法

在 Excel 2010 中，数据分为文本型数据和数值型数据两大类。文本型数据主要用于描述事物，而数值型数据主要用于数学运算。它们的输入方法和格式各不相同。

1．输入文本型数据

文本型数据是指由汉字、英文或数字组成的文本串，如“季度 1”“AK47”等都属于文本型数据。单击要输入文本的单元格，然后直接输入文本内容，输入的内容会同时显示在编辑栏中，也可单击单元格后在编辑栏中输入数据。

（1）单击要输入文本的单元格，然后直接输入文本内容，输入的内容会同时显示在编辑栏中[图 4-2（a）]。也可单击单元格后在编辑栏中输入数据。

（2）输入完毕，按【Enter】键或单击编辑栏中的“输入”按钮确认输入，结果如图 4-2（b）所示。

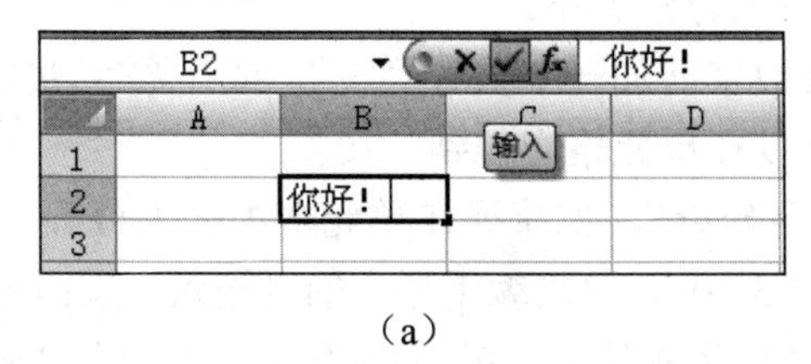

（a）

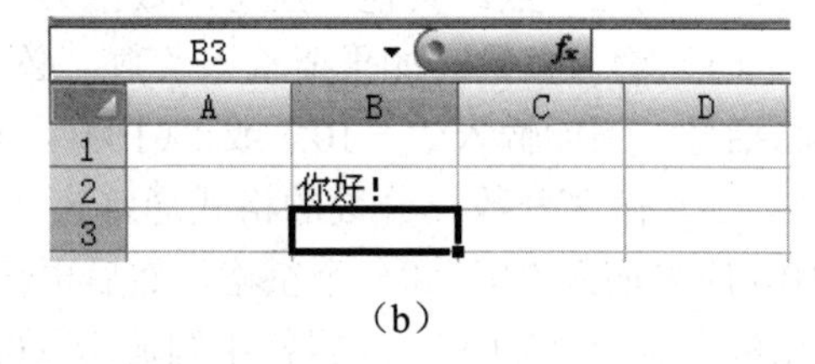

（b）

图 4-2　输入文本型数据

（3）当输入的文本型数据的长度超出单元格的长度时，如果当前单元格右侧的单元格为空，则文本型数据会扩展显示到其右侧的单元格中，如图 4-3（a）所示。

（4）如果当前单元格右侧的单元格中有内容，则超出部分会被隐藏[图 4-3（b）]。此时单击该单元格，可在编辑栏中查看其全部内容。

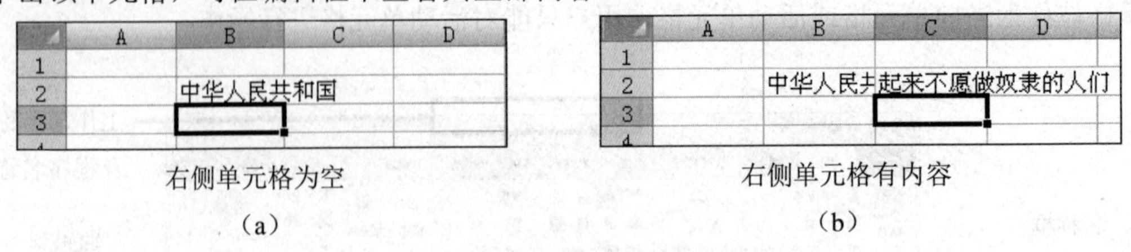

图 4-3　文本型数据超出单元格时的显示

2. 输入数值型数据

在 Excel 2010 中，数值型数据包括数值、日期和时间，它是使用最多，也是最为复杂的数据类型，一般由数字 0～9、正号、负号、小数点、分数号“/”、百分号“%”、指数符号“E”或“e”、货币符号“$”或“￥”和千位分隔符“,”等组成。

输入大多数数值型数据时，直接输入即可，Excel 2010 会自动将数值型数据沿单元格右侧对齐，如图 4-4 所示。当输入的数据位数较多时，如果输入的数据是整数，则数据会自动转换为科学计数表示方法，如图 4-5 所示。如果输入的是小数，在单元格能够完全显示，则不会进行任何调整；如果小数不能完全显示，系统会根据情况进行四舍五入调整，如图 4-6 所示。

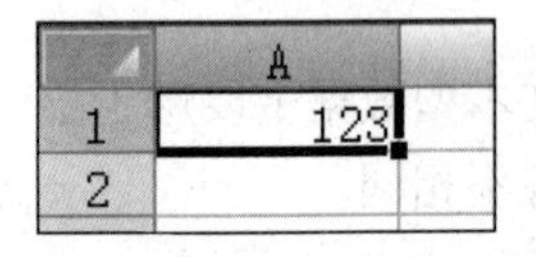

图 4-4　输入数值型数据

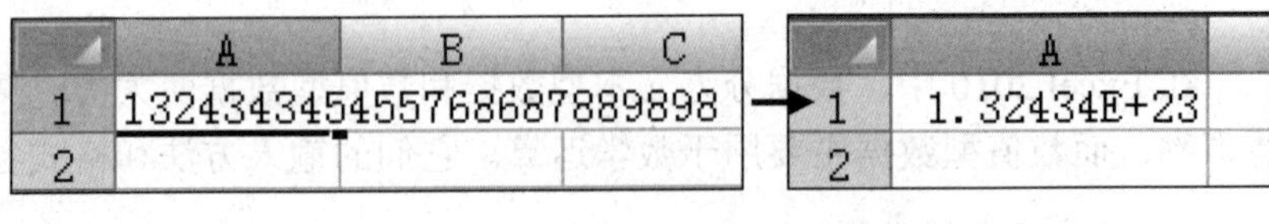

图 4-5　整数转换为科学计数表示

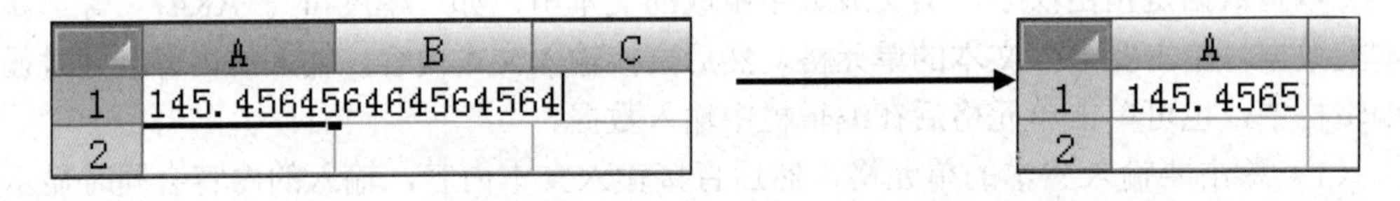

图 4-6　在单元格中显示不下的小数会被系统四舍五入

无论数据在单元格中如何显示，单元格中存储的依旧是用户输入的数据，通过编辑栏便可以看到这一点。其他一些特殊数据类型的输入方法如下：

（1）输入负数：如果要输入负数，必须在数字前加一个负号“－”，或在数字两端添加圆括号。例如输入“－10”或“(10)”，都可以在单元格中得到－10。

（2）输入分数：分数的格式通常为“分子/分母”，如果要在单元格中输入分数，如 3/10，应先输入“0”和一个空格，然后再输入“3/10”，单击编辑栏上的“输入”按钮✓后单元格中显示“3/10”，编辑栏中则显示“0.3”；如果不输入“0”直接输入“3/10”，Excel 会将该数据作为日期格式处理，显示为“3 月 10 日”。

（3）输入日期和时间：在 Excel 2010 中，可使用斜杠“/”或者“-”来分隔日期中的年、月、日部分。如输入“2014 年 1 月 8 日”，可在单元格中输入“2014/1/8”或者“2014-1-8”。如省略年份，则系统以当前的年份作为默认值，显示在编辑栏中。

4.1.3　页面与打印区域设置

打印工作表前通常还需要设置打印纸张大小、纸张方向和页边距，从而确定将工作表中的内容打印在什么规格的纸张上以及在纸张中的位置。此外，对于一些需要在每张打印纸上都标明的内容，如报表名称、公司名称和页码等，可通过设置页眉和页脚来实现；而通过为工作表设置打印区域，可以只打印工作表中需要打印的数据，避免资源的浪费。

1. 设置纸张大小、方向和页边距

在 Excel 2010 中，设置纸张大小、方向和页边距的方法与在 Word 2010 中的设置是相同的，都是利用“页面布局”选项卡上“页面设置”组中的相关按钮进行设置（图 4-7）；或单击“页面设置”组右下角的对话框启动器按钮，在打开的“页面设置”对话框中进行设置。

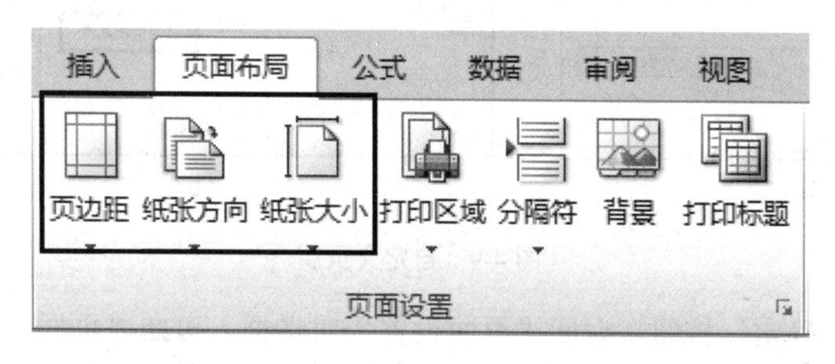

图 4-7　“页面布局”选项卡“页面设置”组

如在对话框的“页面”选项卡中将纸张大小设为“B5”，方向设为“横向”；在“页边距”选项卡中将上、下、左、右页边距均设为 2，居中方式设为“水平”和“垂直”，如图 4-8 所示。

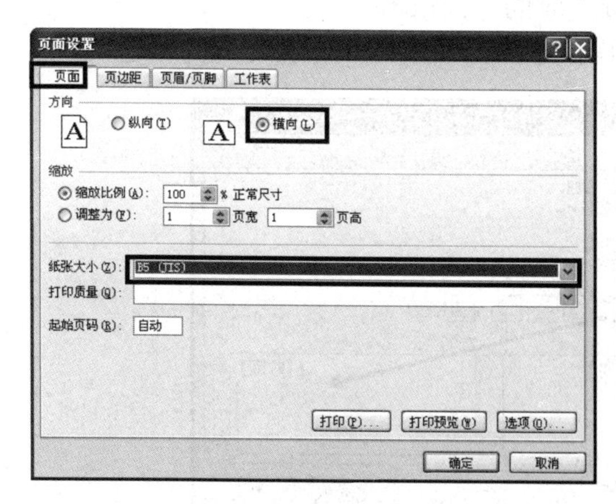

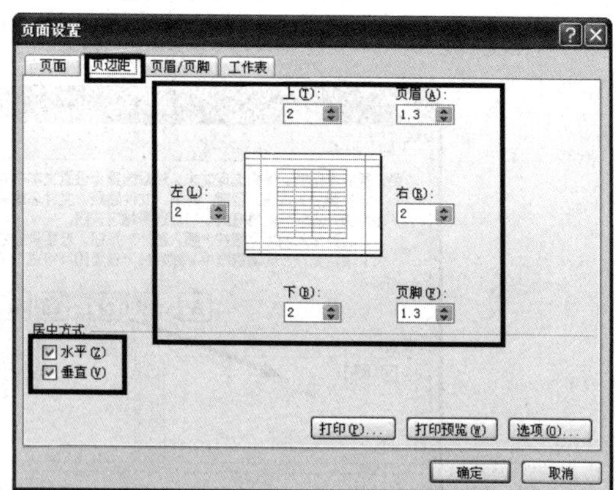

图 4-8　“页面设置”对话框

2. 设置页眉或页脚

页眉和页脚分别位于打印页的顶端和底端，通常用来打印表格名称、页号、作者名称或时间等。如果工作表有多页，为其设置页眉和页脚可方便用户查看。

用户可为工作表添加系统预定义的页眉或页脚，也可以添加自定义的页眉或页脚。要为工作表设置页眉和页脚，操作步骤如下。

（1）单击“页面布局”选项卡上“页面设置”组右下角的对话框启动器按钮，打开“页面设置”对话框，单击“页眉/页脚”选项卡标签，切换到该选项卡，在“页眉”下拉列表中可选择系统自带的页眉。

（2）若要自定义页眉，可单击“自定义页眉”按钮[图 4-9（a）]，打开“页眉”对话框，分别在“左”“中”“右”（表示插入页眉的位置）编辑框中输入页眉文本。此处在“中”编辑框中输入“商品促销折算表”，如图 4-9（b）所示。

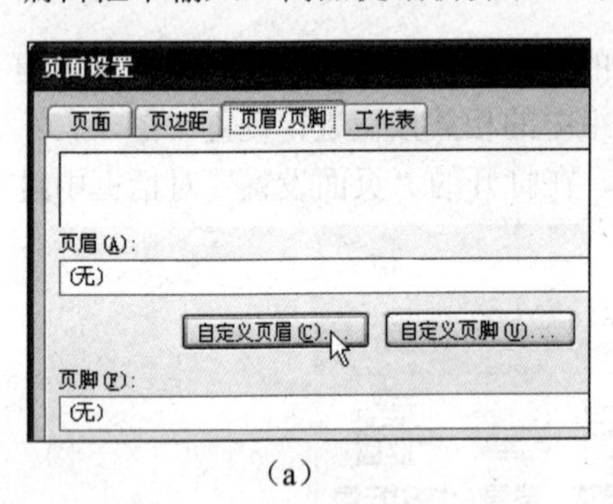

（a）

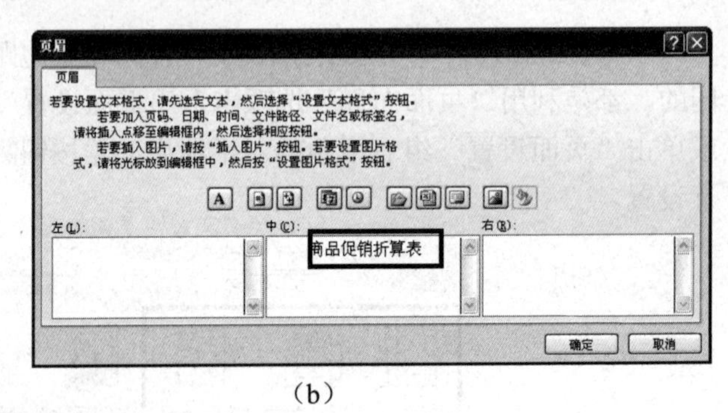

（b）

图 4-9　自定义页眉

（3）单击“确定”按钮，返回“页面设置”对话框，可在“页眉”编辑框和页眉列表中看到设置的页眉。

（4）在“页面设置”对话框的“页脚”下拉列表中可选择系统自带的页脚。

①单击“自定义页脚”按钮，打开“页脚”对话框，在“左”编辑框中单击。

②单击“插入页码”按钮，在“中”编辑框中单击，再单击“插入日期”按钮。

③在“右”编辑框中单击，然后单击“插入时间”按钮。

结果在各编辑框中分别显示插入的页脚提示文字，如图 4-10 所示。

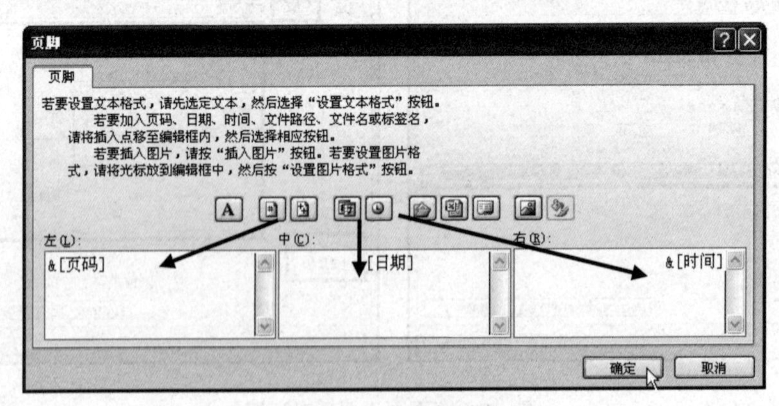

图 4-10　自定义页脚

（5）单击“确定”按钮，返回“页面设置”对话框，可在“页脚”编辑框和页脚列表中看到设置的页脚。最后单击“确定”按钮，即可为工作表添加自定义的页眉和页脚。

3. 设置打印区域

默认情况下，Excel 2010 会自动选择有文字的最大行和列作为打印区域。如果只需要打印工作表的部分数据，可以为工作表设置打印区域，仅将需要的部分打印。如果工作表有多页，正常情况下，只有第一页能打印出标题行或标题列，为方便查看后面的打印稿件，通常需要为工作表的每页都加上标题行或标题列。

（1）选中要打印的单元格区域，此处选择 A1：H20 单元格区域。

（2）单击“页面布局”选项卡上“页面设置”组中的“打印区域”按钮，在展开的列表中选择“设置打印区域”项，如图 4-11（a）所示。此时，所选区域四周出现虚线框[图 4-11（b）]，未被框选的部分不会被打印。

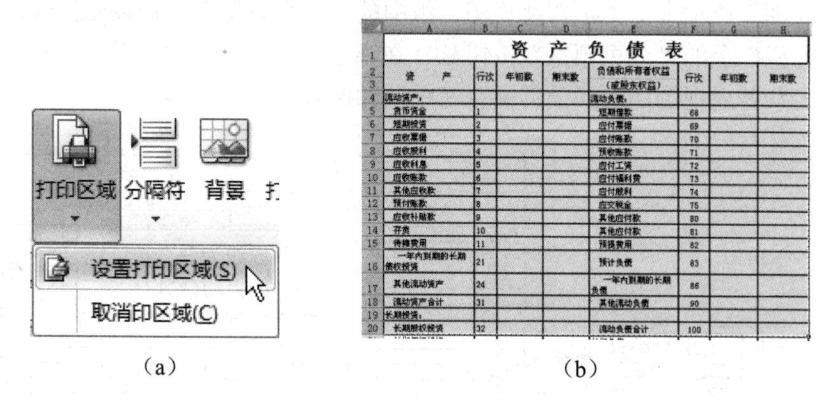

图 4-11　设置打印区域

4. 设置打印标题

（1）单击“页面布局”选项卡上“页面设置”组中的“打印标题”按钮，如图 4-12（a）上图所示。

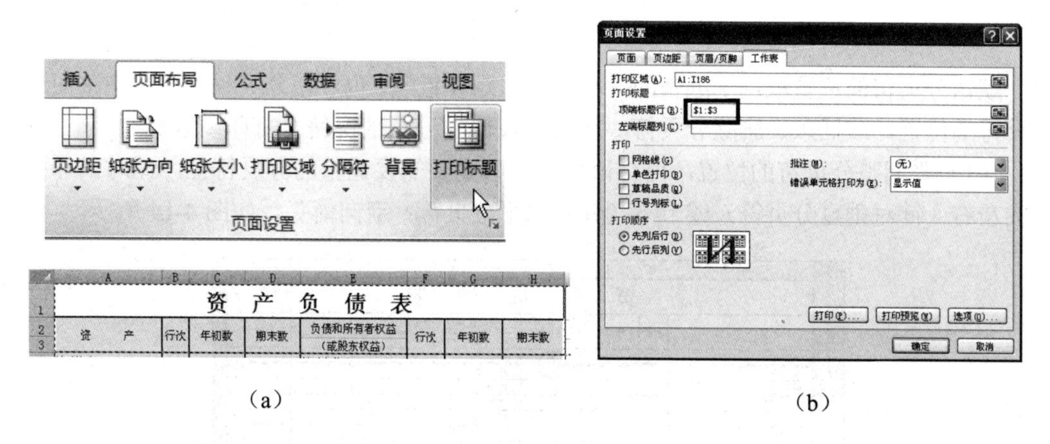

图 4-12　设置打印标题行

（2）打开“页面设置”对话框并显示“工作表”选项卡标签，在“顶端标题行”或“左侧标题列”编辑框中单击，然后在工作表中选中要作为标题的行或列。此处在“顶端标题行”单击，然后在工作表中选中要作为标题的第 1 行至第 3 行[图 4-12（a）下图]，松开鼠标左键返回“页面设置”对话框，此时将显示打印的标题行单元格地址，如图 4-12（b）所示，然后单击“确定”按钮即可。

4.1.4　分页预览与分页符调整

如果需要打印的工作表内容不止一页，Excel 2010 会自动在工作表中插入分页符将工作表分成多页打印，但是这种自动分页有时不是用户所需要的。因此，用户最好在打印前查看分页情况，并对分页符进行调整，或重新插入分页符，从而使分页打印符合要求。

1．分页预览

单击“视图”选项卡上“工作簿视图”组中的“分页预览”按钮[图 14-13（a）]；或单击“状态栏”上的“分页预览”按钮，在弹出的提示对话框中单击“确定”按钮，可以将工作表从普通视图切换到分页预览视图，如图 4-13（b）所示。

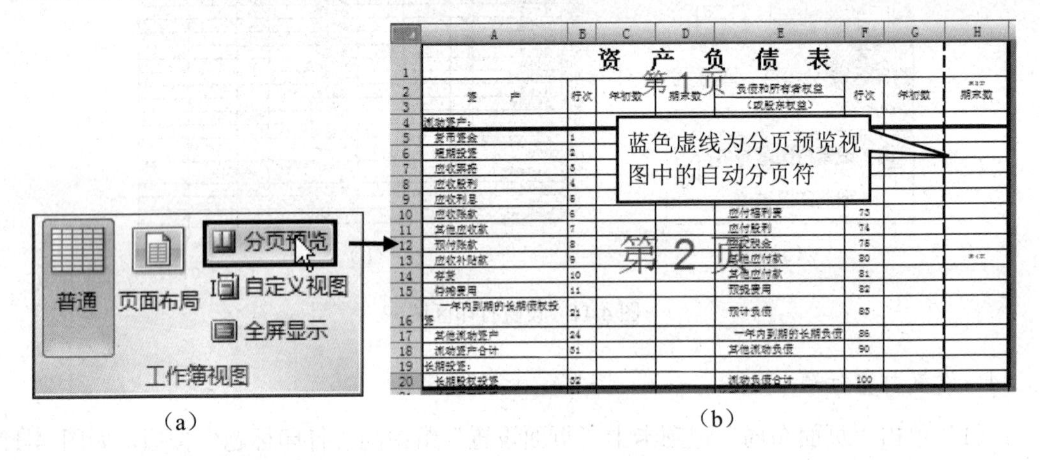

（a）　　　　　　　　　　　　　　（b）

图 4-13　进入分页预览视图

2．调整分页符

默认分页符的位置取决于纸张的大小和页边距设置等。也可在分页预览视图中改变默认分页符的位置，或插入、删除分页符，从而使表格的分页情况符合打印要求。

（1）要调整分页符的位置，可将鼠标指针移到要需要调整的分页符上，此时鼠标指针变成左右（针对垂直分页符）或上下（针对水平分页符）双向箭头，如图 4-14 所示。

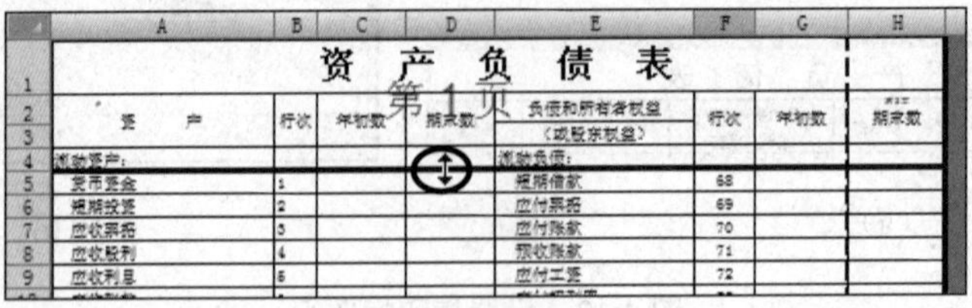

图 4-14　移动鼠标指针到分页符上

（2）按住鼠标左键并拖动，工作表中显示灰色的线以标识移动位置，至所需位置后释放鼠标左键即可移动分页符。这里将该水平分页符往下移，这样第一页的内容就增多了，如图 4-15 所示。

（3）当系统默认的分页符无法满足要求时，可手动插入水平或垂直分页符，方法是：

①在要插入水平或垂直分页符位置的下方或右侧选中一行或一列。

②单击“页面布局”选项卡上“页面设置”组中的“分隔符”按钮。

③在展开的列表中选择“插入分页符”项即可，如图 4-16 所示。

资产	行次	年初数	期末数	负债和所有者权益（或股东权益）	行次	年初数	期末数
流动资产：				流动负债：			
货币资金	1			短期借款	68		
短期投资	2			应付票据	69		
应收票据	3			应付账款	70		
应收股利	4			预收账款	71		
应收利息	5			应付工资	72		
应收账款	6			应付福利费	73		
其他应收款	7			应付股利	74		
预付账款	8			应交税金	75		
应收补贴款	9			其他应付款	80		
存货	10			其他应付款	81		
待摊费用	11			预提费用	82		
一年内到期的长期债权投资	21			预计负债	83		
其他流动资产	24			一年内到期的长期负债	86		
流动资产合计	31			其他流动负债	90		
长期投资：							
长期股权投资	32			流动负债合计	100		

图 4-15　拖动分页符到所需位置

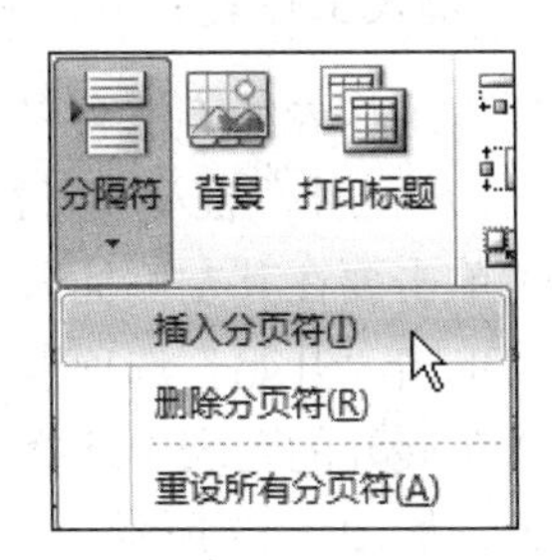

图 4-16　插入水平分页符

如果单击工作表的任意单元格，然后在“分隔符”列表中选择“插入分页符”项，Excel 2010 将同时插入水平分页符和垂直分页符，将 1 页分成 4 页。

（4）还可以将手动插入的分页符删除。单击垂直分页符右侧或水平分页符下方的单元格，或单击垂直分页符和水平分页符交叉处右下角的单元格，然后单击“分隔符”列表中的“删除分页符”项即可。

（5）最后单击“视图”选项卡上“工作簿视图”组中的“普通”按钮，返回普通视图。

4.2　管理 Excel 2010 工作表

在 Excel 2010 中，一个工作簿可以包含多张工作表，可以根据需要对工作表进行添加、删除、移动、复制和重命名等操作，还可将多个工作表设为工作表组，以及对大型工作表进行拆分和冻结，方便查看数据。

4.2.1　选择工作表和设置工作表组

要对工作表中进行编辑，先选择它，然后再进行相应操作，常用选择方法如下。

（1）选择单张工作表：打开包含该工作表的工作簿，然后单击要进行操作的工作表标签即可。

（2）选取相邻的多张工作表：单击要选择的第一张工作表标签，然后按住【Shift】键并单击最后一张要选择的工作表标签，选中的工作表标签都变为白色。

（3）选取不相邻的多张工作表：要选取不相邻的多张工作表，只需先单击要选择的第一张工作表标签，然后按住【Ctrl】键再单击其他工作表标签即可。

如同时选中多个工作表时，在当前工作簿的标题栏中将出现“工作组”字样，表示所选工作表已成为一个“工作组”。此时，用户可在所选多个工作表的相同位置一次性输入或

编辑相同的内容。

4.2.2　插入、重命名和删除工作表

默认情况下，新建的工作簿包含 3 张工作表，可根据实际需要在工作簿中插入工作表，或将不需要的工作表删除，还可重命名工作表等。

1. 插入工作表

插入工作表的方法有以下两种。

（1）利用“插入”列表？：

①单击要在其左侧插入工作表的工作表标签。

②单击“开始”选项卡上“单元格”组中“插入”按钮右侧的三角按钮。

③在展开的列表中选择“插入工作表”选项，即可在所选工作表的左侧插入一个新的工作表，如图 4-17 所示。

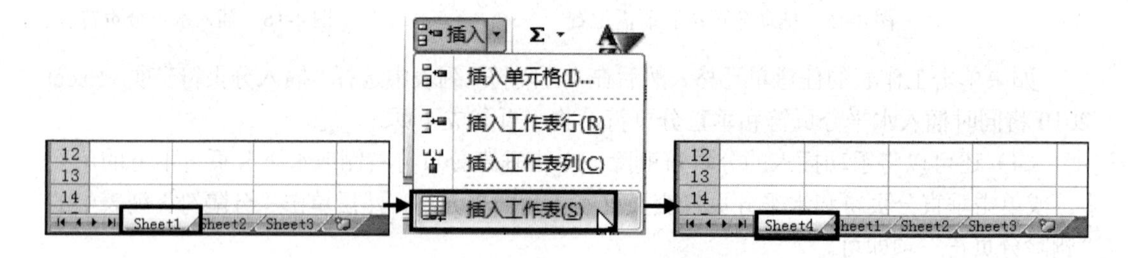

图 4-17　利用“插入”列表插入工作表

（2）利用按钮插入工作表：如在现有工作表的末尾插入工作表，可直接单击工作表标签右侧的“插入工作表”按钮，如图 4-18 所示。

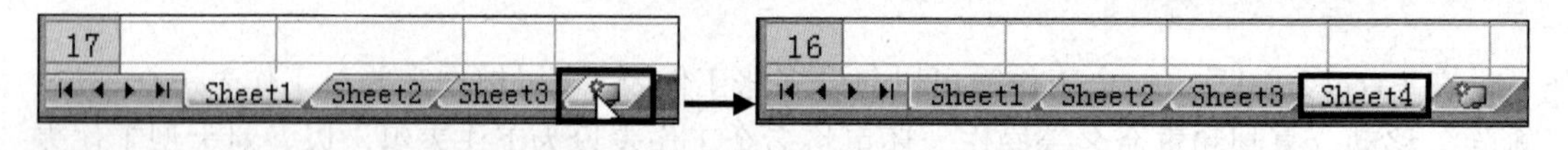

图 4-18　利用按钮在工作表的末尾插入工作表

2. 重命名工作表

默认情况下，工作表名称是以“Sheet1”“Sheet2”“Sheet3”……的方式显示的，为方便管理、记忆和查找，还可以为工作表另起一个能反映其内容的名字。重命名工作表方法如下。

（1）用鼠标左键双击要命名的工作表标签，此时该工作表标签呈高亮显示，处于可编辑状态，输入工作表名称，然后单击除该标签以外工作表的任意处或按【Enter】键即可重命名工作表。

（2）右击工作表标签，从弹出的快捷菜单中选择“重命名”的选项，可对该工作表快速执行重命名的操作。

3. 删除工作表

单击要删除的工作表标签，然后单击“开始”选项卡上“单元格”组中的“删除”按钮右侧的小三角按钮，在展开的列表中选择“删除工作表”选项，打开提示对话框，单击“删除”按钮即可删除所选工作表，如图 4-19 所示。

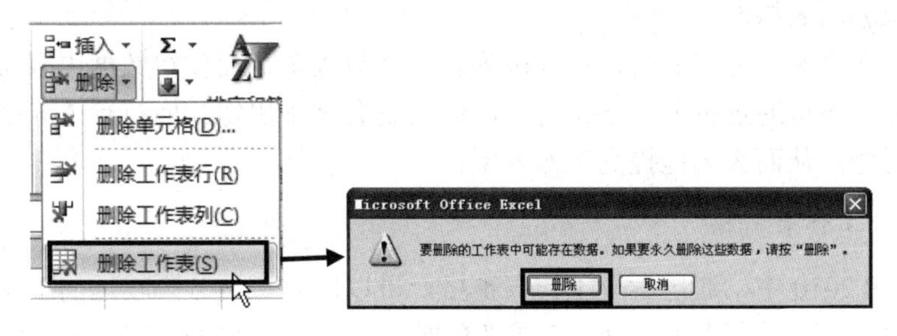

图 4-19　利用“删除”列表删除工作表

4.2.3　移动和复制工作表

在 Excel 2010 中，可以将工作表移动或复制到同一工作簿的其他位置或其他工作簿中。但在移动或复制工作表时应注意，若移动了工作表，则基于工作表数据的计算可能出错。

1. 在同一工作簿中中移动和复制工作表

要在同一工作簿中移动工作表，只需将工作表标签拖至所需位置即可（图 4-20）；如果在拖动的过程中按住【Ctrl】键，则执行的是复制操作。

2. 不同工作簿间的移动和复制

在开始”选项卡上“单元格”组“格式”下拉列表中的“移动或复制工作表”对话框中，“将选定工作表移至工作簿”下拉列表中选择目标工作簿，在“下列选定工作表之前”列表中选择要将工作表复制或移动到的位置，单击“确定”按钮即可，如图 4-21 所示。

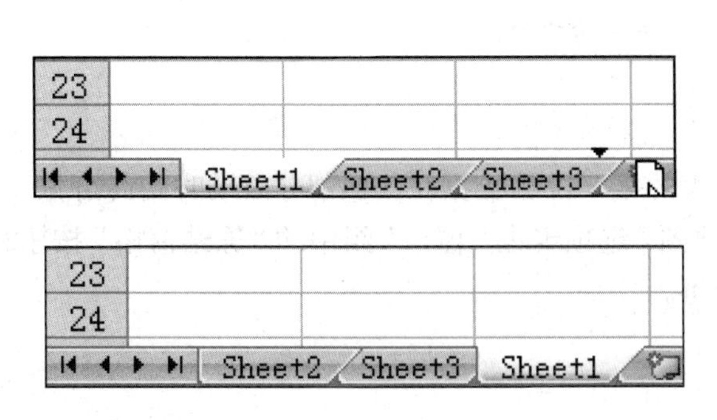

图 4-20　移动工作表

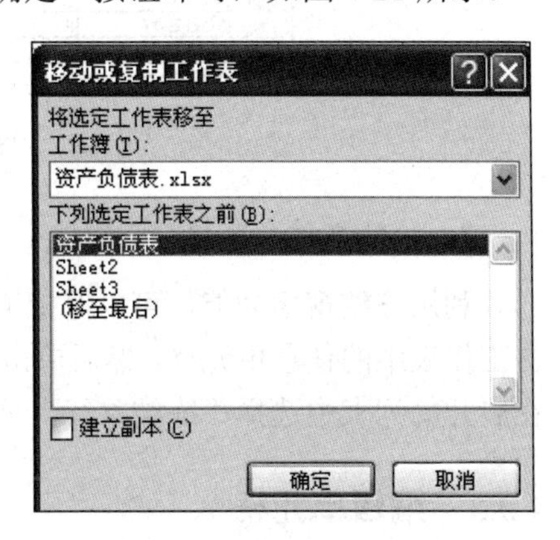

图 4-21　设置移动选项

4.2.4 拆分和冻结工作表窗格

在对大型表格进行编辑时，由于屏幕所能查看的范围有限而无法做到数据的上下、左右对照，此时可利用 Excel 提供的拆分功能，对表格进行“横向”或“纵向”分割，以便同时观察或编辑表格的不同部分。

此外，在查看大型报表时，往往因为行、列数太多，而使得数据内容与行列标题无法对照。此时，虽可通过拆分窗格来查看，但还是会常常出错。而执行“冻结窗格”命令则可解决此问题，从而大大地提高工作效率。

1. 拆分工作表窗格

在 Excel 2010 中，通过拆分工作表窗格，可以同时查看分隔较远的工作表数据。要拆分工作表窗格，可以利用“拆分框”或“数据”选项卡上“窗口”组中的“拆分”按钮。其具体操作如下。

（1）将鼠标指针移到窗口右上角的水平拆分框上，此时鼠标指针变为拆分形状。

（2）按住鼠标左键向下拖动，至适当的位置松开鼠标左键，即可在该位置生成一条拆分条，将窗格一分为二，从而可同时上下查看工作表数据。

（3）将鼠标指针移至窗口右下角的垂直拆分框上，然后按住鼠标左键并向左拖动，至适当的位置松开鼠标左键，可将窗格左右拆分。如图 4-22 所示。

	A	B	C	D		C	D	E	F
1			资　产		负	资　产		负　债　表	
2	资　　产	行次	年初数	期末数	负债	年初数	期末数	负债和所有者权益	行次
3					（或			（或股东权益）	
4	流动资产：				流动负			流动负债：	
5	货币资金	1			短期			短期借款	68
6	短期投资	2			应付			应付票据	69
7	应收票据	3			应付			应付账款	70
8	应收股利	4			预收			预收账款	71
9	应收利息	5			应付			应付工资	72
10	应收账款	6			应付			应付福利费	73
11	其他应收款	7			应付			应付股利	74
12	预付账款	8			应交			应交税金	75
13	应收补贴款	9			其他			其他应付款	80
14	存货	10			其他			其他应付款	81

图 4-22　拆分窗格效果

2. 冻结工作表窗格

利用冻结窗格功能，可以保持工作表的某一部分数据在其他部分滚动时始终可见。单击工作表中的任意单元格，然后单击“视图”选项卡上“窗口”组中的“冻结窗格”按钮，在展开的列表中选择“冻结首行”项即可。

4.2.5 编辑单元格

在单元格中输入数据后，可以对单元格数据进行各种编辑操作，如清除、复制与移动数据等。当需要对单元格或单元格中的内容进行操作时，都需要先选中相应的单元格。

1．选择单元格和单元格区域

无论是编辑单元格内容还是设置单元格格式，都需要先选中要进行操作的单元格。在 Excel 2010 中，可以使用以下方法来选择单元格或单元格区域：

（1）要选择单个单元格，可将鼠标指针移至要选择的单元格上后单击；或在工作表左上角的名称框中输入单元格地址，然后按下【Enter】键，可以选中与该地址相对应的单元格。

（2）要选择相邻的单元格区域，可按下鼠标左键拖过想要选择的单元格，然后释放鼠标；或单击要选择区域的第一个单元格，然后在按住 Shift 键的同时单击要选择区域的最后一个单元格，即可选择它们之间的多个单元格。

（3）要选择不相邻的多个单元格或单元格区域，应首先选择第一个单元格或单元格区域，然后在按住 Ctrl 键的同时选择其他单元格或单元格区域。

（4）要选择工作表中的一整行或一整列，可将鼠标指针移到该行左侧的行号或该列顶端的列标上方，当鼠标指针变成向右或向下的黑色箭头形状时单击即可（图 4-23）。参考同时选择多个单元格的方法，可同时选择多行或多列。

12	预付账款	8	
13	应收补贴款	9	
14	存货	10	
15	待摊费用	11	
16	一年内到期的长期债权投资	21	

D	E	F
	应付账款	70
	预收账款	71
	应付工资	72
	应付福利费	73
	应付股利	74
	应交税金	75

图 4-23　选择整行或整列

（5）要选择当前工作表中的所有单元格，可按 Ctrl＋A 组合键或单击工作表左上角行号与列标交叉处的“全选”按钮。

2．移动或复制单元格内容

Excel 2010 提供了多种移动或复制单元格内容的方法，下面将分别介绍。

（1）使用拖动方式。要使用拖动方式来移动或复制单元格内容，具体操作如下：

①选中要移动的单元格或单元格区域，然后将鼠标指针移至单元格或单元格区域边缘，此时鼠标指针变成十字箭头形状，按下鼠标左键，此时鼠标指针呈形状。

②拖动鼠标指针到目标位置后释放鼠标左键，即可移动单元格或单元格区域中的内容。

如果在拖动鼠标的同时按下【Ctrl】键，鼠标指针会变为形状，将鼠标指针拖到目标位置并释放鼠标后，可复制单元格或单元格区域中的内容。用户也可以通过单击“剪贴板”组中的“剪切”“复制”和“粘贴”按钮来移动和复制单元格中的内容。

复制单元格或单元格区域内容时，若目标单元格或单元格区域中有数据，这些数据将被替换。此外，如果移动或复制的单元格中包含公式，那么这些公式会自动调整，以适应新位置。

（2）使用插入方式。如果目标单元格区域中已存在数据，需要在复制数据的同时调整目标区域已存在数据的单元格位置，此时可以使用插入方式来复制数据。

①选中要复制的单元格或单元格区域，然后按快捷键【Ctrl+C】，将单元格中的数据复制到剪贴板中。

②选中待复制的目标区域左上角的单元格，然后单击“开始”选项卡上“单元格”组中“插入”按钮右侧的小三角按钮，在弹出的下拉列表中选择“插入复制的单元格”选项，如图 4-24 所示。

③在打开的“插入粘贴”对话框中，可根据需要选择原单元格中内容的移动方向，例如选择“活动单元格下移”单选钮，如图 4-25 所示。

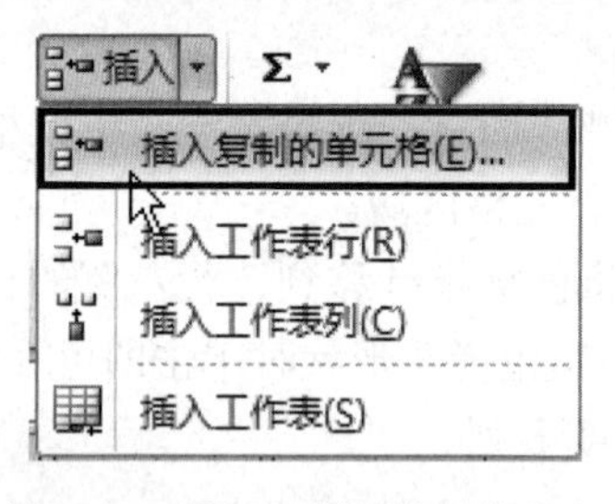

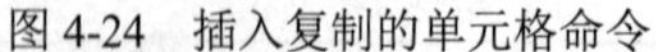

图 4-24　插入复制的单元格命令

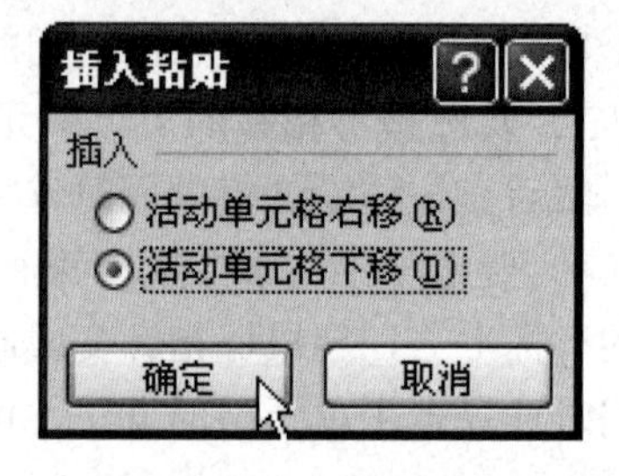

图 4-25　插入粘贴命令

④单击“确定”按钮，即可将原有单元格中的内容向下移动，并将“剪贴板”中的数据粘贴到目标单元格。

（3）使用选择性粘贴。在复制单元格或单元格区域时，有时需要以特定方式粘贴内容或只粘贴其中的部分内容，此时可以使用 Excel 提供的选择性粘贴功能。

①选中要复制或移动的单元格或单元格区域，然后按【Ctrl+C】或【Ctrl+X】组合键，将所选单元格中的数据复制（或剪切）到剪贴板中，然后选中目标区域左上角的单元格。

②单击“剪贴板”组中“粘贴”按钮下方的小三角按钮，在展开的列表中选择一种粘贴方式，如选择“转置”选项，可粘贴单元格并将原单元格中的行列进行转置，如图 4-26 所示。

若在“粘贴”列表中选择“选择性粘贴”选项，可打开“选择性粘贴”对话框（图 4-27）。在该对话框中除了可以指定粘贴的内容外，还可以进行加、减、乘、除的数学运算。

3. 清除单元格内容

清除单元格是指删除所选单元格的内容、格式或批注，但单元格仍然存在。选中前面复制过来的行列转置的单元格区域及 B12 单元格，然后单击“开始”选项卡上“编辑”组中的“清除”按钮，在展开的列表中选择“全部清除”选项（图 4-28），可清除单元格中的全部内容。

（1）全部清除：选择该项，可将所选单元格的格式、内容和批注全部清除。

（2）清除格式：选择该项，仅将所选单元格的格式清除。

（3）清除内容：选择该项，仅将所选单元格的格式清除。

（4）清除批注：选择该项，仅将所选单元格的批注清除。

（5）清除超链接：选择该项，将所选单元格的超链接清除，其格式保留。

（6）删除超链接：选择该项，将所选单元格的超链接删除，包括格式。

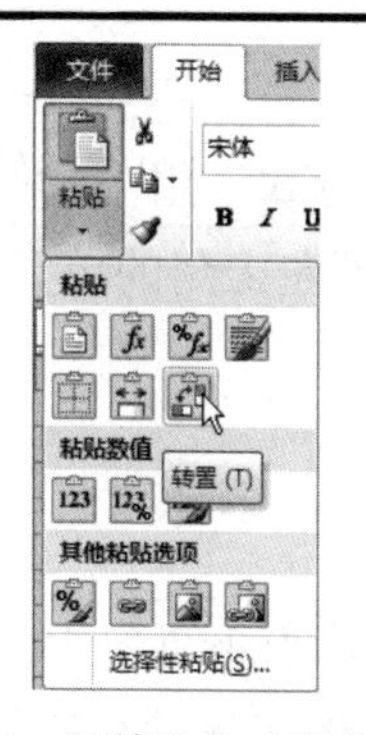

图 4-26　以特定方式粘贴单元格内容

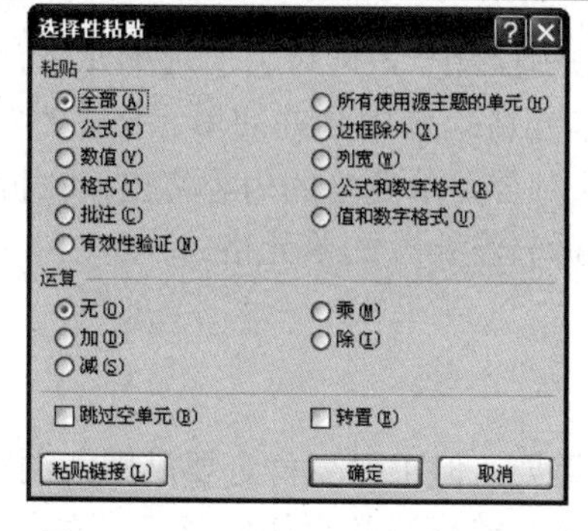

图 4-27　“选择性粘贴”对话框

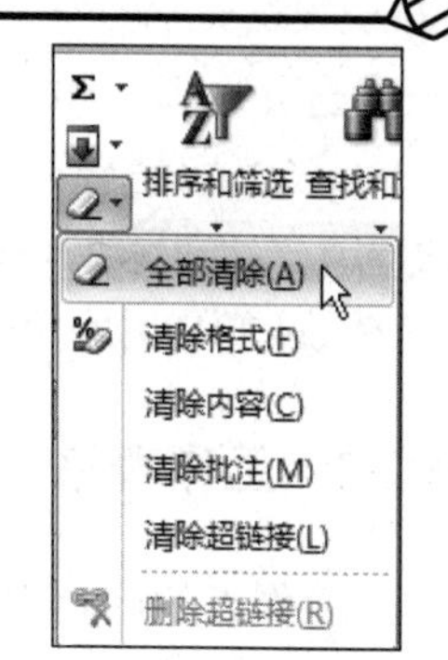

图 4-28　“清除”列表

4.2.6　调整工作表结构

1. 插入或删除行、列和单元格

要在已建好的工作表的指定位置添加新的内容，就需要插入行、列或单元格。

（1）插入行：要在工作表某单元格上方插入一行，可选中该单元格，单击“开始”选项卡上“单元格”组中的“插入”按钮右侧的小三角按钮，在展开的列表中选择“插入工作表行”选项，即可在当前位置上方插入一个空行，原有的行自动下移。

（2）插入列：要在工作表的某单元格左侧插入一列，只需选中该单元格，然后在“插入”列表中选择“插入工作表列”选项即可，此时原有的列自动右移。

（3）插入单元格：可选中要插入单元格的位置，然后在“插入”列表中选择“插入单元格”项。在打开的“插入”对话框中选择原单元格的移动方向，例如选择“活动单元格下移”单选钮，单击“确定”按钮后即可。

2. 调整行高和列宽

默认情况下，Excel 2010 工作表中所有行的高度和所有列的宽度都是相等的。用户可以根据需要利用鼠标拖动方式和执行“格式”列表中的命令来调整行高和列宽。

（1）利用鼠标拖动：在对行高度和列宽度要求不十分精确时，可以利用鼠标拖动来调整。将鼠标指针指向要调整行高的行号下边线，或要调整列宽的列标右边线处，当鼠标指针变为或形状时，按住鼠标左键并上下或左右拖动，到合适位置后释放鼠标，即可调整行高或列宽。

（2）利用“格式”列表精确调整：要精确调整行高和列宽，可选中要调整行高的行或列宽的列（或行列包含的单元格），然后单击“开始”选项卡上“单元格”组中的“格式”按钮，在展开的列表中选择“行高”或“列宽”项，打开“行高”或“列宽”对话框，输入行高或列宽值，然后单击“确定”按钮。

3. 合并单元格

在制作表格时，有时候需要将相邻的多个单元格合并为一个单元格。

（1）合并单元格：选中要进行合并操作的单元格区域，单击“开始”选项卡上“对齐方式”组中的“合并后居中”按钮或单击其右侧的倒三角按钮，在展开的列表中选择一种合并选项，如“合并后居中”，即可将所选单元格合并。

（2）取消合并的单元格：选中合并的单元格，然后单击“对齐方式”组中的“合并及居中”按钮即可，此时合并单元格的内容将出现在拆分单元格区域左上角的单元格中。在 Excel 2010 中，不能拆分没合并的单元格。

4.2.7 工作表格式化

工作表的内容固然重要，但工作表肯定要供别人浏览，其外观修饰也不可忽视。Excel 提供了丰富的格式化命令，能解决数字如何显示、文本如何对齐、字形字体的设置以及边框、颜色的设置等格式化问题。

1. 数字显示格式的设定

若单元格从未输入过数据，则该单元格为常规格式，输入数据时，Excel 会自动判断数值并格式化。例如，输入“￥1234”，系统会格式化为“￥1，234”；输入“2/5”，会格式化为“2 月 5 日”；若输入“0□2/5”（□表示空格），则显示分数“2/5”。

在 Excel 内部，数字、日期和时间都是以纯数字存储的。例如，某单元格中已经输入了日期：1900 年 1 月 20 日，实际上存储的是 20，若该单元格设置为日期格式，则显示：1900 年 1 月 20 日（或其他日期格式，如 1900-1-20），若该单元格设置为数值格式，则显示：20。

（1）设置数字格式。设单元格 A4 中已有日期：2006 年 7 月 1 日，将其改为数值格式的方法如下。

①选定要格式化的单元格区域（如：A4）。

②单击“开始”选项卡“单元格”功能区的“格式”命令下的倒三角形，选择“设置单元格格式”命令，出现“设置单元格格式”对话框，单击对话框的“数字”标签，可以看到单元格目前是日期格式，如图 4-29 所示。

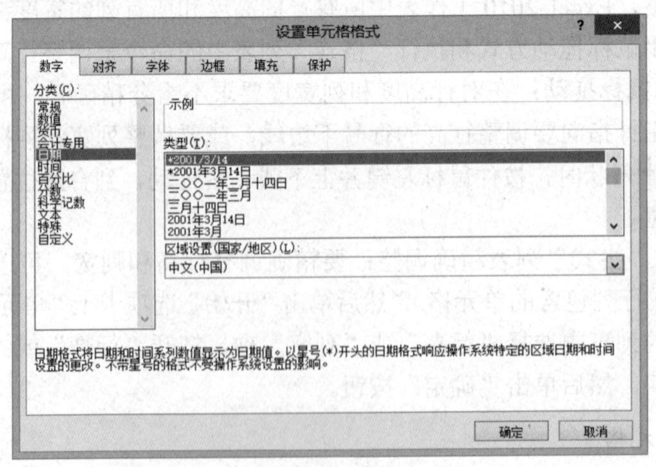

图 4-29 “单元格格式”对话框

③在“分类”栏中单击“数值”项，可以在“示例”栏中看到该格式显示的实际情况（38899.00），还可以设置小数位数（如：1）及负数显示的形式（如：-13，（13）或用红

色表示的-13，（13），13 等）。

④单击“确定”按钮。可以看到 A4 中按数值格式显示：38899.00，而不是 2006 年 7 月 1 日。

（2）用格式化工具设置数字格式。在“数字”功能区有 5 个工具按钮可用来设置数字格式，如图 4-30 所示。

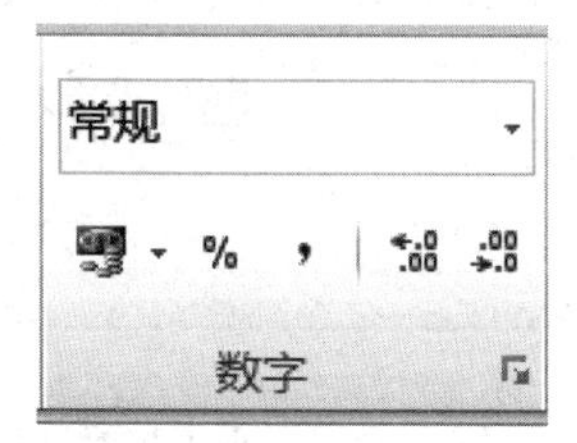

图 4-30　数字格式化工具按钮

①货币样式按钮。若当前单元格的数值为“12345”，单击“货币样式”按钮，则显示为“￥12，345”（货币符号可以通过 “设置单元格格式”命令修改成其他符号，如$)。

②百分比样式按钮。若当前单元格的数值为“1.23”，单击“百分比样式”按钮，则显示为“123％”。

③千位分隔样式按钮。若当前单元格的数值为 “1234567”，单击“千位分隔样式”按钮，则显示为“1，234，567”。

④增加小数位数按钮。若当前单元格的数值为“123.54”，单击“增加小数位数”按钮，则显示为“123.540”。

⑤减少小数位数按钮若当前单元格的数值为“123.5”，单击“减少小数位数”按钮，则显示为“124”。

（3）条件格式。可以根据某种条件来决定数值的显示格式。例如学生成绩，小于 60 的成绩用“浅红填充色深红色文本”显示，大于等于 60 的成绩用黑色显示。

条件格式的定义方法如下。

①选定要使用条件格式的单元格区域（如 B4：D11）。

②单击“开始”选项卡的“样式功能区”中的“条件格式”命令下的倒三角形，出现“条件格式”下拉列表，如图 4-31 所示。

③单击“突出显示单元格规则”出现如图 4-32 所示的下拉菜单。

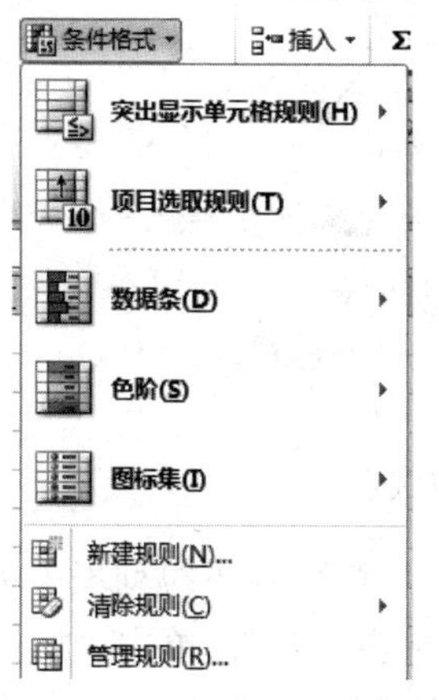

图 4-31 “条件格式”对话框

图 4-32　突出显示单元格规则

④再选择“小于”，出现如图 4-33 所示的“小于”对话框。

⑤单击“确定”按钮。

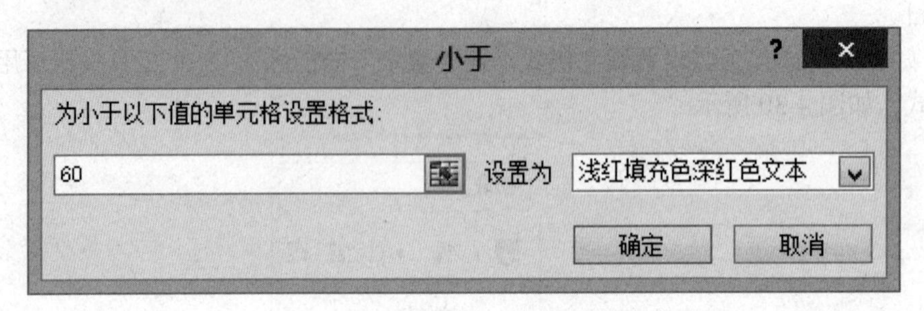

图 4-33 “小于”对话框

2. 日期时间格式化

在单元格中可以用各种格式显示日期或时间。例如，当前单元格中的“1999 年 7 月 1 日”也可以显示为“一九九九年七月一日”，改变日期或时间显示格式的方法如下。

（1）单击“开始”选项卡中“字体”功能区右下角的 ，出现“设置单元格格式”对话框，单击“数字”标签。

（2）在“分类”栏中单击“日期”（“时间”）项。

（3）在右侧“类型”栏中选一种日期（时间）格式，如“一九九九年三月四日”。

（4）单击“确定”按钮。

同样的方法能使单元格中的“13∶20”变成“下午一时二十分”。

3. 单元格字符修饰

为使表格美观或突出某些数据，可以对有关单元格进行字符格式化。例如标题采用黑体加粗字，而小计用斜体字显示等。

（1）使用“开始”选项卡的“字体”功能区中的命令。在“开始”选项卡的“字体”功能区，有几个字符格式化工具按钮，如图 4-34 所示。现以销售统计表进行字符格式化为例说明。

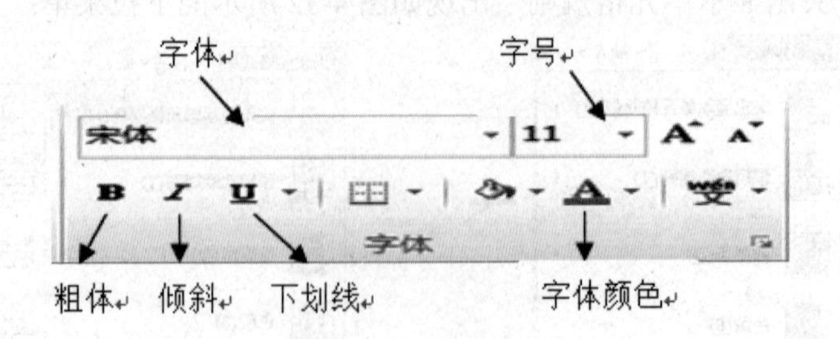

图 4-34 字符格式化工具按钮

①选定表格标题，单击“字体”列表框的下拉按钮“▼”，在下拉列表中单击“隶书”；单击“字号”列表框的下拉按钮“▼”，在下拉列表中单击“20”；单击“加粗”按钮；单击“字体颜色”列表框的下拉按钮“▼”，在下拉颜色列表中单击红色。

②选定各栏目标题，单击“倾斜”按钮，选择小计值和栏目合计值；单击“加粗”按钮。结果如图 4-35 所示。

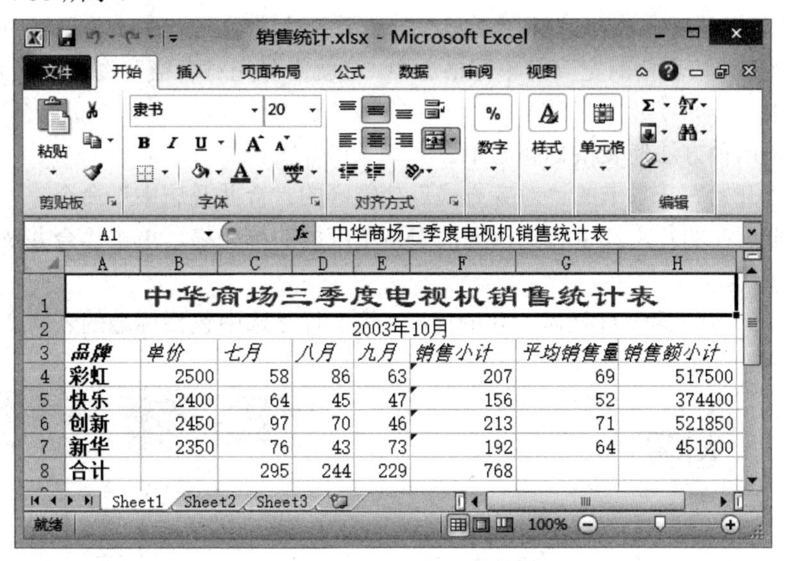

图 4-35　字符格式化后的销售统计表

（2）用字体对话框。其方法如下。

①选定要格式化的单元格区域（A3∶A7，A3∶H3）。

②单击“开始”选项卡中“字体”功能区右下角的符号，在出现的“设置单元格格式”对话框中单击“字体”标签，如图 4-36 所示。

③在“字体”栏中选择字体（如隶书），在“字形”栏中选择字形（如加粗），在“字号”栏中选择字号（如 20），另外，还可以规定字符颜色、是否要加下划线等。

④单击“确定”按钮。

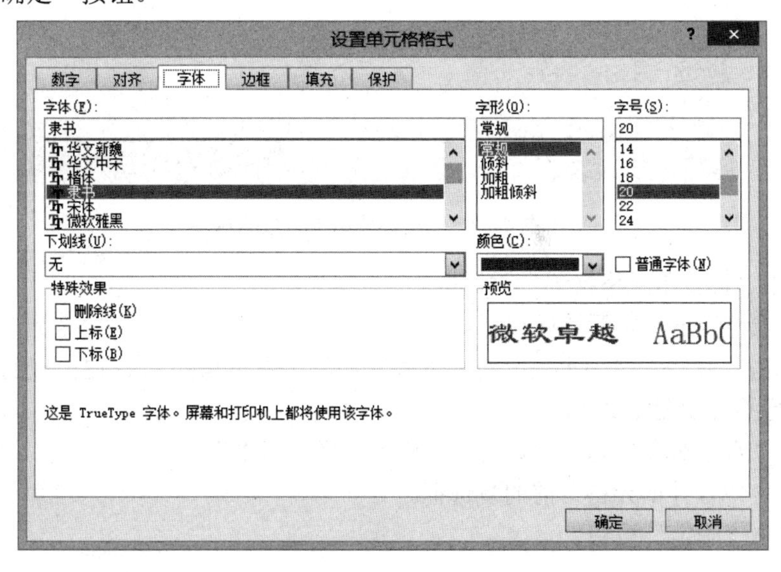

图 4-36　“设置单元格格式”对话框“字体”选项卡

4. 标题居中与单元格数据对齐

（1）标题居中。表格的标题通常在一个单元格中输入，在该单元格中居中对齐是无意义的，而应该按表格的宽度跨单元格居中，这就需要先对表格宽度内的单元格进行合并，然后再居中。

有以下两种方法使表格标题居中。

①用“开始”选项卡的“对齐方式”功能区的“合并及居中”命令。

在标题所在的行，选中包括标题的表格宽度内的单元格，单击“合并及居中”按钮，如图 4-37 所示。

在图 4-37 中，第一行是居中前的情况，第三行是选中包括标题的表格宽度内的单元格的情况，第五行是合并及居中后的情况。

图 4-37　表格标题居中与数据对齐

②使用“设置单元格格式”对话框。

a、按表格宽度选定标题所在行。

b、单击“开始”选项卡的“对齐方式”功能区右下角的，在出现的对话框中单击“对齐”标签，如图 4-38 所示。

c、在“水平对齐”和“垂直对齐”栏中选择“居中”。

d、选定“合并单元格”前的复选框。

e、单击“确定”按钮。

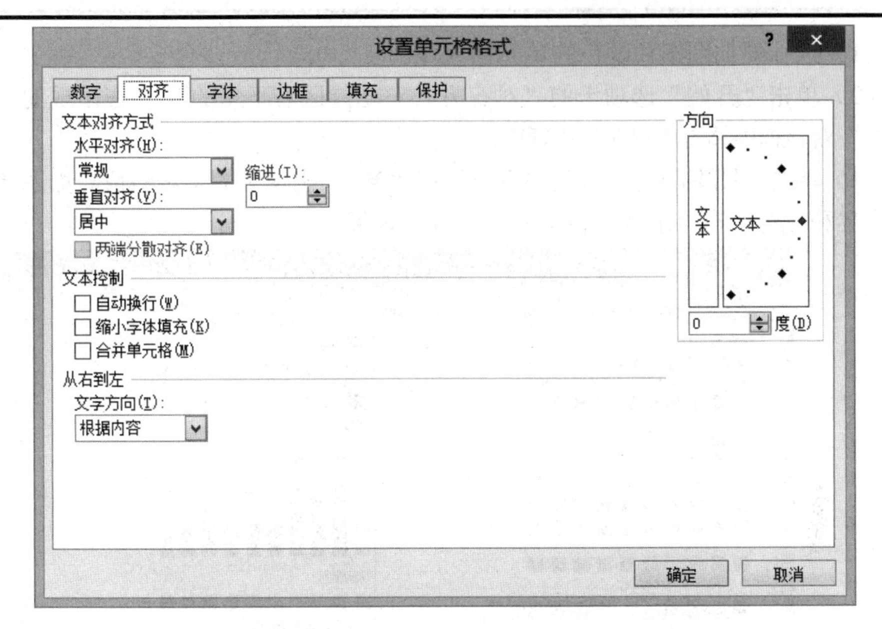

图 4-38　“单元格格式”对话框“对齐”选项卡

（2）数据对齐。单元格中的数据在水平方向可以左对齐、居中或右对齐，在垂直方向可以靠上、居中或靠下对齐。此外，数据还可以旋转一个角度。

①数据对齐方式。在“对齐方式”功能区中有 3 个水平方向对齐工具按钮。首先选定要对齐的单元格区域，然后单击其中的“左对齐”按钮，就会看到所选区域中的数据均左对齐。同样，可以右对齐或居中，如图 4-37 所示。用“设置单元格格式”对话框也可以进行数据的水平（垂直）方向对齐。

a、选定要对齐的单元格区域。

b、单击“开始”选项卡的“对齐方式”功能区右下角的，在出现的对话框中单击“对齐”标签，如图 4-38 所示。

c、单击“水平对齐”(或“垂直对齐”）栏的下拉按钮“▼”，在出现的下拉列表中选择对齐方式：靠左、居中或靠右（靠上、居中或靠下）。

d、单击“确定”按钮。

水平和垂直对齐的效果如图 4-37 所示。

②数据旋转。在单元格中的数据除了水平显示外，也可以旋转一个角度。其今天方法如下。

a、确定要旋转的数据所在的单元格区域。

b、单击“开始”选项卡的“对齐方式”功能区右下角的，在出现的对话框中单击“对齐”标签，如图 4-38 所示。

c、在“方向”栏中拖动红色标志到目标角度，也可以单击微调按钮设置角度。

d、单击“确定”按钮。

数据旋转效果如图 4-37 所示。

5. 设置图案与颜色

单元格区域可以增加底纹图案和颜色以美化表格。其具体方法如下。

（1）选择要加图案和颜色的单元格区域。

（2）单击“开始”选项卡的“对齐方式”功能区右下角的▣，在出现的“设置单元格格式”对话框中单击“填充”选项卡。

（3）单击“图案颜色”右侧的下拉按钮“▼”，出现了图案和颜色。如图 4-39 所示。选择图案和颜色，在“示例”栏中显示相应的效果。

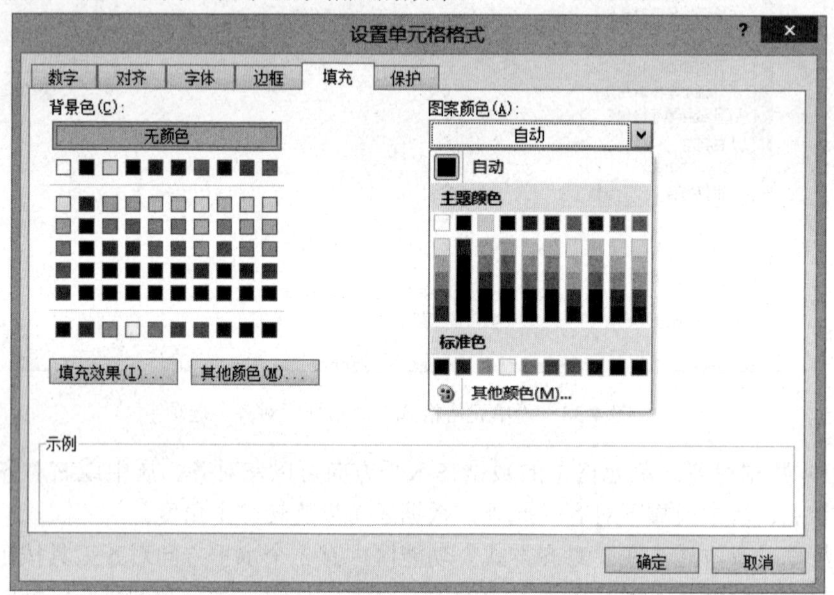

图 4-39 “设置单元格格式”对话框“填充”选项卡。

（4）单击“确定”按钮，效果如图 4-40 所示。

注意：这是为单元格区域增加背景底纹图案和颜色，与单元格中的数据无关。要改变数据显示颜色，可在选择单元格区域后单击“字体颜色”按钮。

销售统计.xlsx

	A	B	C	D	E	F	G	H
1	中华商场三季度电视机销售统计表							
2	2003年10月							
3	品牌	单价	七月	八月	九月	销售小计	平均销售量	销售额小计
4	彩虹	2500	58	86	63	207	69	517500
5	快乐	2400	64	45	47	156	52	374400
6	创新	2450	97	70	46	213	71	521850
7	新华	2350	76	43	73	192	64	451200
8	合计		295	244	229	768		
9								

Sheet1 Sheet2 Sheet3

图 4-40 为单元格区域增加底纹图案

6. 单元格边框修饰

（1）网格线。新工作表总显示单元格之间的网格线，若不希望显示网格线，也可以

让它消失。其操作步骤如下。

①单击“视图”选项卡中“显示”功能区的“网格线”复选框，使对号“√”消失。可以看到，工作表中网格线消失了。

②再次单击网格线又恢复了。

（2）边框。Excel 工作表中显示的灰色网格线不是实际表格线，在表格中增加实际表格线（加边框）才能打印出表格线。

①使用“设置单元格格式”对话框。首先选定要加表格线的单元格区域，然后在“设置单元格格式”对话框中，单击“边框”选项卡，根据需要选择一种加边框的方式，例如外框线，可使该区域外围增加外框线。同样也可以使单元格区域增加全部表格线。图 4-41 是用“边框”按钮设置表格线的例子。

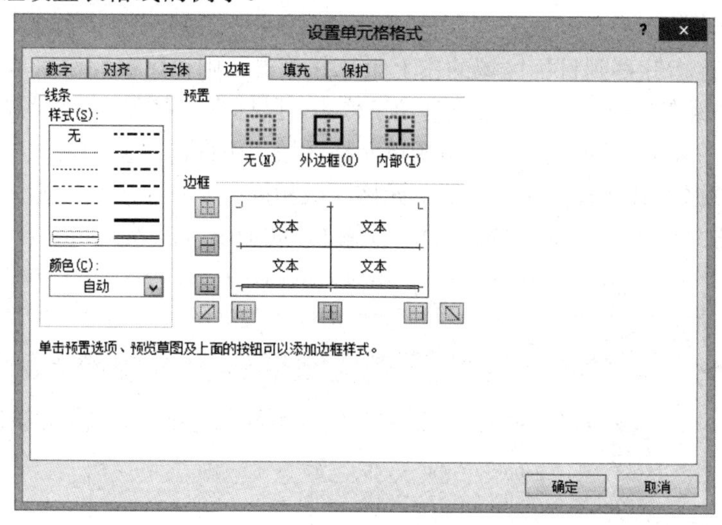

图 4-41　“单元格格式”对话框“边框”选项卡

②使用菜单命令。

a、选定要加表格线的单元格区域。

b、单击“开始”选项卡“对齐方式”功能区右下角的，出现“设置单元格格式”对话框，然后单击“边框”标签。如图 4-41 所示。

c、若必要，单击“颜色”栏的下拉按钮“▼”，从中选择边框线的颜色；在“线条”栏中选择边框线的样式。

d、在“预置”栏中有 3 个按钮：

单击“无”按钮，取消所选区域的边框。

单击“外边框”按钮，在所选区域的外围加边框。

单击“内部”按钮，在所选区域的内部加边框。

若同时选择“外边框”和“内部”，则内外均加边框。

在“边框”栏中提供了 8 种边框形式，用来确定所选区域的左、右、上、下及内部的框线形式。预览区用来显示设置的实际效果。

例如，某区域已经加了边框（单线），现在要把该区域的下边框改为双线。首先选定该区域；用上述步骤 1、2 调出“设置单元格格式”对话框；在“边框”选项卡的“线条”

栏中选择双线样式；单击“边框”栏中的下框线按钮。在预览区可以看到区域的下方出现了双线，如图 4-41 所示。单击“确定”按钮。可以看到该区域的下方出现了双线。

7. 复制格式

若工作表的两部分格式相同，则只要制作其中一部分，另一部分可用复制格式的方法产生其格式，然后填入数据；若要生成的工作表的格式与已存在的某工作表一样，则复制该工作表的格式，然后填入数据。这样可节省大量格式化表格的时间和精力。

复制格式的步骤如下。

（1）选定要复制的源单元格区域。

（2）单击“开始”选项卡中“剪贴板”功能区的“格式刷”工具按钮，此时，鼠标指针带有一个刷子。

（3）鼠标指针移到目标区域的左上角，并单击，则该区域用源区域的格式进行格式化。若目标区域在另一工作表，则选择该工作表，鼠标指针移到目标区域的左上角并单击。

（4）如图 4-42 所示，上面的是源单元格区域，下面的是复制格式的目标区域。在目标区域输入数据，其格式与相应的源单元格区域相同。例如，源单元格区域的第一行格式是合并单元格并居中，在目标区域的第一行输入“成绩表”，其格式也是合并单元格并居中。

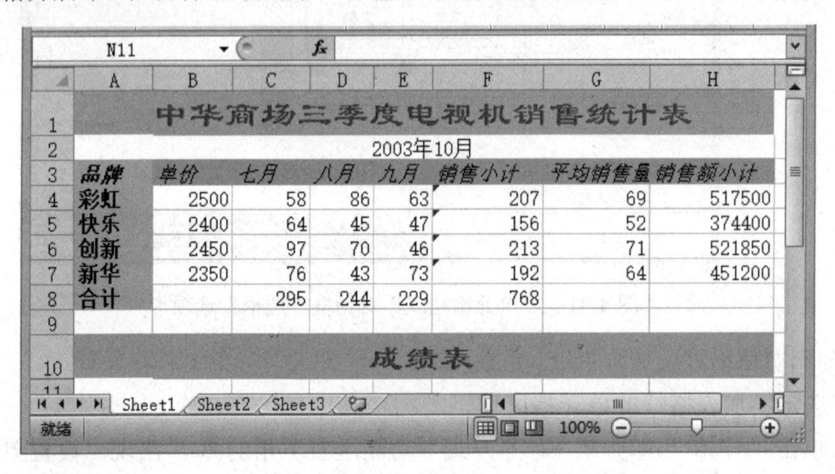

	A	B	C	D	E	F	G	H
1	中华商场三季度电视机销售统计表							
2	2003年10月							
3	品牌	单价	七月	八月	九月	销售小计	平均销售量	销售额小计
4	彩虹	2500	58	86	63	207	69	517500
5	快乐	2400	64	45	47	156	52	374400
6	创新	2450	97	70	46	213	71	521850
7	新华	2350	76	43	73	192	64	451200
8	合计		295	244	229	768		
9								
10	成绩表							

图 4-42　复制格式

8. 自动套用格式

对已经存在的工作表，可以套用系统定义的各种格式来美化表格。其方法如下。

（1）选定要套用格式的单元格区域。

（2）单击“开始”选项卡中“样式”功能区的“套用表格格式”命令，出现“自动套用格式”对话框，如图 4-43 所示。

（3）选择一种格式并单击“确定”按钮。

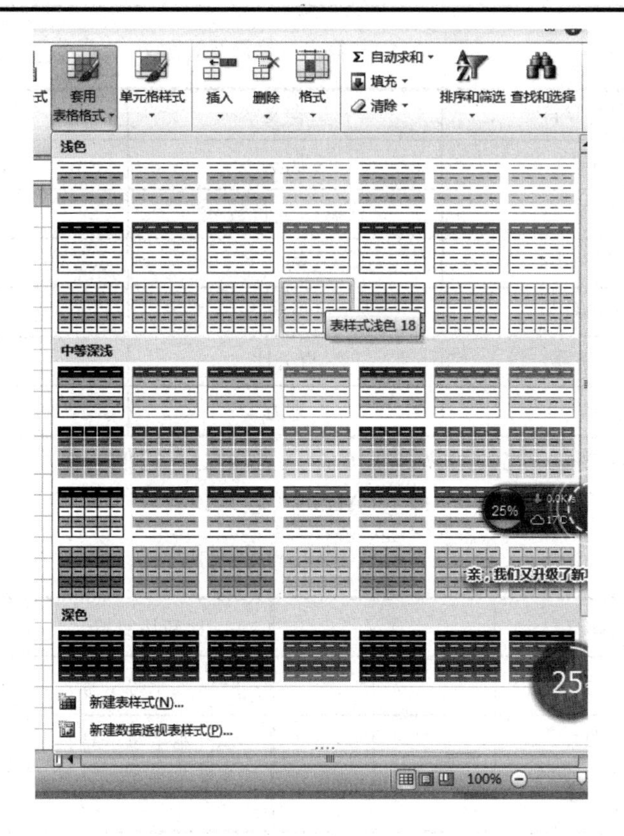

图 4-43　“自动套用格式”对话框

4.3　编辑和处理 Excel 2010 中的数据

Excel 2010 强大的计算功能主要依赖于其公式和函数，利用公式和函数可以对表格中的数据进行各种计算和处理，从而提高在制作复杂表格时的工作效率及计算准确率。

4.3.1　使用公式

公式是对工作表中的数据进行计算的表达式。要输入公式必须先输入“=”，然后再在其后输入表达式，否则 Excel 会将输入的内容作为文本型数据处理。表达式由运算符和参与运算的操作数组成。运算符可以是算术运算符、比较运算符、文本运算符和引用运算符；操作数可以是常量、单元格引用和函数等。

1. 公式中的运算符

运算符是用来对公式中的元素进行运算而规定的特殊符号。Excel 包含 4 种类型的运算符：算术运算符、比较运算符、文本运算符和引用运算符。

（1）算术运算符：算术运算符有 6 个（表 4-1），其作用是完成基本的数学运算，并产生数字结果。

表 4-1　算术运算符及其含义

算术运算符	含义	实例
+（加号）	加法	A1+A2
-（减号）	减法或负数	A1-A2
*（星号）	乘法	A1*2
/（正斜杠）	除法	A1/3
%（百分号）	百分比	50%
^（脱字号）	乘方	2^3

（2）比较运算符：比较运算符有 6 个（表 4-2），它们的作用是比较两个值，并得出一个逻辑值，即“TRUE（真）”或“FALSE（假）”。

表 4-2　比较运算符及其含义

比较运算符	含义	比较运算符	含义
>（大于号）	大于	>=（大于等于号）	大于等于
<（小于号）	小于	<=（小于等于号）	小于等于
=（等于号）	等于	<>（不等于号）	不等于

（3）文本运算符：使用文本运算符“&”（与号）可将两个或多个文本值串起来产生一个连续的文本值。如输入“祝你”&“快乐、开心！”会生成“祝你快乐、开心！”。

（4）引用运算符：引用运算符有 3 个（表 4-3），它们的作用是将单元格区域进行合并计算。

表 4-3　引用运算符及其含义

引用运算符	含义	实例
:（冒号）	区域运算符，用于引用单元格区域	B5:D15
,（逗号）	联合运算符，用于引用多个单元格区域	B5:D15，F5:I15
（空格）	交叉运算符，用于引用两个单元格区域的交叉部分	B7:D7 C6:C8

2. 公式的创建、移动、复制与修改

（1）创建公式：要创建公式，可以直接在单元格中输入，也可以在编辑栏中输入，输入方法与输入普通数据相似。单击要输入公式的单元格，然后输入等号“=”，接着输入操作数和运算符，按【Enter】键得到计算结果。

（2）移动与复制公式：将鼠标指针移到要复制公式的单元格右下角的填充柄▪处，此时鼠标指针由空心✚变成实心的十字形，按住鼠标左键不放向下拖动，至目标单元格后释放鼠标，即可复制公式。

（3）修改或删除公式 ：要修改公式，可单击含有公式的单元格，然后在编辑栏中进

行修改，或双击单元格后直接在单元格中进行修改，修改完毕按【Enter】键确认。删除公式是指将单元格中应用的公式删除，而保留公式的运算结果。

3. 公式中的错误与审核

Excel 2010 中内置了一些命令、宏和错误值，它们可以帮助用户发现公式中的错误。

（1）公式错误代码。在使用公式时，经常会遇到公式的返回值为一段代码的情况，如“####”“#VALUE”等。了解这些代码的含义，用户就可以知道在公式使用过程中出现了什么样的错误。一些常见的错误代码产生的原因如表 4-4 所示。

表 4-4　一些常见的错误代码产生的原因

序号	错误代码	产生的原因
1	**#DIV/0!**	除数引用了零值单元格或空单元格
2	**#N/A**	公式中没有可用数值，或缺少函数参数
3	**####**	输入到单元格中的数值或公式计算结果太长，单元格容纳不下。增加单元格宽度可以解决这个问题。另外，日期运算结果为负值也会出现这种情况，此时可以改变单元格的格式，比如改为文本格式
4	**#NAME?**	公式中引用了无法识别的名称，或删除了公式正在使用的名称。例如，函数的名称拼写错误，使用了没有被定义的区域或单元格名称，引用文本时没有加引号等
5	**#VALUE**	当公式需要数字或逻辑值时，却输入了文本；为需要单个值（而不是区域）的运算符或函数提供了区域引用；输入数组公式后，没有按【Ctrl＋Shift＋Enter】组合键确认
6	**#RFF**	公式引用的单元格被删除，且系统无法自动调整，或链接的数据不可用
7	**#NUM!**	公式产生的结果数字太大或太小，Excel 无法表示出来，例如，输入公式“=10^309”，由于运算结果太大，公式返回错误；或在需要数字参数的函数中使用了无法接受的参数，例如，在输入开平方的公式（SQRT）时，引用了负值的单元格或直接使用了负值
8	**#NULL!**	使用了不正确的区域运算符或引用的单元格区域的交集为空。例如，输入公式“=A1:B4 C1:D4”，因为这两个单元格区域交集为空，所以按【Enter】键后返回值为“#NULL!”

（2）“公式审核”组。在使用公式的过程中，有时可能会因人为疏忽，或是表达式的设置错误，导致计算结果发生错误。使用 Excel 提供的审核功能可以方便地检查公式、分析数据流向和来源、纠正错误、把握公式和值的关联关系等。

在“公式”选项卡上的“公式审核”组中可以看到如图 4-44 所示的按钮。“公式审核”组中各按钮的名称及作用如表 4-5 所示。

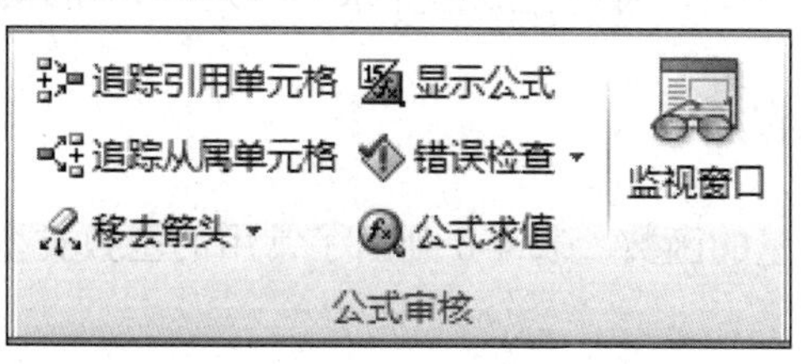

图 4-44　“公式审核”组中的按钮

表 4-5 “公式审核”组中各按钮的作用

图标	名 称	功 能
	追踪引用单元格	追踪引用单元格，并在工作表上显示追踪箭头，表明追踪的结果
	追踪从属单元格	追踪从属单元格，并在工作表上显示追踪箭头，表明追踪的结果
	移去箭头	删除工作表中的所有追踪箭头
	显示公式	在包含公式的单元格中显示公式，而不是计算结果
	错误检查	检查公式中的常见错误
	公式求值	单击该按钮可打开“公式求值”对话框
	监视窗口	单击该按钮可打开“监视窗口”对话框

（3）追踪导致公式错误的单元格。当单元格中的公式出现错误时，使用审核工具可以方便地查出错误是由哪些单元格引起的，具体操作如下。

①选中显示错误值的单元格，单击“公式”选项卡上“公式审核”组中“错误检查”按钮右侧的小三角按钮。

②在展开的列表中选择“追踪错误”选项，此时将显示蓝色追踪箭头指明包含错误数据的单元格。

（4）查找与公式相关的单元格。如果要查找公式中引用的单元格，可执行如下操作。

①选中包含公式的单元格，单击“公式”选项卡上“公式审核”组中的“追踪引用单元格”按钮。

②将显示蓝色追踪箭头穿过所有公式中引用的单元格，指向公式所在单元格，在追踪箭头上显示的蓝色圆点指示每一个引用单元格所在位置。

如果想查找某单元格被哪些公式所引用，可执行如下操作。

①选中要观察的单元格，单击“公式”选项卡上“公式审核”组中的“追踪从属单元格”按钮。

②将显示蓝色追踪箭头，从公式引用单元格指向公式所在的单元格。

4.3.2 使用函数

函数是预先定义好的表达式，它必须包含在公式中。每个函数都由函数名和参数组成，其中函数名表示将执行的操作（如求平均值函数 AVERAGE），参数表示函数将作用的值的单元格地址。通常是一个单元格区域（如 A2：B7 单元格区域），也可以是更为复杂的内容，在公式中合理地使用函数，可以完成诸如求和、逻辑判断和财务分析等众多数据处理功能。

1. 常用函数

Excel 2010 提供了大量的函数，表 4-6 列出了常用的函数类型和使用范例。

表 4-6　常用的函数类型和使用范例

函数类型	函数	使用范例
常用	SUN（求和）、AVERAGE（求平均值）、MAX（求最大值）、MIN（求最小值）、COUNT（计数）等	=AVERAGE（F2：F7） 表示求 F2：F7 单元格区域中数字的平均值
财务	DB（资产的折扣值）、IRR（现金流的内部报酬率）、PMT（分期偿还额）等	=PMT（B4，B5，B6） 表示在输入利率、周期和规则作为变量时，计算周期支付值
日期与时间	DATA（日期）、HOUR（小时数）、SECOND（秒数）、TIME（时间）等	=DATA（C2，D2，E2） 表示返回 C2、D2、E2 所代表的日期的序列号
数学与三角	ABS（求绝对值）、E2002（求指数）、SIN（求正弦值）、ACOSH（反双曲余弦值）、INT（求整数）、LOG（求对数）、RAND（产生随机数）等	=ABS（E4） 表示得到 E4 单元格中数值的绝对值，即不带负号的绝对值
统计	AVERAGE（求平均值）、AVEDEY（绝对误差的平均值）、COVAR（求协方差）、BINOMDIST（一元二项式分布概率）	=COVAR（A2:A6，B2:B6） 表示求 A2:A6 和 B2:B6 单元格区域数据的协方差
查找与引用	ADDRESS（单元格地址）、AREAS（区域个数）、COLUMN（返回列标）、LOOKUP（从向量或数组中查找值）、ROW（返回行号）等	=ROW（C10） 表示返回引用单元格所在行的行号
逻辑	AND（与）、OR（或）、FALSE（假）、TRUE（真）、IF（如果）、NOT（非）	=IF（A3>=B5，A3*2，A3/B5） 表示使用条件测试 A3 是否大于等于 B5，条件结果要么为真，要么为假

2. 函数的基本操作

使用函数时，应首先确认已在单元格中输入了“=”号，即已进入公式编辑状态。接下来可输入函数名称，再紧跟着一对括号，括号内为一个或多个参数，参数之间要用逗号来分隔。用户可以在单元格中手工输入函数，也可以使用函数向导输入函数。

（1）直接输入函数。手工输入一般用于参数比较单一、简单的函数，即用户能记住函数的名称、参数等，此时可直接在单元格中输入函数。

①建立“图书销售”工作表。先计算“码洋”（注：码洋=定价*数量）。单击 D3 单元格，输入公式“=B3*C3”后按【Enter】键，计算出“极速风暴—五笔打字高手速成教程”一书的码洋。如图 4-45（a）所示。

②向下拖动 D3 单元格右下角的填充柄到 F16 单元格后释放鼠标，计算出其他图书的“码洋”，效果如图 4-45（b）所示。

	A	B	C	D
1	图书销售			
2	书 名	定价	数量	码洋
3	极速风暴—五笔打字高手速成教程	19.80	70	=B3*C3
4	Fireworks8中文版案例教程	24.00	58	
5	Photoshop CS3中文版实用教程	22.00	50	
6	CorelDRAW X3中文版实用教程	19.00	50	
7	新手学电脑——我的第一本电脑书	26.80	150	
8	Photoshop CS5中文版实例教程	32.00	150	
9	Excel 2007中文版实用教程	22.00	23	
10	AutoCAD 2010 中文版机械制图实用教程	22.00	100	
11	Illustrator cs 3 中文版实用教程	22.00	30	
12	Photoshop CS4中文版实例教程	29.00	115	
13	AutoCAD 2007 中文版建筑制图实例教程	29.00	98	
14	Illustrator cs 2 中文版实例教程	29.00	30	
15	Dreamweaver CS3中文版实例教程	29.00	30	
16	Windows XP中文版教程	26.00	115	
17	合 计			

（a）

	A	B	C	D
1	图书销售			
2	书 名	定价	数量	码洋
3	极速风暴—五笔打字高手速成教程	19.80	70	1386.00
4	Fireworks8中文版案例教程	24.00	58	1392.00
5	Photoshop CS3中文版实用教程	22.00	50	1100.00
6	CorelDRAW X3中文版实用教程	19.00	50	950.00
7	新手学电脑——我的第一本电脑书	26.80	150	4020.00
8	Photoshop CS5中文版实例教程	32.00	150	4800.00
9	Excel 2007中文版实用教程	22.00	23	506.00
10	AutoCAD 2010 中文版机械制图实用教程	22.00	100	2200.00
11	Illustrator cs 3 中文版实用教程	22.00	30	660.00
12	Photoshop CS4中文版实例教程	29.00	115	3335.00
13	AutoCAD 2007 中文版建筑制图实例教程	29.00	98	2842.00
14	Illustrator cs 2 中文版实例教程	29.00	30	870.00
15	Dreamweaver CS3中文版实例教程	29.00	30	870.00
16	Windows XP中文版教程	26.00	115	2990.00
17	合 计			

（b）

图 4-45　计算各图书的“码洋”

③单击单元格B3，然后向下拖动B3单元格右下角的填充柄至B17单元格后释放鼠标，单击“自动求和”按钮，计算出图书定价的合计。以此方法同样可以计算出其他项目的合计数（图4-46）。最后另存工作簿为“图书销售（函数）”。

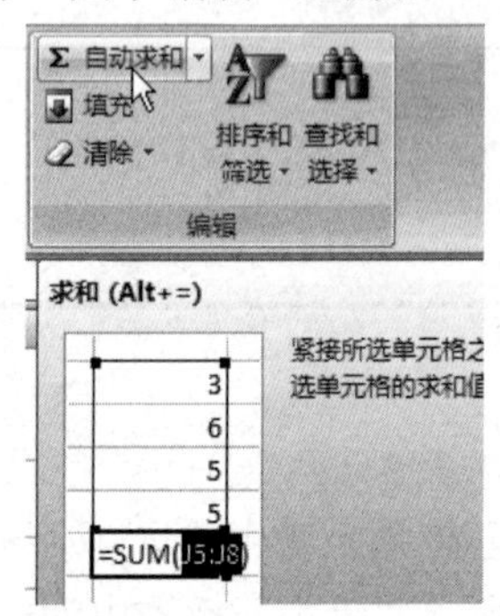

图 4-46　计算合计值

（2）使用向导输入函数。如果不能确定函数的拼写或参数，可以使用函数向导输入函数。

①建立“成绩评定表”工作表，如图 4-47（a）所示。单击要输入函数的单元格 I3，然后单击编辑栏中的“插入函数”按钮f_x，打开“插入函数”对话框；在“或选择类别”下拉列表中选择“常用函数”类，然后在“选择函数”列表中选择“AVERAGE”函数，如图 4-47（b）所示。

②单击“确定”按钮，打开“函数参数”对话框，单击 Number1 编辑框右侧的压缩对话框按钮，如图 4-48（a）所示。

③在工作表中选择要求平均分的单元格区域 C3：H3[图 4-48（b）]，然后单击展开对话框按钮返回“函数参数”对话框。

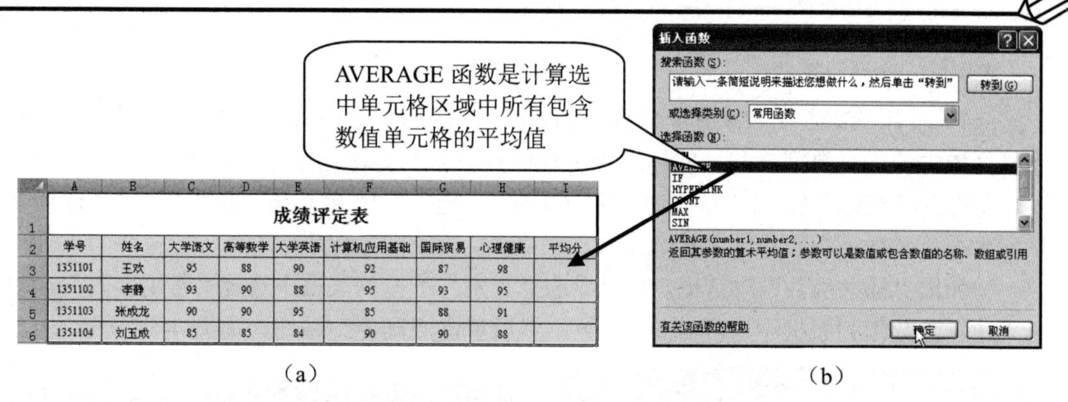

（a）　　　　　　　　　　　　（b）

图 4-47 单击要输入函数的单元格并选择函数

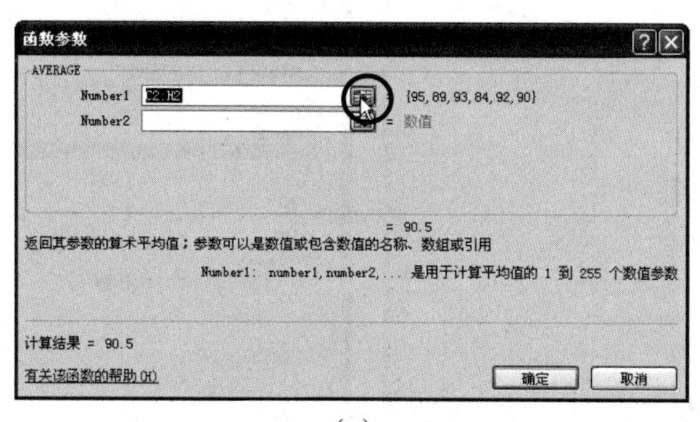

（a）

	A	B	C	D	E	F	G	H	I
1	成绩评定表								
2	学号	姓名	大学语文	高等数学	大学英语	计算机应用基础	国际贸易	心理健康	平均分
3	1351101	王欢	95	88	90	92	87	98	=AVERAGE(C3:H3)
4	1351102	李静	93	90	88	95	93	95	
5	1351103	张成龙	90	90	95	85	88	91	
6	1351104	刘玉成	85	85	84	90	90	88	

（b）

图 4-48　选择计算区域

④单击“函数参数”对话框中的“确定”按钮得到结果，并根据需要设置该列数据的小数位数为 2。如图 4-49（a）所示。

⑤再向下拖动 I3 单元格右下角的填充柄至 I6 单元格，利用复制函数功能计算出其他学生的平均分。如图 4-49（b）所示。

	A	B	C	D	E	F	G	H	I
1	成绩评定表								
2	学号	姓名	大学语文	高等数学	大学英语	计算机应用基础	国际贸易	心理健康	平均分
3	1351101	王欢	95	88	90	92	87	98	91.67
4	1351102	李静	93	90	88	95	93	95	
5	1351103	张成龙	90	90	95	85	88	91	
6	1351104	刘玉成	85	85	84	90	90	88	

（a）

	A	B	C	D	E	F	G	H	I
1	成绩评定表								
2	学号	姓名	大学语文	高等数学	大学英语	计算机应用基础	国际贸易	心理健康	平均分
3	1351101	王欢	95	88	90	92	87	98	91.67
4	1351102	李静	93	90	88	95	93	95	92.33
5	1351103	张成龙	90	90	95	85	88	91	89.83
6	1351104	刘玉成	85	85	84	90	90	88	87.00

（b）

图 4-49　计算结果

3. 常见函数的使用

（1）使用 SUM 函数求和。SUM 函数是一个求和汇总函数，可以计算在任何一个单元格区域中的所有数字之和。使用求和函数计算数据的具体操作方法如下。

①打开“素材文件\第 4 章\学生成绩表.xlsx”，选中 C16 单元格，选择“公式”选项卡，然后单击“函数库”组中的“插入函数”按钮，如图 4-50 所示。

②弹出“插入函数”对话框，在“或选择类别”下拉列表框中选择“常用函数”选项，在“选择函数”列表框中选择 SUM 函数，然后单击“确定”按钮，如图 4-51 所示。

图 4-50　单击“插入函数”按钮

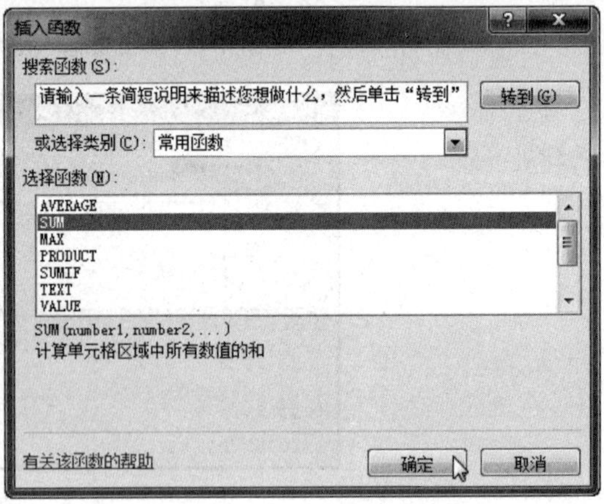

插入函数
搜索函数(S):
请输入一条简短说明来描述您想做什么，然后单击“转到”
转到(G)
或选择类别(C): 常用函数
选择函数(N):
AVERAGE
SUM
MAX
PRODUCT
SUMIF
TEXT
VALUE
SUM(number1,number2,...)
计算单元格区域中所有数值的和
有关该函数的帮助
确定
取消

图 4-51　“插入函数”对话框

③弹出“函数参数”对话框，然后单击 Number1 右侧的“折叠”按钮，如图 4-52 所示。

④返回工作表窗口，选择 C2:C15 单元格区域，再次单击“折叠”按钮，如图 4-53 所示。

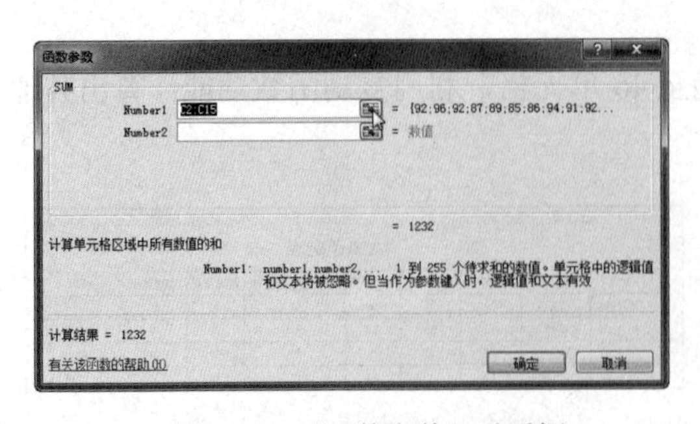

图 4-52　“函数参数”对话框

图 4-53　选择单元格区域

⑤返回“函数参数”对话框，单击“确定”按钮，即可得出求和结果，如图 4-54 所示。

⑥选中计算结果所在的单元格，利用自动填充功能计算其他项目的结果，如图 4-55 所示。

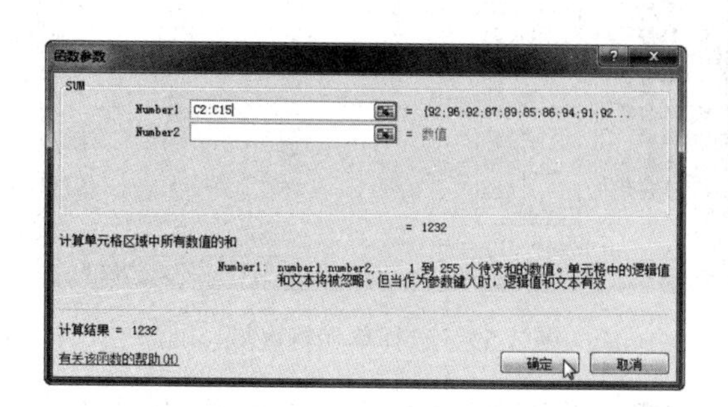

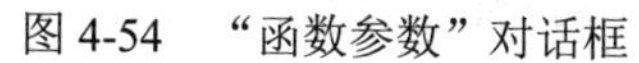
图 4-54　“函数参数”对话框

图 4-55　计算其他项目结果

（2）使用 AVERAGE 函数求平均值。在 Excel 2010 中，用 AVERAGE 函数用来计算一串数值的平均值，其语法为：AVERAGE（数值 1，数值 2，…），其中“数值 1，数值 2”是指计算平均值的单元格或单元格区域参数。使用 AVERAGE 函数求平均值的具体操作方法如下。

①打开“素材文件\第 4 章\学生成绩表.xlsx”，选中 C16 单元格，选择“公式”选项卡，然后单击“函数库”组中的“插入函数”按钮，如图 4-56 所示。

②弹出“插入函数”对话框，在“或选择类别”下拉列表框中选择“常用函数”选项，在“选择函数”列表框中选择 AVERAGE 函数，然后单击“确定”按钮，如图 4-57 所示。

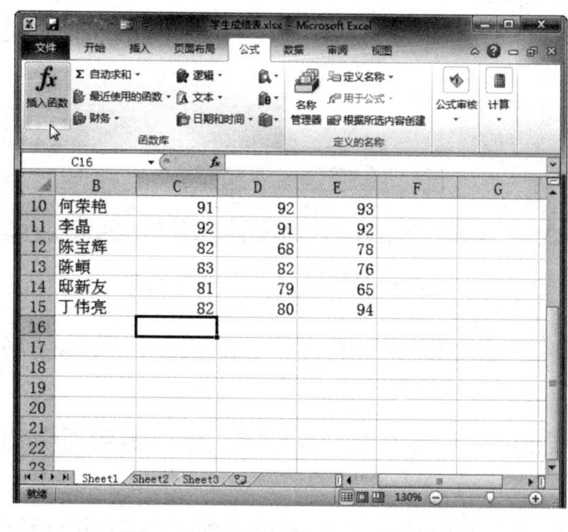

图 4-56　单击“插入函数”按钮

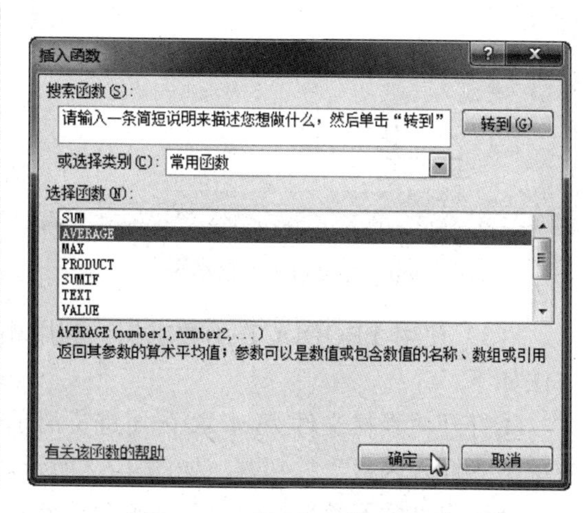

图 4-57　“插入函数”对话框

③弹出“函数参数”对话框，单击 Number1 右侧“折叠”按钮，如图 4-58 所示。

④返回工作表窗口，选择要计算的单元格，并再次单击“折叠”按钮，如图 4-59 所示。

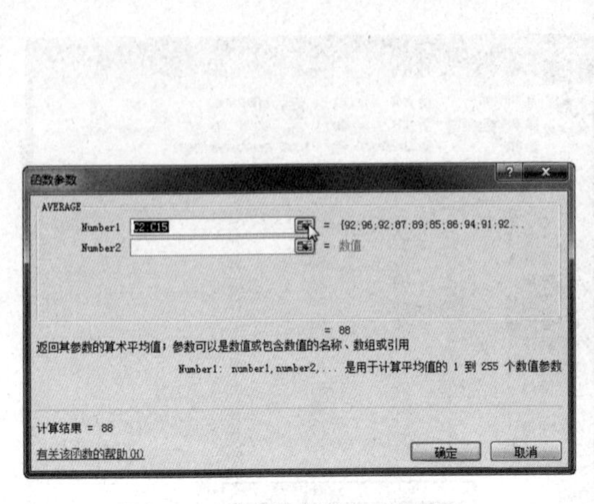

图 4-58 “函数参数”对话框

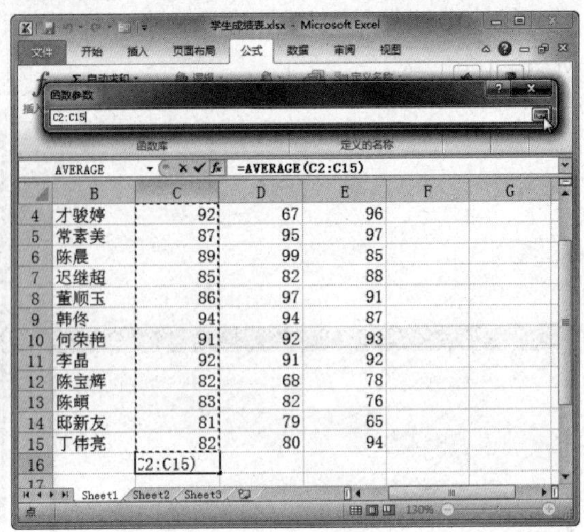

图 4-59 选择单元格区域

⑤返回“函数参数”对话框，单击“确定”按钮，即可得出求平均值的结果，如图 4-60 所示。

⑥选中计算结果所在的单元格，利用自动填充功能计算其他项目的结果，如图 4-61 所示。

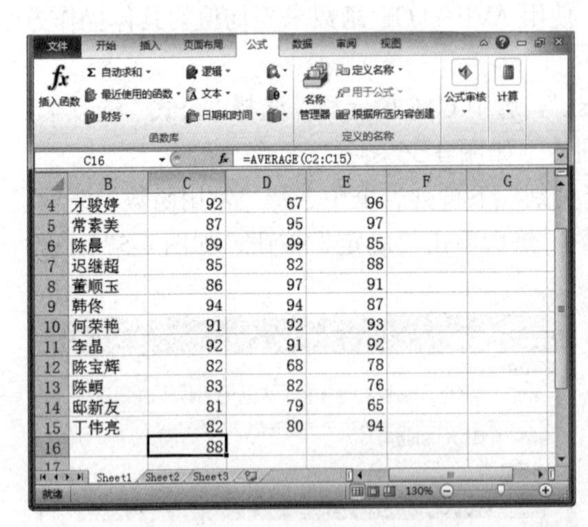

图 4-60 得出求平均值结果

图 4-61 计算其他项目结果

（3）使用 PRODUCT 函数求积。利用相乘函数可以得出所有参数的乘积，具体使用方法如下。

①打开“素材文件\第 4 章\公司进货清单表.xlsx”，选中 E2 单元格，在“函数库”组中单击“插入函数”按钮 f_x，如图 4-62 所示。

②弹出“插入函数”对话框，在“或选择类别”下拉列表框中选择“数学与三角函数”选项，在“选择函数”列表框中选择 PRODUCT 函数，然后单击“确定”按钮，如图 4-63 所示。

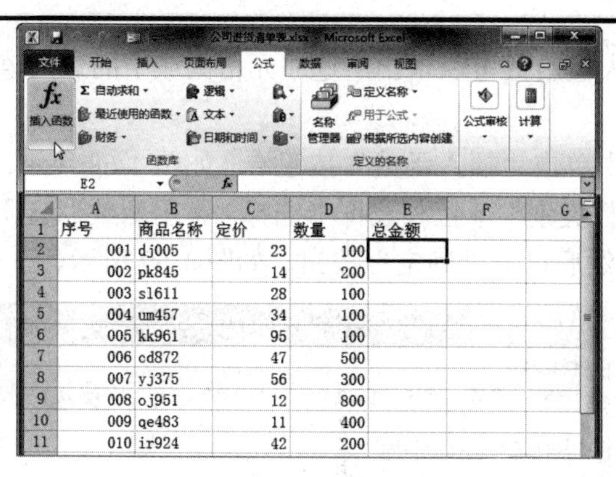

图 4-62　单击“插入函数”按钮

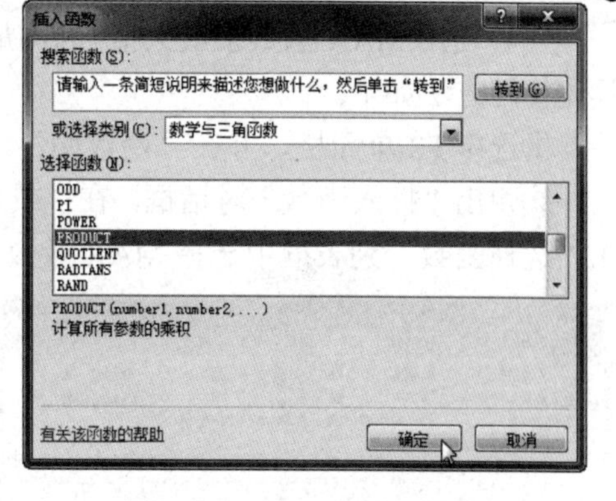

图 4-63　“插入函数”对话框

③弹出“函数参数”对话框，单击 Number1 右侧“折叠”按钮，如图 4-64 所示。

④返回工作表窗口，选择 C2:D2 单元格区域，并再次单击“折叠”按钮，如图 4-65 所示。

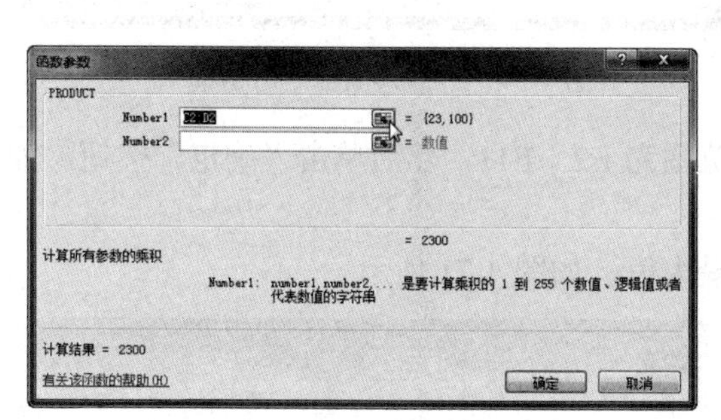

图 4-64　“函数参数”对话框

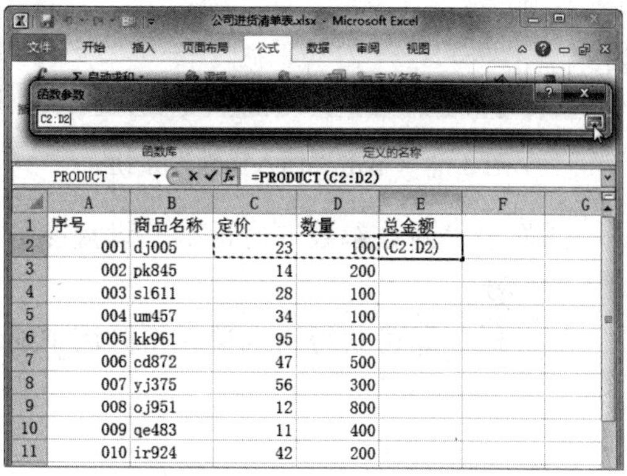

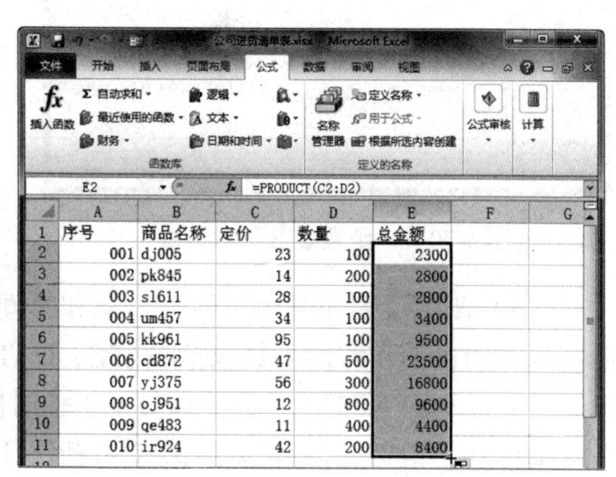

图 4-65　选择单元格区域

⑤返回“函数参数”对话框，单击“确定”按钮，得出参数相乘后的结果，如图 4-66 所示。

⑥选中计算结果所在的单元格，利用自动填充功能计算其他项目的结果，如图 4-67 所示。

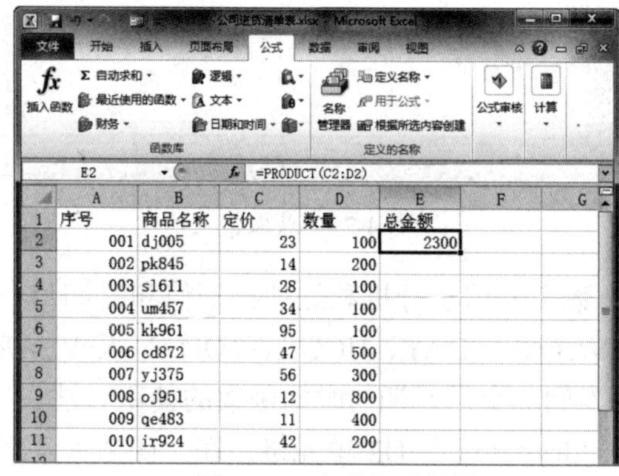

图 4-66　查看相乘结果

图 4-67　计算其他项目结果

（4）使用 MAX 函数求最大值。利用最大值函数可以求出所选单元格区域中的最大值，具体使用方法如下。

①选中 F2 单元格，并在“函数库”组中单击“插入函数”按钮 fx，如图 4-68 所示。

②弹出“插入函数”对话框，在“或选择类别”下拉列表框中选择“常用函数”选项，在“选择函数”列表框中选择 MAX 函数，然后单击“确定”按钮，如图 4-69 所示。

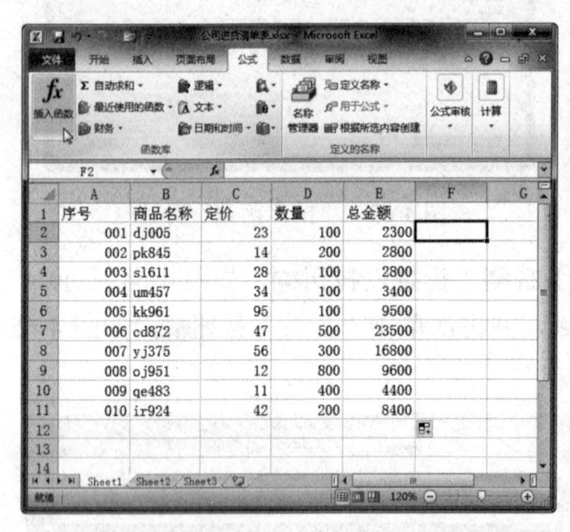

图 4-68　单击“插入函数”按钮　　图 4-69　“插入函数”对话框

③弹出“函数参数”对话框，设置参数范围为 E2：E11，然后单击“确定”按钮，如图 4-70 所示。

④此时，即可获得所选单元格区域中的最大值，如图 4-71 所示。

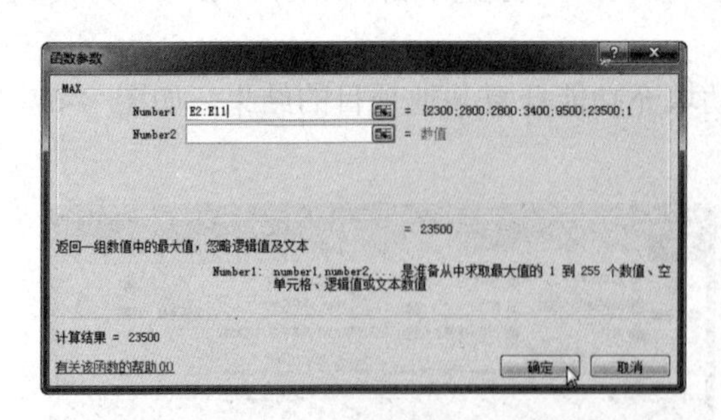

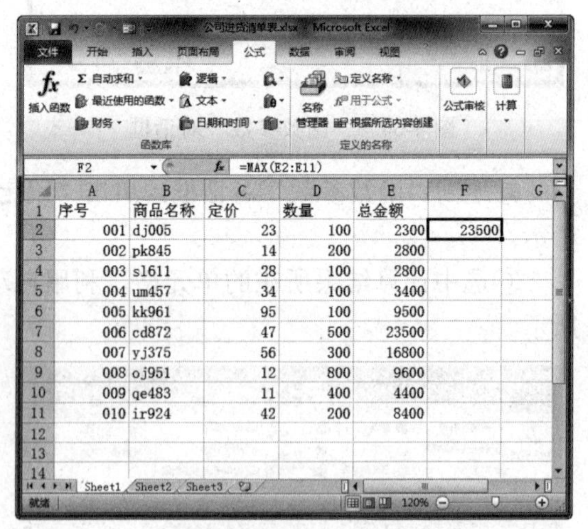

图 4-70　“函数参数”对话框　　图 4-71　获取最大值

（5）使用日期和时间函数。日期和时间函数主要用于分析和处理日期值和时间值，系统内部的日期和时间函数包括 DATE、DATEVALUE、DAY、HOUR、TODAY 及 YEAR 等。下面以利用 HOUR 函数计算员工工作时间为例，介绍日期与时间函数的使用方法。

①打开“素材文件\第 4 章\员工考勤统计表.xlsx”，选中 D2 单元格，在“函数库”组中单击“日期和时间”下拉按钮，在弹出的下拉列表中选择 HOUR 选项，如图 4-72 所示。

②弹出“函数参数”对话框，在 Serial_number 文本框中输入公式“C2-B2”，然后单击“确定”按钮，如图 4-73 所示。

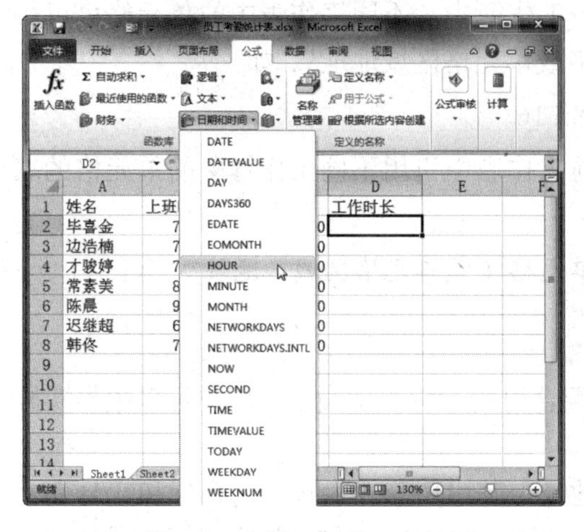

图 4-72　选择 HOUR 选项

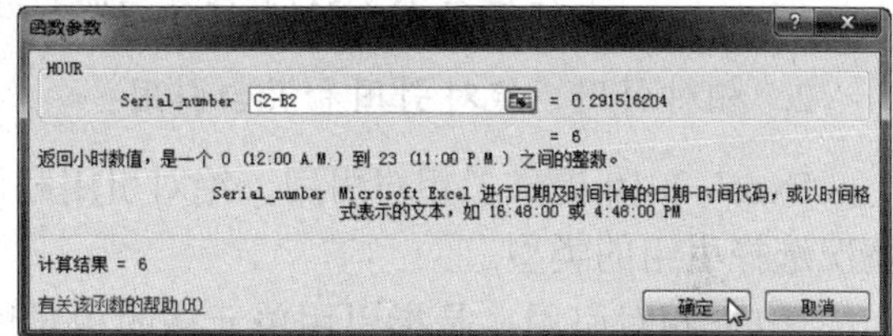

图 4-73　“函数参数”对话框

③此时，即可得出 HOUR 函数返回的结果，如图 4-74 所示。

④选中计算结果所在单元格，利用自动填充功能计算其他项目的结果，如图 4-75 所示。

图 4-74　查看 HOUR 函数返回结果

图 4-75　计算其他项目结果

4.3.3　单元格引用

引用就是是通过标识工作表中的单元格或单元格区域来指明公式中所使用的数据的位置。通过单元格的引用，可以在一个公式中使用工作表不同部分的数据，或者在多个公式中使用一个单元格中的数据，还可以引用同一个工作簿中不同工作表中的单元格，甚至还可以引用不同工作簿中的数据。当公式中引用的单元格数值发生变化时，公式会自动更新其所在单元格内容，即更新其计算结果。

1. 相同或不同工作簿、工作表中的引用

（1）引用不同工作表间的单元格：在同一工作簿中，不同工作表中的单元格可以相互引用，它的表示方法为："工作表名称!单元格或单元格区域地址"。如

Sheet2!F8:F16

（2）引用不同工作簿中的单元格：在当前工作表中引用不同工作簿中的单元格的表示方法为

[工作簿名称.xlsx]工作表名称！单元格（或单元格区域）地址

2. 相对引用、绝对引用和混合引用

Excel 2010 提供了相对引用、绝对引用和混合引用三种引用类型，用户可以根据实际情况选择引用的类型。

（1）相对引用：是指引用单元格的相对地址，其引用形式为直接用列标和行号表示单元格，例如 B5；或用引用运算符表示单元格区域，如 B5：D15。该方式下如果公式所在单元格的位置改变，引用也随之改变。默认情况下，公式使用相对引用，如前面讲解的复制公式就是如此。

引用单元格区域时，应先输入单元格区域起始位置的单元格地址，然后输入引用运算符，再输入单元格区域结束位置的单元格地址。

（2）绝对引用：是指引用单元格的精确地址，与包含公式的单元格位置无关，其引用形式为在列标和行号的前面都加上"$"符号。例如，若在公式中引用$B$5 单元格，则不论将公式复制或移动到什么位置，引用的单元格地址的行和列都不会改变。

（3）混合引用：既包含绝对引用又包含相对引用的称为混合引用，如 A$1 或$A1 等，用于表示列变行不变或列不变行变的引用。

如果公式所在单元格的位置改变，则相对引用改变，而绝对引用不变。编辑公式时，输入单元格地址后，按【F4】键可在绝对引用、相对引用和混合引用之间切换。

4.3.4 数据排序

排序是对工作表中的数据进行重新组织安排的一种方式。在 Excel 2010 中，可以对一列或多列中的数据按文本、数字以及日期和时间进行排序，还可以按自定义序列（如大、中、小）进行排序。

1. 简单排序

简单排序是指对数据表中的单列数据按照 Excel 2010 默认的升序或降序的方式排列。单击要进行排序的列中的任一单元格，再单击"数据"选项卡上"排序和筛选"组中"升序"按钮A↓或"降序"按钮Z↓，所选列即按升序或降序方式进行排序。对"图书销售"表中的"数量"按升序排序后的结果如图 4-76 所示。

	A	B	C	D
1	图书销售			
2	书 名	定价	数量	码洋
3	极速风暴—五笔打字高手速成教程	19.80	70	1386.00
4	Fireworks8中文版案例教程	24.00	58	1392.00
5	Photoshop CS3中文版实用教程	22.00	50	1100.00
6	CorelDRAW X3中文版实用教程	19.00	50	950.00
7	新手学电脑——我的第一本电脑书	26.80	150	4020.00
8	Photoshop CS5中文版实例教程	32.00	150	4800.00
9	Excel 2007中文版实用教程	22.00	23	506.00
10	AutoCAD 2010 中文版机械制图实用教程	22.00	100	2200.00
11	Illustrator cs 3 中文版实用教程	22.00	30	660.00
12	Photoshop CS4中文版实例教程	29.00	115	3335.00
13	AutoCAD 2007 中文版建筑制图实例教程	29.00	98	2842.00
14	Illustrator cs 2 中文版实例教程	29.00	30	870.00
15	Dreamweaver CS3中文版实例教程	29.00	30	870.00
16	Windows XP中文版教程	26.00	115	2990.00
17	合　计			

	A	B	C	D
1	图书销售			
2	书 名	定价	数量	码洋
3	Excel 2007中文版实用教程	22.00	23	506.00
4	Illustrator cs 3 中文版实用教程	22.00	30	660.00
5	Illustrator cs 2 中文版实例教程	29.00	30	870.00
6	Dreamweaver CS3中文版实例教程	29.00	30	870.00
7	Photoshop CS3中文版实用教程	22.00	50	1100.00
8	CorelDRAW X3中文版实用教程	19.00	50	950.00
9	Fireworks8中文版案例教程	24.00	58	1392.00
10	极速风暴—五笔打字高手速成教程	19.80	70	1386.00
11	AutoCAD 2007 中文版建筑制图实例教程	29.00	98	2842.00
12	AutoCAD 2010 中文版机械制图实用教程	22.00	100	2200.00
13	Photoshop CS4中文版实例教程	29.00	115	3335.00
14	Windows XP中文版教程	26.00	115	2990.00
15	新手学电脑——我的第一本电脑书	26.80	150	4020.00
16	Photoshop CS5中文版实例教程	32.00	150	4800.00
17	合　计			

图 4-76　按升序排列前后的对比

在 Excel 2010 中，不同数据类型的升序排序方式如下。

（1）数字：按从最小的负数到最大的正数进行排序。

（2）日期：按从最早的日期到最晚的日期进行排序。

（3）文本：按照特殊字符、数字（0，1，…，9）、小写英文字母（a，b，…，z）、大写英文字母（A，B，…，Z）、汉字（以拼音排序）排序。

（4）逻辑值：FALSE 排在 TRUE 之前。

（5）错误值：所有错误值（如#NUM!和#REF!）的优先级相同。

（6）空白单元格：总是放在最后。

2. 多关键字排序

多关键字排序就是对工作表中的数据按两个或两个以上的关键字进行排序。在此排序方式下，为了获得最佳结果，要排序的单元格区域应包含列标题。

对多个关键字进行排序时，在主要关键字完全相同的情况下，会根据指定的次要关键字进行排序；在次要关键字完全相同的情况下，会根据指定的下一个次要关键字进行排序，依次类推。

（1）单击要进行排序操作工作表中的任意非空单元格，然后单击“数据”选项卡上“排序和筛选”组中的“排序”按钮。

（2）在打开的“排序”对话框中设置“主要关键字”条件，然后单击“添加条件”按钮，添加一个次要条件，再设置“次要关键字”条件（图 4-77）。用户可添加多个次要关键字，设置完毕，单击“确定”按钮即可。

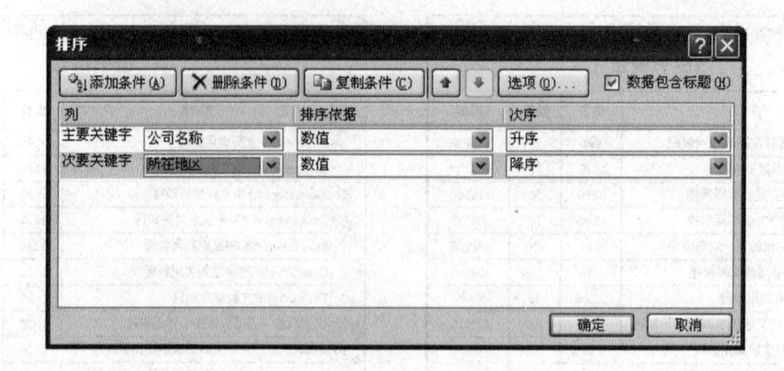

图 4-77　多关键字排序

4.3.5　数据筛选

在对工作表数据进行处理时，有时需要从工作表中找出满足一定条件的数据，这时可以用 Excel 的数据筛选功能显示符合条件的数据，而将不符合条件的数据隐藏起来。Excel 提供了自动筛选、按条件筛选和高级筛选三种筛选方式，无论使用哪种方式，要进行筛选操作，数据表中必须有列标签。

1. 按条件筛选

在 Excel 2010 中，可按用户自定的筛选条件筛选出符合需要的数据。如要将成绩表中“平均分”大于 85 小于 90 的记录筛选出来，具体操作如下。

（1）建立“成绩评定表”（图 4-78），选中“平均分”列，单击“数据”选项卡上“排序和筛选”组中的“筛选”按钮。

成绩评定表

学号	姓名	大学语文	高等数学	大学英语	计算机应用基础
1351101	王欢	95	88	90	92
1351102	李静	93	90	88	95
1351103	张成龙	90	90	95	85
1351104	刘玉成	85	85	84	90
1351105	张宇	82	73	88	80
1351106	吴冰	80	81	83	88
1351107	赵琳	89	89	78	96
1351108	唐颖	93	92	96	90
1351109	王樊	89	96	76	88
1351110	余风	86	78	82	85

图 4-78　选择筛选条件

（2）单击“平均分”列标题右侧的筛选箭头，在打开的筛选列表中选择“数字筛选”项，然后在展开的子列表中选择一种筛选条件，如选择“介于”选项。

（3）在打开的“自定义自动筛选方式”对话框中设置具体筛选项，设置如图 4-79（a）所示。单击“确定”按钮，效果如图 4-79（b）所示。

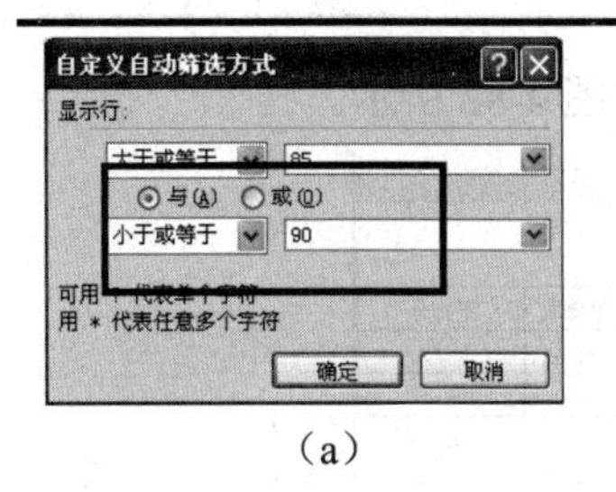

（a）

	A	B	C	D	E	F	G	H	I
1	成绩评定表								
5	1351103	张成龙	90	90	95	85	88	91	[illegible]
6	1351104	刘玉成	85	85	84	90	90	88	87.00
9	1351107	赵琳	89	89	78	96	88	87	87.83
11	1351109	王雯	89	96	76	88	83	95	87.83
12	1351110	余风	86	78	82	85	90	96	86.17

（b）

图 4-79　自定义筛选条件及筛选效果

2. 自动筛选

自动筛选一般用于简单的条件筛选，筛选时将不需要显示的记录暂时隐藏起来，只显示符合条件的记录。

（1）单击要进行筛选操作的工作表中的任意非空单元格，然后单击“数据”选项卡上“排序和筛选”组中的“筛选”按钮 。

（2）此时，工作表标题行中的每个单元格右侧显示筛选箭头 ，单击要进行筛选操作列标题右侧的筛选箭头。

（3）在展开的列表中取消不需要显示的记录左侧的复选框，只勾选需要显示的记录，单击“确定”按钮即可。

3. 高级筛选

高级筛选用于条件较复杂的筛选操作，其筛选结果可显示在原数据表格中，不符合条件的记录被隐藏起来；也可以在新的位置显示筛选结果，不符合条件的记录同时保留在数据表中，从而便于进行数据的对比。在高级筛选中，多条件筛选是最常用的一种。如要将成绩表中“大学语文”和大学英语成绩分别大于 85、90 的记录筛选出来，操作步骤如下。

（1）在工作表中显示全部数据，并单击“筛选”按钮取消筛选箭头，然后输入筛选条件，再单击要进行筛选操作工作表中的任意非空单元格，最后单击“数据”选项卡“排序和筛选”组中的“高级”按钮 ，如图 4-80 所示。

（2）打开“高级筛选”对话框，确认“列表区域”（参与高级筛选的数据区域）的单元格引用是否正确，如果不正确，重新在工作表中进行选择。

（3）单击“条件区域”右侧的折叠对话框按钮 ，然后在工作表中选择步骤（1）输入的筛选条件区域，再在对话框中选择筛选结果的放置位置（在原有位置还是复制到其他位置），如图 4-81 所示。

	A	B	C	D	E	F	G	H	I
1	成绩评定表								
2	学号	姓名	大学语文	高等数学	大学英语	计算机应用基础	国际贸易	心理健康	平均分
3	1351101	王欢	95	88	90	92	87	98	91.67
4	1351102	李静	93	90	88	95	93	95	92.33
5	1351103	张成龙	90	90	95	85	88	91	89.83
6	1351104	刘玉成	85	85	84	90	90	88	87.00
7	1351105	张宇	82	73	88	80	96	90	84.83
8	1351106	吴冰	80	81	83	88	83	85	83.33
9	1351107	赵琳	89	89	78	96	88	87	87.83
10	1351108	唐颖	93	92	96	90	89	91	91.83
11	1351109	王雯	89	96	76	88	83	95	87.83
12	1351110	余风	86	78	82	85	90	96	86.17
13									
14									
15		大学语文	大学英语						
16		>85	>90						

图 4-80　输入筛选条件后单击“高级”按钮

	A	B	C	D	E	F	G	H	I
1	成绩评定表								
2	学号	姓名	大学语文	高等数学	大学英语	计算机应用基础	国际贸易	心理健康	平均分
3	1351101	王欢	95				87	98	91.67
4	1351102	李静	93				93	95	92.33
5	1351103	张成龙	90				88	91	89.83
6	1351104	刘玉成	85				90	88	87.00
7	1351105	张宇	82				96	90	84.83
8	1351106	吴冰	80				83	85	83.33
9	1351107	赵琳	89				88	87	87.83
10	1351108	唐颖	93				89	91	91.83
11	1351109	王雯	89				83	95	87.83
12	1351110	余风	86				90	96	86.17
13									
14									
15		大学语文	大学英语						
16		>85	>90						

图 4-81　高级筛选对话框

（4）设置完毕单击“确定”按钮，即可得到筛选结果，如图 4-82 所示。

	A	B	C	D	E	F	G	H	I
1	成绩评定表								
2	学号	姓名	大学语文	高等数学	大学英语	计算机应用基础	国际贸易	心理健康	平均分
5	1351103	张成龙	90	90	95	85	88	91	89.83
10	1351108	唐颖	93	92	96	90	89	91	91.83
13									
14									
15		大学语文	大学英语						
16		>85	>90						

图 4-82　高级筛选后的结果

4. 取消筛选

对于不再需要的筛选可以将其取消。若要取消在数据表中对某一列进行的筛选，可以单击该列列标签单元格右侧的筛选按钮，在展开的列表中选择“全选”复选框，然后单击“确定”按钮。此时筛选按钮上的筛选标记消失，该列所有数据显示出来。

若要取消在工作表中对所有列进行的筛选，可单击“数据”选项卡上“排序和筛选”组中的“清除”按钮，此时筛选标记消失，所有列数据显示出来；若要删除工作表中的三角筛选箭头，可单击“数据”选项卡上“排序和筛选”组中的“筛选”按钮。

4.3.6　分类汇总

分类汇总是指把数据表中的数据分门别类地进行统计处理，无需建立公式。Excel 2010 将会自动对各类别的数据进行求和、求平均值、统计个数、求最大值（最小值）和总体方差等多种计算，并且分级显示汇总的结果，从而增加了工作表的可读性，使用户能更快捷地获得需要的数据并做出判断。

分类汇总分为简单分类汇总、多重分类汇总和嵌套分类汇总三种方式。无论哪种方式，要进行分类汇总的数据表的第一行必须有列标签，而且在分类汇总之前必须先对数据进行排序，以使得数据中拥有同一类关键字的记录集中在一起，然后再对记录进行分类汇总操作。本节只介绍简单分类汇总。

1. 简单分类汇总

简单分类汇总指对数据表中的某一列以一种汇总方式进行分类汇总，其操作步骤如下：

（1）单击“数据”选项卡上“分级显示”组中的“分类汇总”按钮（图 4-83），打开“分类汇总”对话框。

（2）在“分类字段”下拉列表选择要进行分类汇总的列标题“学号”；在“汇总方式”下拉列表选择汇总方式“最大值”；在“选定汇总项”列表中选择需要进行汇总的列标题“高等数学”和“计算机应用基础”，如图 4-84 所示。

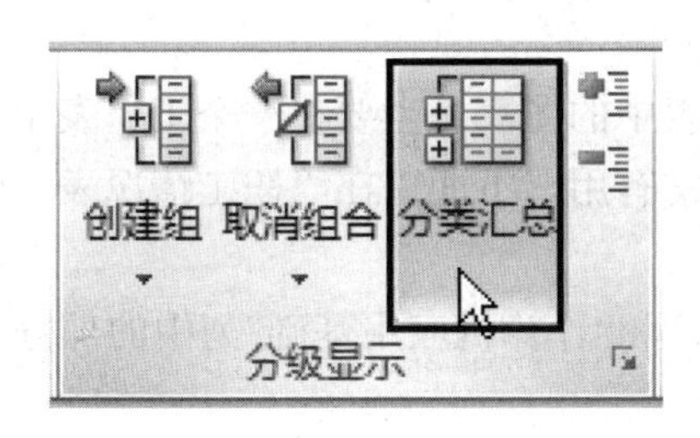

图 4-83　“分类汇总”按钮

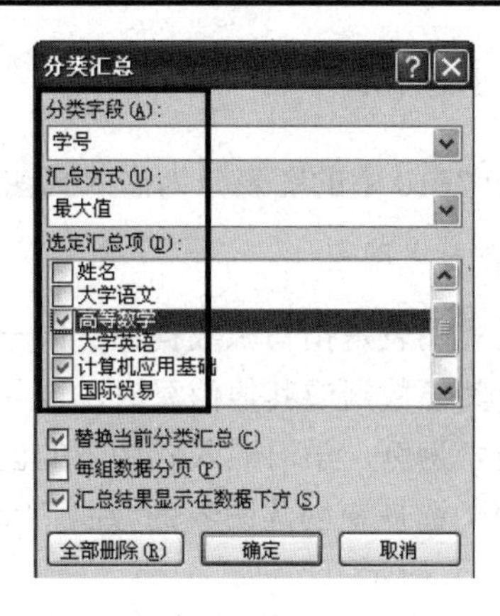

图 4-84　“分类汇总”对话框

（3）单击“确定”按钮，结果如图 4-85 所示。

	A	B	C	D	E	F	G	H	I
1	成绩评定表								
2	学号	姓名	大学语文	高等数学	大学英语	计算机应用基础	国际贸易	心理健康	平均分
3	1351101	王欢	95	88	90	92	87	98	91.67
4	51101 最大值			88		92			91.67
5	1351102	李静	93	90	88	95	93	95	92.33
6	51102 最大值			90		95			92.33
7	1351103	张成龙	90	90	95	85	88	91	89.83
8	51103 最大值			90		85			89.83
9	1351104	刘玉成	85	85	84	90	90	88	87.00
10	51104 最大值			85		90			87.00
11	1351105	张宇	82	73	88	80	96	90	84.83
12	51105 最大值			73		80			84.83
13	1351106	吴冰	80	81	83	88	83	85	83.33
14	51106 最大值			81		88			83.33
15	1351107	赵琳	89	89	78	96	88	87	87.83
16	51107 最大值			89		96			87.83
17	1351108	唐颖	93	92	96	90	89	91	91.83
18	51108 最大值			92		90			91.83
19	1351109	王雯	89	96	76	88	83	95	87.83
20	51109 最大值			96		88			87.83
21	1351110	余风	86	78	82	85	90	96	86.17
22	51110 最大值			78		85			86.17
23	总计最大值			96		96			92.33

图 4-85　简单分类汇总

2. 取消分类汇总

要取消分类汇总，可打开“分类汇总”对话框，单击“全部删除”按钮。删除分类汇总的同时，Excel 2010 会删除与分类汇总一起插入到列表中的分级显示。

4.4　创建与编辑图表

Excel 可以根据表格中的数据生成各种形式的图表，从而直观、形象地表示和反映数据的意义和变化，使数据易于阅读、评价、比较和分析。图表由许多部分组成，每一部分就是一个图表项，如图表区、绘图区、标题、坐标轴、数据系列等。

Excel 2010 支持各种类型的图表，如柱形图、折线图、饼图、条形图、面积图、散点图等，从而可以多种方式表示工作表中的数据。一般用柱形图比较数据间的多少关系；用折线图反映数据的变化趋势；用饼图表现数据间的比例分配关系。

对于大多数图表，如柱形图和条形图，可以将工作表的行或列中排列的数据绘制在图表中；而有些图表类型，如饼图，则需要特定的数据排列方式。

4.4.1 创建图表

Excel 2010 中的图表分为嵌入式图表和独立图表两种类型，下面分别介绍其创建方法。

1. 嵌入式图表

嵌入式图表是指与源数据位于同一个工作表中的图表。当要在一个工作表中查看或打印图表及其源数据或其他信息时，嵌入图表非常有用。下面以在“职工情况表”创建一个嵌入式图表为例，学习嵌入式图表的创建方法。

（1） 选择要创建图表的“姓名”“高等数学”和“计算机应用基础”列中的部分数据，如图 4-86（a）所示。

（2）单击“插入”选项卡上“图表”组中的“柱形图”按钮，在展开的列表中选择“三维柱形图”选项，如图 4-86（b）所示。

	A	B	C	D	E	F	G	H	I
1	成绩评定表								
2	学号	姓名	大学语文	高等数学	大学英语	计算机应用基础	国际贸易	心理健康	平均分
3	1351101	王欢	95	88	90	92	87	98	91.67
4	1351102	李静	93	90	88	95	93	95	92.33
5	1351103	张成龙	90	90	95	85	88	91	89.83
6	1351104	刘玉成	85	85	84	90	90	88	87.00
7	1351105	张宇	82	73	88	80	96	90	84.83
8	1351106	吴冰	80	81	83	88	83	85	83.33
9	1351107	赵琳	89	89	78	96	88	87	87.83
10	1351108	唐颖	93	92	96	90	89	91	91.83

（a）

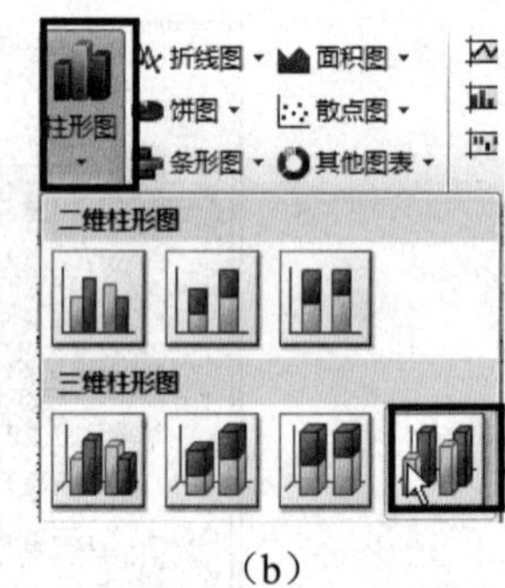

（b）

图 4-86 选择数据和图表类型

（3）在工作表中插入一张嵌入式图表，并显示“图表工具”选项卡，其包括“设计”“布局”和“格式”三个子选项卡，如图 4-87 所示。

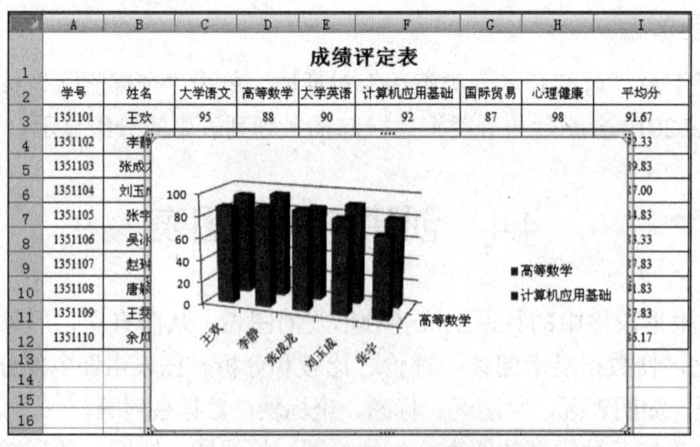

图 4-87 创建的嵌入式图表

2. 独立图表

独立图表是指单独占用一个工作表的图表。要创建独立图表，可先创建嵌入式图表；单击“图表工具 设计”选项卡上“位置”组中的“移动图表”按钮，打开“移动图表”对话框（图 4-88），选中“新工作表”单选钮；单击“确定”按钮，即可在原工作表的前面

插入一个“Chart+数字”工作表以放置创建的图表。

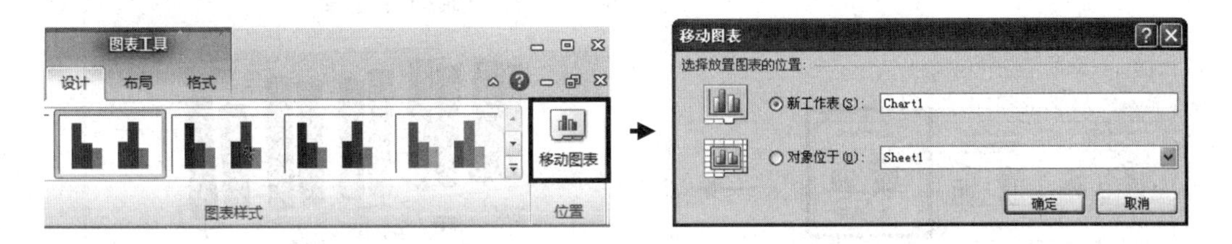

图 4-88　“移动图表”对话框

4.4.2　编辑图表

在图表区单击任意位置可选中图表。选中图表后，“图表工具”选项卡变为可用，可使用其中的“设计”子选项卡编辑图表，如更改图表类型，向图表中添加或删除数据，将图表行、列数据对换，快速更改图表布局和应用图表样式等，如图 4-89 所示。

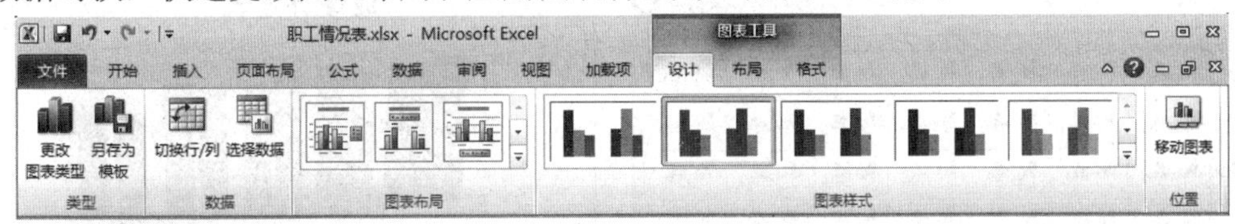

图 4-89　“图表工具　设计”选项卡

（1）要更改图表类型，可单击“类型”组中的“更改图表类型”按钮，打开“更改图表类型”对话框，从中选择需要的图表类型，单击“确定”按钮，如图 4-90 所示。

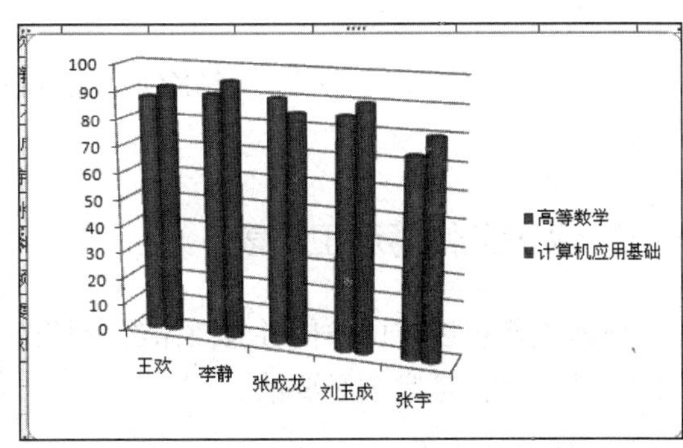

图 4-90　更改图表类型

（2）要快速更改图表布局（图表包含的组成元素及位置），只需在“图表布局”组中的布局列表中选择一种系统内置的布局样式即可，如选择“布局 3”，此时可在显示的“图表标题”文本框中输入图表标题“员工工资图表”，如图 4-91 所示。

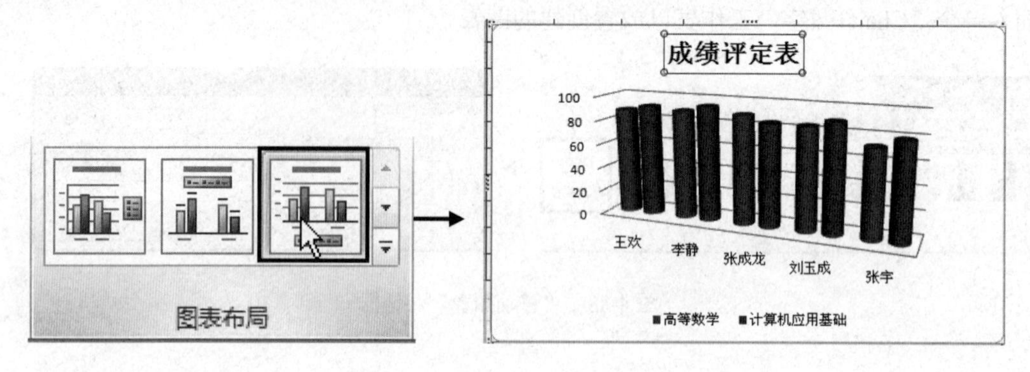

图 4-91 快速更改图表布局

（3）要快速美化为图表应用系统内置的样式，可单击“图表样式”组中的“其他”按钮，在展开的列表中选择一种样式即可，如图 4-92 所示。

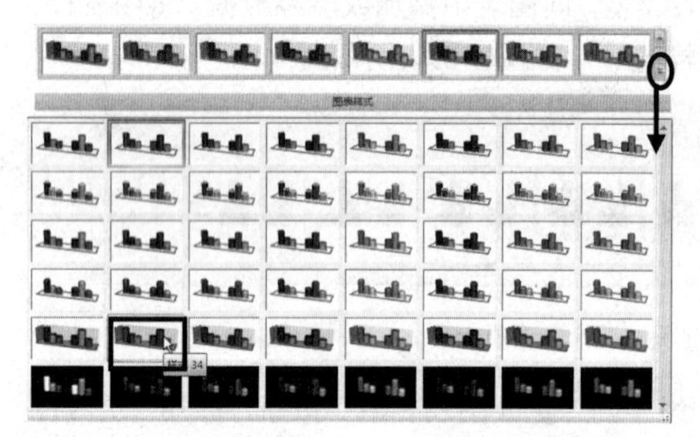
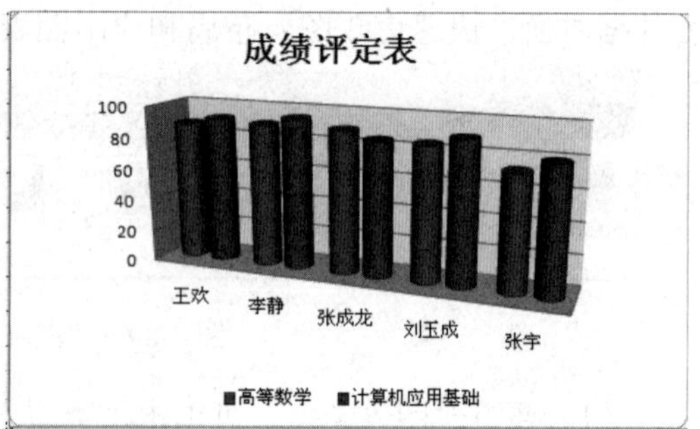

图 4-92 应用图表样式

4.5 Excel 2010 的数据保护

4.5.1 保护工作簿和工作表

任何人都可以自由访问并修改未经保护的工作簿和工作表。因此，对重要的工作簿或工作表进行保护是完全必要的。

1. 保护工作簿

工作簿的保护有两个方面：第一是保护工作簿，防止他人非法访问；第二是禁止他人对工作簿中工作表或对工作簿窗口的非法操作。

（1）访问工作簿的权限保护。为了防止他人非法访问，可以为工作簿设置密码。要访问该工作簿必须键入正确的密码，否则，不能打开该工作簿或以只读方式打开（不能修改）。

1）限制打开工作簿。其操作步骤如下。

①打开工作簿。

②单击“文件”选项卡的“另存为”命令，出现“另存为”对话框。

③单击“另存为”对话框“工具”的下拉按钮，并在出现的下拉列表中单击“常规选项”，出现“常规选项”对话框。如图 4-93 所示。

④在“保存选项”对话框的“打开权限密码”框中，键入密码，表示打开该工作簿受密码保护；单击“确定”按钮后，系统在“确认密码”对话框（图 4-93）中要求用户再输入一次密码，以便确认。

⑤单击“确定”按钮。 退到“另存为”对话框，再单击“保存”按钮。

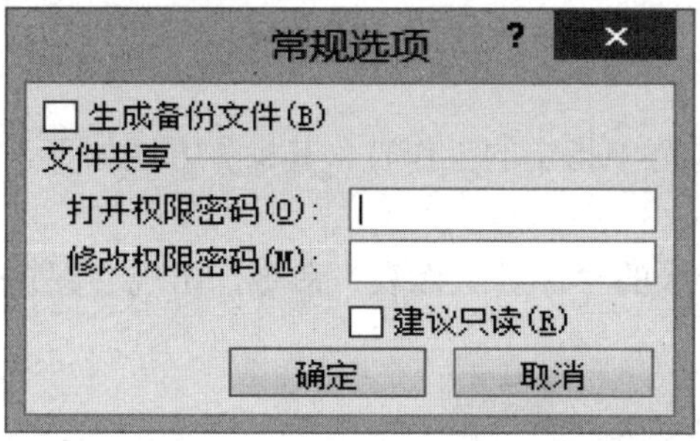

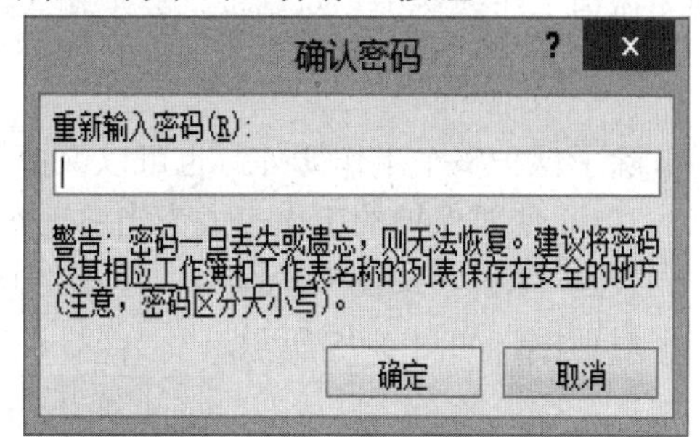

图 4-93　“保存选项”和“确认密码”对话框

打开设置密码的工作簿时，将出现“密码”对话框，只有正确输入密码才能打开工作簿。请注意：密码是区分大小写字母的。因此，一定要严格按照原有字符键入密码，包括字母的大小写格式。例如键入的“打开权限”密码是“Abc”，则输入“ABC”或“abc”均不能打开工作簿。

2）限制修改工作簿。操作方法同上，只是在步骤④中，在“保存选项”对话框的“修改权限密码”框中，键入密码。打开该工作簿时，将出现“密码”对话框，输入正确的修改权限密码后才能对该工作簿进行修改操作。

3）修改或取消密码。用上述方法打开“保存选项”对话框，在“打开权限密码”或“修改权限密码”编辑框中，选定代表原密码的符号。如果要更改密码，请键入新密码并单击“确定”按钮。如果要取消密码，请按【Delete】键，然后单击“确定”按钮。

（2）对工作簿的工作表和窗口的保护。如果不允许对工作簿中工作表进行移动、删除、插入、隐藏、取消隐藏、重新命名或禁止对工作簿窗口的移动、缩放、隐藏、取消隐藏等操作。可以采用如下方法：

①鼠标指向“审阅”选项卡中“更改”功能区的“保护工作簿”命令，出现“保护结构和窗口”对话框，如图 4-94 所示。

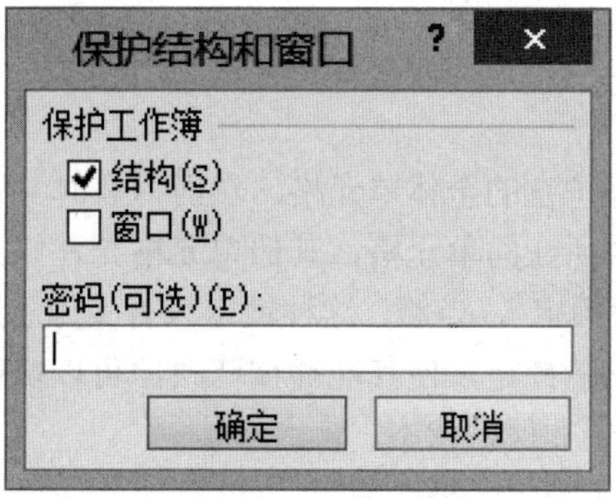

图 4-94　“保护结构和窗口”对话框

②选中“结构”复选框，表示保护工作簿的结构，工作簿中的工作表将不能进行移动、删除、插入等操作。

③如果选中“窗口”复选框，则每次打开工作簿时保持窗口的固定位置和大小，工作簿的窗口不能移动、缩放、隐藏、取消隐藏。

④键入密码，可以防止他人取消工作簿保护。当他人企图取消工作簿保护时，就会出现“撤销工作簿保护”对话框，要求输入密码。

2. 保护工作表

除了保护整个工作簿外，也可以保护工作簿中指定的工作表。其操作方法如下。

（1）使要保护的工作表成为当前工作表。

（2）单击“审阅”选项卡“更改”功能区的“保护工作表”命令，出现“保护工作表”对话框，如图 4-95 所示。

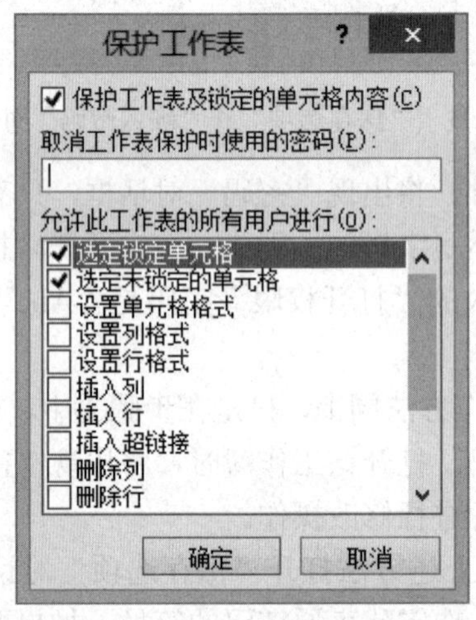

图 4-95 “保护工作表”对话框

（3）选中“内容”复选框，可以防止他人改变工作表中的单元格数据，也可以防止他人查看隐藏的数据行、列和公式。

①选中“对象”复选框，可以防止改变工作表或图表中的图形对象。

②选中“方案”复选框，可以防止改变工作表中方案的定义。

（4）与保护工作簿一样，为防止他人取消工作表保护，可以键入密码。

（5）单击“确定”按钮。

3. 保护单元格

保护工作表就意味着保护它的全体单元格。然而，有时并不需要保护所有的单元格，例如只需要保护重要的公式所在的单元格，其他单元格允许修改。一般 Excel 使所有单元格都处在保护状态，称为“锁定”，当然，这种锁定只有实施上述“保护工作表”操作后才生效。为了解除某些单元格的锁定，使其能够被修改，可以执行如下操作。

（1）首先使工作表处于非保护状态。

（2）选定需要取消锁定的单元格区域。

（3）然后单击“开始”选项卡“对齐方式”功能区右下角的箭头图标，出现“设

置单元格格式”对话框，再单击“保护”标签。如图 4-96 所示。

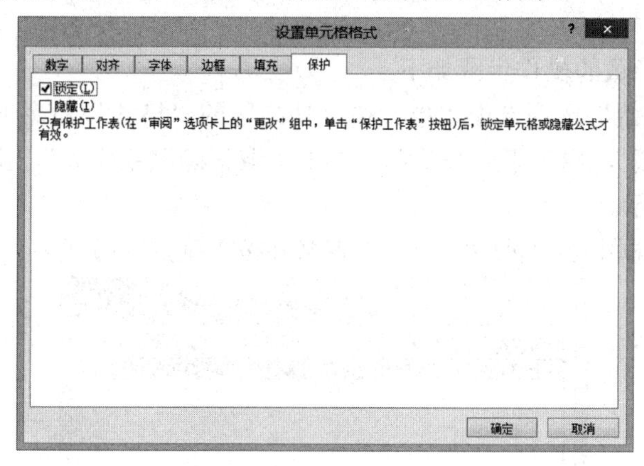

图 4-96　“单元格格式”对话框“保护”选项卡

（4）清除“锁定”复选框并单击“确定”按钮。

重新对工作表实施保护后，本操作中取消锁定的单元格就是可以进行修改的单元格，其余单元格为保护单元格。

4.5.2　隐藏工作表

对工作表除了上述密码保护外，也可以赋予“隐藏”特性，使之可以使用，但其内容不可见，从而得到一定程度的保护。

1. 隐藏工作表

隐藏工作表的方法如下。

（1）使要隐藏的工作表成为当前工作表。

（2）单击“开始”选项卡中“单元格”功能区的“格式”命令下方的倒三角形，单击“隐藏和取消隐藏”，出现下一级菜单，单击“隐藏工作表”。 如图 4-97 所示。

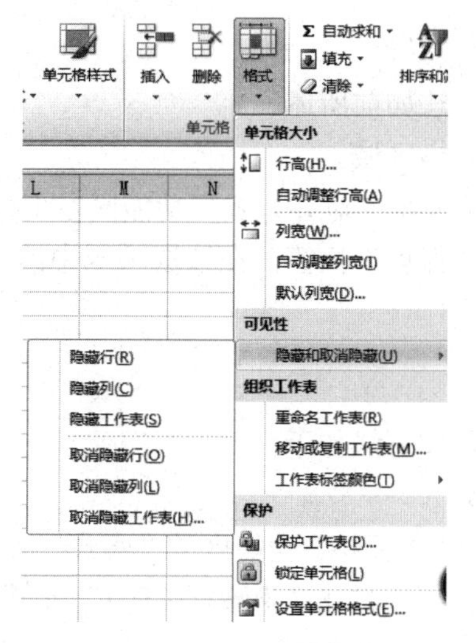

图 4-97　“隐藏工作表”与“取消隐藏工作表”

2. 取消工作表的隐藏

取消工作表的隐藏的操作步骤如下。

（1）单击“开始”选项卡中“单元格”功能区的“格式”命令下方的倒三角形，单击“隐藏和取消隐藏”，出现下一级菜单，单击“取消隐藏工作表”。出现“取消隐藏”对话框，如图 4-98 所示。

（2）单击对话框中要取消隐藏的工作表名并按“确定”按钮。

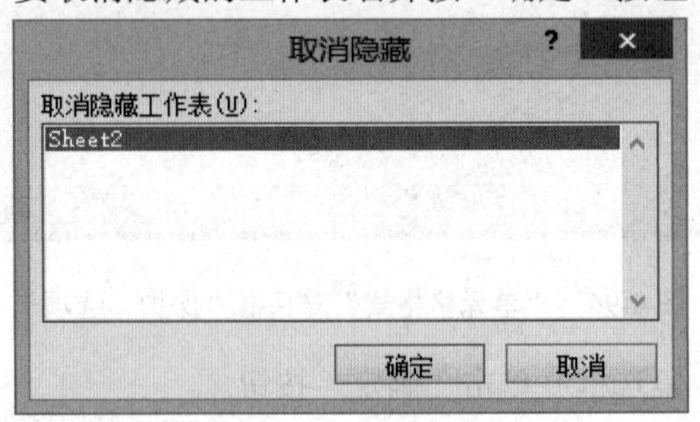

图 4-98　“取消隐藏”对话框

3. 隐藏单元格的内容

隐藏单元格内容是指单元格的内容不在数据编辑区显示，例如对存有重要公式的单元格进行隐藏后，人们只能在单元格中看到公式的计算结果，但在数据编辑区中看不到公式本身，而隐藏之前却可以看到。

（1）隐藏单元格内容。其具体方法如下。

①选定要隐藏的单元格区域。

②然后单击“开始”选项卡中“对齐方式”功能区右下角的箭头图标，出现“设置单元格格式”对话框，再单击“保护”标签。

③清除“锁定”，选中“隐藏”复选框。

④单击“确定”按钮。

（2）取消单元格隐藏。其具体方法如下。

①取消工作表的保护，方法如前所述。

②选择要取消隐藏的单元格区域。

③然后单击“开始”选项卡中“对齐方式”功能区右下角的箭头图标，出现“设置单元格格式”对话框，单击“保护”标签，在该选项卡中清除“隐藏”复选框。

④单击“确定”按钮。

4. 隐藏行或列

（1）隐藏行（列）。其具体方法如下。

①选定需要隐藏的行（列）。

②单击“开始”选项卡中“单元格”功能区的“格式”命令下方的倒三角形，单击“隐藏和取消隐藏”，出现下一级菜单，单击“隐藏行（列）”。如图 4-97 所示：则隐藏的行（列）将不显示。但可以引用其中单元格的数据。

（2）取消行（列）的隐藏。其具体方法如下。

①选定需要取消隐藏的行（列）。方法是在名称框中输入隐藏行（列）的某单元格地址，例如输入 Al 已示选定第一行或 A 列。

②单击“开始”选项卡中“单元格”功能区的“格式”命令下方的倒三角形，单击“隐藏和取消隐藏”，出现下一级菜单，单击“取消隐藏行（列）”。

4.6 Excel 2010 的打印

4.6.1 打印工作表

对工作表进行页面、打印区域及分页调整等设置后，便可以将其打印出来了。在打印前，还可对工作表进行打印预览。

1. 打印预览

单击“文件”选项卡，在展开的界面中单击“打印”项，可以在其右侧的窗格中查看打印前的实际打印效果。

单击右侧窗格左下角的“上一页”按钮◀和“下一页”按钮▶，可查看前一页或下一页的预览效果。在这两个按钮之间的编辑框中输入页码数字，然后按【Enter】键，可快速查看该页的预览效果。

2. 打印工作表

确认工作表的内容和格式正确无误，以及各项设置都满意，就可以开始打印工作表了。

在窗格的“份数”编辑框中输入要打印的份数；在“打印机”下拉列表中选择要使用的打印机；在“设置”下拉列表框中选择要打印的内容；在“页数”编辑框中输入打印范围，然后单击“打印”按钮进行打印。“设置”下拉列表中各选项的意义如下。

（1）打印活动工作表：打印当前工作表或选择的多个工作表。

（2）打印整个工作簿：打印当前工作簿中的所有工作表。

（3）打印选定区域：打印当前选择的单元格区域。

（4）忽略打印区域：表示本次打印中会忽略在工作表设置的打印区域。

4.6.2 设置打印区域和打印标题

默认情况下，Excel 2010 会自动选择有文字的最大行和列作为打印区域。如果只需要打印工作表的部分数据，可以为工作表设置打印区域，仅将需要的部分打印。如果工作表有多页，正常情况下，只有第一页能打印出标题行或标题列，为方便查看后面的打印稿件，通常需要为工作表的每页都加上标题行或标题列。

（1）设置打印区域：选中要打印的单元格区域，单击“页面布局”选项卡上“页面设置”组中的“打印区域”按钮，在展开的列表中选择“设置打印区域”项，此时所选区域四周出现虚线框，未被框选的部分不会被打印。

（2）设置打印标题：单击“页面布局”选项卡上“页面设置”组中的“打印标题”按钮。打开“页面设置”对话框并显示“工作表”选项卡标签，在“顶端标题行”或“左侧标题列”编辑框中单击，然后在工作表中选中要作为标题的行或列。此处在“顶端标题行”单击，然后在工作表中选中要作为标题的行，松开鼠标左键返回“页面设置”对话框，此时将显示打印的标题行单元格地址，单击“确定”按钮即可。

本章小结

本章主要讲述了 Excel 2010 的基本知识、管理 Excel 2010 工作表、编辑和处理 Excel 2010 中的数据、创建与编辑图表、Excel 2010 的数据保护和 Excel 2010 的打印。通过本章学习，读者应了解工作簿、工作表和单元格的概念，以及输入数据的方法；掌握如何插入、删除、移动、复制、拆分和冻结工作表，以及工作表格式化；理解如何使用运用公式、函数、数据排序、数据筛选和分类汇总来编辑和处理 Excel 中的数据；了解如何运用 Excel 创建和编辑图表；掌握如何保护 Excel 2010 的数据；了解 Excel 2010 的打印设置。

习题 4

1. 填空题

（1）在 Excel 2010，一个工作簿最多包括______个工作表；在新建的工作簿中，默认包含______个工作表。

（2）一个工作表最多有______行和______列，最小行号是______，最大行号是______，最小列号是______，最大列号是______。

（3）文本数据在单元格内自动______对齐，数值数据、日期数据和时间数据在单元格内自动______对齐。

（4）在单元格内输入系统时钟的当前日期应按______键，输入系统时钟的当前时间应按______键。

（5）如果活动单元格内的数值数据显示 9876.57，单击%按钮，则数值数据显示为______；单击,按钮，则数值数据显示为______；单击按钮，则数值数据显示为______；单击按钮，则数值数据显示为______。

（6）图表由______、______、______、______和______等 5 部分组成。

2. 选择题

（1）Excel 2010 默认的工作簿文件的扩展名是______。

A．XLSX　　B．XLS　　C．DOC　　D．WPS

（2）在 Excel 2010 的工作簿的单元格中可输入______。

A．字符　　B．数字　　C．中文　　D．以上都可以

（3）将 B2 单元格的公式“=A1+A2”复制到单元格 C3 中，C3 的公式为______。

A．=B1+B2　　B．=A1+A2　　C．=B2+B3　　D．C1+C2

（4）在使用拖动方式进行单元格的复制时，配合鼠标使用的热键是________。

A．Ctrl　　B．Alt　　C．Shift　　D．全不是

（5）在进行自动分类汇总之前，必须对数据清单进行________。

A．筛选　　B．排序　　C．建立数据库　　D．有效计算

（6）在 Excel 2010 中，要对某些数字求和，则采用下列哪个函数________。

A．SUM　　B．MAX　　C．IP　　D．AVERAGE

（7）将单元格 E1 的公式 SUM（A1:D1）复制到单元格 E2，则 E2 的公式为________。

A．SUM（B1:E1）　　B．SUM（A1:D1）

C．SUM（A2:E1）　　D．SUM（A2:D2）

（8）在不做格式设置的情况下，向 Excel 2010 单元格中输入后，下列说法正确的是________。

A．所有数据居左对齐　　B．所有数据居中对齐

C．所有数据居右对齐　　D．数字、日期数据右对齐

（9）Excel 2010 的主要功能是________。

A．制作图片　　B．制作各类文字性文档

C．制作电子表格数据库操作　　D．制作电子幻灯片

（10）从 Excel 2010 工作表产生 Excel 图表时________。

A．图表不能嵌入在当前工作表中，只能作为新工作表保存

B．图表既可以嵌入在当前工作表中，也能作为新工作表保存

C．图表只能嵌入在当前工作表中，不能作为新工作表保存

D．无法从工作表产生图表

3．判断题

（1）如果单元格内显示“#####”，表示单元格中的数据是未知的。（　　）

（2）在编辑栏内只能输入公式，不能输入数据。（　　）

（3）单元格的内容被删除后，原有的格式仍然保留。（　　）

（4）合并单元格只能合并横向的单元格。（　　）

（5）数据汇总前，必须先按分类的字段进行排序。（　　）

（6）单元格内输入的数值数据只能是整数和小数两种形式。（　　）

4．简答题

（1）工作簿、工作表、单元格三者之间是什么关系？

（2）数据清单有哪些条件？

（3）Excel 2010 数据管理有哪些操作？

（4）图表设置有哪些操作？

（5）试比较 Excel 2010 和 Word 2010 中的图表功能有什么异同？

第 5 章　文稿演示软件 PowerPoint 2010

【本章概览】

PowerPoint 2010 是 Microsoft Office 2010 的重要组件之一。它主要用于制作通过计算机或者投影仪播放的演示文稿，被广泛地应用于产品推介、公司宣传及教学演示等领域。

【本章目标】

- 了解如何启动和退出 PowerPoint 2010，以及 PowerPoint 2010 的工作界面。
- 掌握如何设置幻灯片主题、背景。
- 理解如何在幻灯片中添加文字和使用幻灯片母版。
- 掌握如何插入图片、图形和艺术字、声音、影片。
- 清楚如何为对象设置超链接、添加动作、设置动画效果。
- 掌握如何放映演示文稿。

5.1　PowerPoint 2010 基本知识

5.1.1　启动和退出 PowerPoint 2010

1. 启动 PowerPoint 2010

启动 PowerPoint 2010 有多种方法，用户可根据自己的习惯或爱好选择其中的一种。

（1）单击“开始”按钮，选择“所有程序”→“Microsoft Office”→“Microsoft PowerPoint 2010”菜单，即可启动 PowerPoint 2010。

（2）如果建立了 PowerPoint 2010 的快捷方式，双击该快捷方式即可启动 PowerPoint 2010。

（3）打开一个 PowerPoint 2010 演示稿文件，也可启动 PowerPoint 2010。

2. 退出 PowerPoint 2010

退出 PowerPoint 2010 的方法主要有以下几种。

（1）通过单击 PowerPoint 2010 演示文稿标题栏右上角的“关闭”按钮。

（2）游记标题栏，在弹出的快捷菜单中选择“关闭”按钮，或者按【Alt+F4】组合键。

（3）双击 office 按钮

（4）单击 office、，在弹出的子菜单中选择“关闭”命令。

5.1.2　PowerPoint 2010 工作界面

单击“开始”按钮，选择“所有程序”→“Microsoft Office” →“Microsoft PowerPoint 2010”菜单，即可启动 PowerPoint 2010。默认情况下，PowerPoint 2010 演示文稿会有一张包含标题占位符和副标题占位符的空白幻灯片，其工作界面组成元素如图图 5-1 所示。

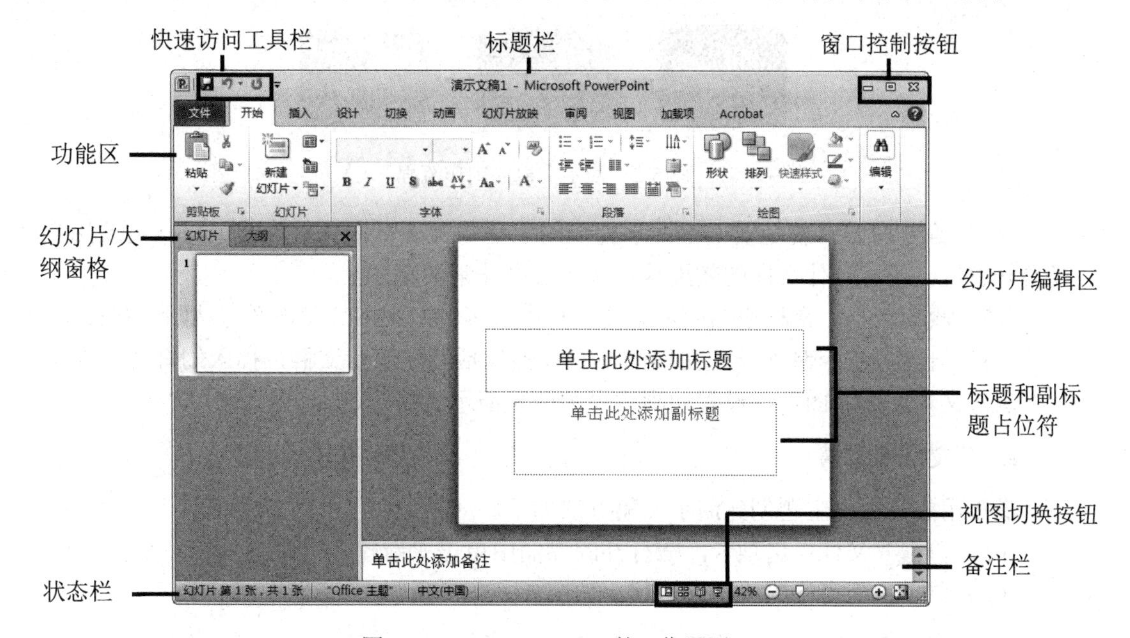

图 5-1　PowerPoint 2010 的工作界面

（1）幻灯片/大纲窗格：利用“幻灯片”窗格或“大纲”窗格，可以快速查看和选择演示文稿中的幻灯片。“幻灯片”窗格显示了幻灯片的缩略图；“大纲”窗格显示了幻灯片的文本大纲。

（2）幻灯片编辑区：是编辑幻灯片的主要区域，在其中可以为当前幻灯片添加文本、图片、图形、声音和影片等，还可以创建超链接或设置动画。

（3）视图切换按钮：单击不同的按钮，可切换到不同的视图模式。

（4）备注栏：用于为幻灯片添加一些备注信息，放映幻灯片时，观众无法看到这些信息。

5.2　PowerPoint 2010 的幻灯片制作

5.2.1　创建演示文稿

演示文稿是由一张或若干张幻灯片组成的，每张幻灯片一般包括两部分内容：幻灯片标题（用来表明主题）、若干文本条目（用来论述主题）。

另外，还可以包括图片、图形、图表、表格等其他对于论述主题有帮助的内容。如果是由多张幻灯片组成的演示文稿，通常在第一张幻灯片上单独显示演示文稿的主标题，在其余幻灯片上分别列出与主标题有关的子标题和文本条目。

1. 演示文稿的制作流程

要想制作一份成功的演示文稿，首先必须进行策划、收集素材等准备工作，然后再动手制作，如图 5-2 所示。

图 5-2 演示文稿的制作流程

（1）确定内容：就是要确定演示文稿的主题是什么，由哪些内容组成，需要用哪些元素来表达，要达到什么样的效果等，做到心中非常清楚。

（2）收集素材：素材包括图片、文字和声音等，其中图片和声音可从网上直接下载。

（3）开始制作：制作演示文稿的基本步骤包括创建演示文稿，插入幻灯片，在幻灯片中输入文本、插入图片、设置动画效果和放映演示文稿等。

2. 创建演示文稿

最常用的是根据主题创建演示文稿方法如下。

（1）单击“文件”选项卡，在打开的界面中单击“新建”按钮。

（2）单击中间窗格的“主题”项，如图 5-3（a）所示，

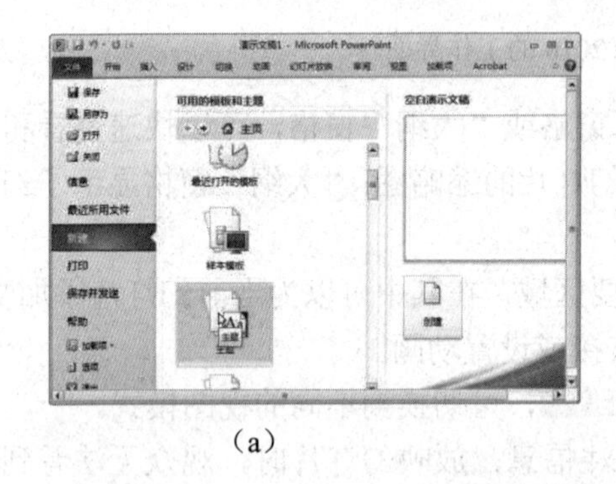

（a）

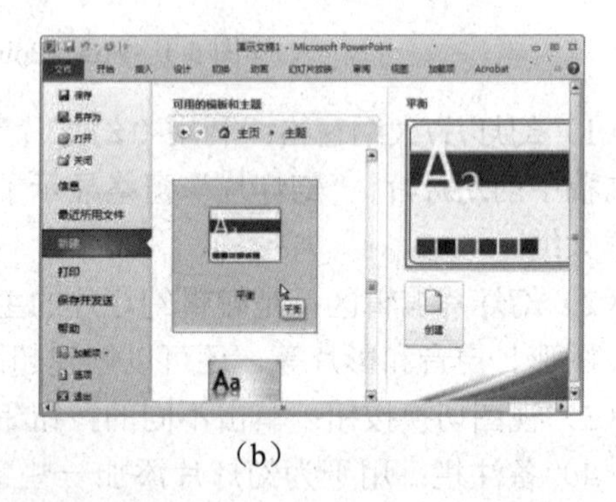

（b）

图 5-3 根据主题创建幻灯片

（3）此时对话框的中间区域会列出已安装的主题供用户选择，例如，选择“平衡”，如图 5-3（b）所示，单击“创建”按钮即可。

5.2.2 设置幻灯片主题

在 PowerPoint 2010 中，主题是主题颜色、主题字体和主题效果等格式的集合。当用户为演示文稿中的幻灯片应用了某主题之后，这些幻灯片将自动应用该主题规定的背景；而且，在这些幻灯片中插入或输入的图形、表格、图表、艺术字或文字等对象都将自动应用该主题规定的格式，从而使演示文稿中的幻灯片具有一致而专业的外观。

为演示文稿中的所有幻灯片应用系统内置的某一主题的操作方法如下。

（1）单击“设计”选项卡上“主题”组右侧的“其他”按钮。

（2）在展开的主体列表中单击选择要应用的主题，如“凸显”，如图 5-4（a）所示。

（3）如希望将选择的主题只应用于当前所选幻灯片，可右击主题，从弹出的快捷菜单中选择“应用于选定幻灯片”项，如图 5-4（b）所示。

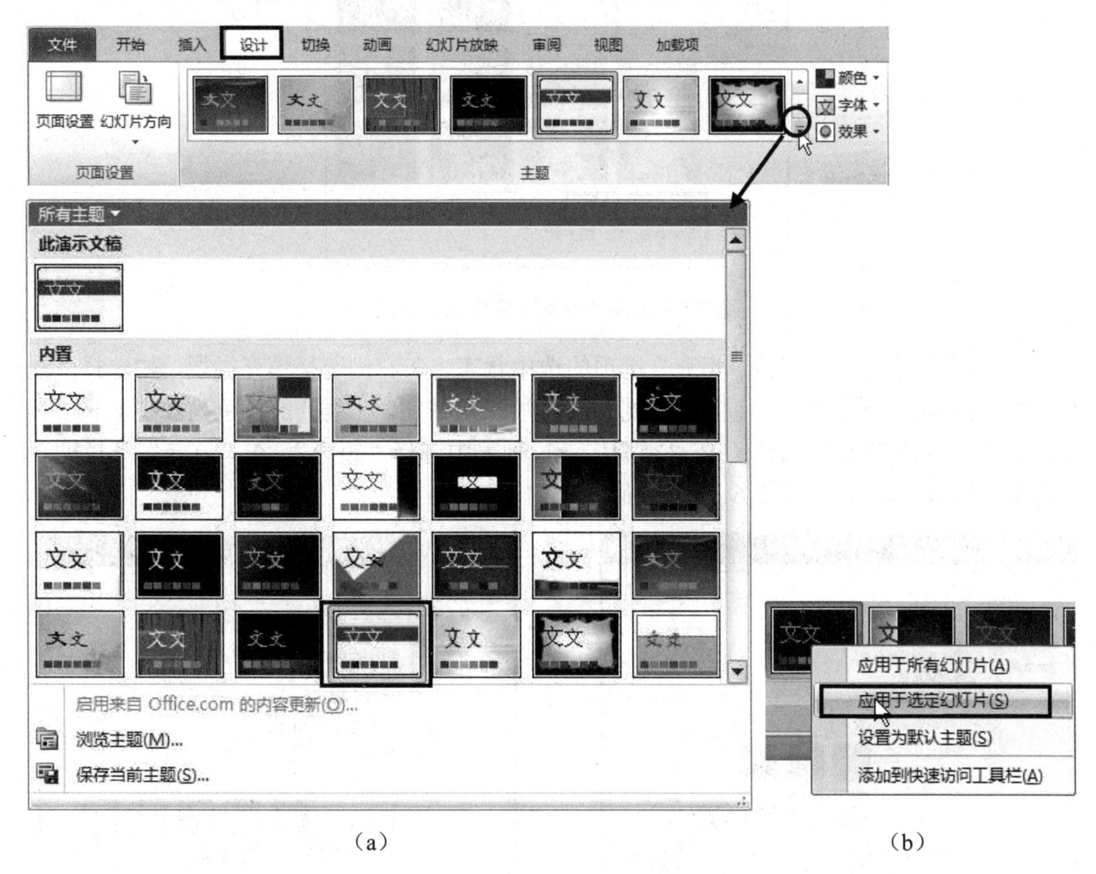

（a）　　　　（b）

图 5-4　选择幻灯片主题

5.2.3　设置幻灯片背景

在应用了主题后，可以通过背景样式来调整演示文稿中某一张或所有幻灯片的背景。

（1）单击“设计”选项卡上“背景”组中的“背景样式”按钮，展开背景样式列表（图 5-5）。从中单击要更换的背景样式，此时所有幻灯片的背景都会应用该样式。如对列表中的背景样式都不满意，可选择“设置背景格式”选项，打开“设置背景格式”对话框。

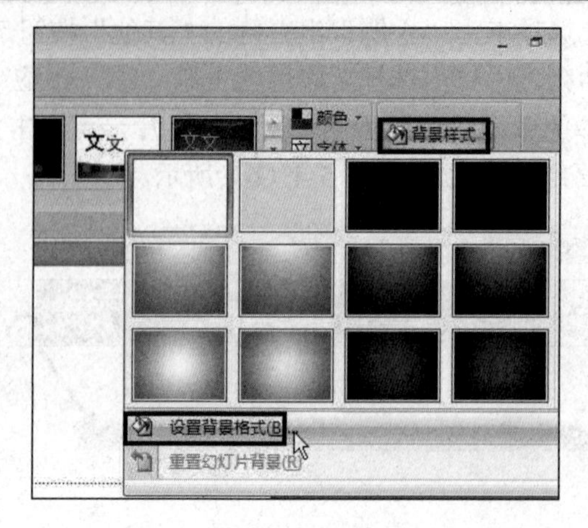

图 5-5　选择“设置背景样式”选项

（2）在对话框左侧保持“填充”选项的选中状态，在右侧选择填充类型，如选择“渐变填充”单选钮，再单击“预设颜色”选项右侧的三角按钮，在展开的颜色列表中选择“彩虹出岫Ⅱ”样式[图 5-6（a）]。在“类型”下拉列表中选择“矩形”，在“方向”下拉列表中选择“从右上角”，如图 5-6（b）所示。

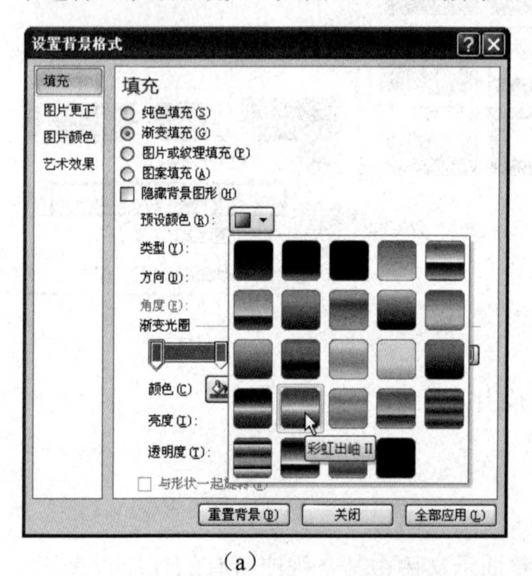

（a）

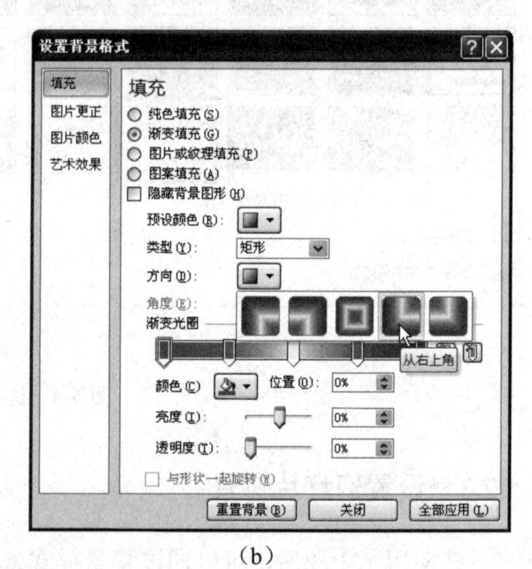

（b）

图 5-6　设置背景样式

（3）单击“关闭”按钮，则选中的背景颜色被应用到当前幻灯片中；若单击“全部应用”按钮后再单击“关闭”按钮，可将所选背景颜色应用到整个演示文稿中。此处单击“关闭”按钮，为所选幻灯片更改背景样式，如图 5-7 所示。

5.2.4　在幻灯片中添加文本

要在幻灯片中添加文本，方法有两种：一种是在占位符中直接输入，另一种是利用文本框进行添加。

1. 利用占位符添加文本

要利用占位符添加文本，可直接单击占位符中的示意文字，此时示意文字消失，输入所需文字，然后单击占位符外的区域退出编辑状态即可，如图 5-8 所示。

图 5-7　更改背景样式后的幻灯片效果

图 5-8　在占位符中输入文本

2. 利用文本框添加文本

使用文本框可以灵活地在幻灯片的任何位置输入文本。

（1）新建一个幻灯片，在标题占位符中输入标题文本，然后单击“开始”选项卡上“绘图”组中“文本框”按钮。在编辑区中单击，即可插入一个单行文本框，然后在文本框中输入文本，文本框会随着文字的增加而不断扩张。如果要换行，可按【Shift+Enter】键，或按【Enter】键开始一个新的段落，如图 5-9 所示。

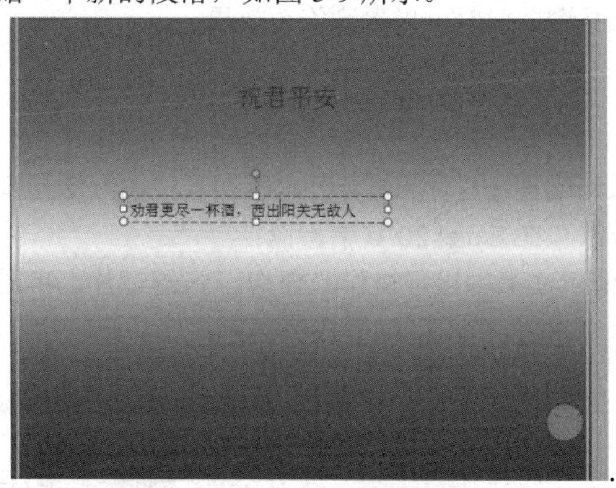

图 5-9　利用“文本框”输入文本

（2）利用“开始”选项卡上“字体”组中的按钮设置文本框内文本的字符格式。

（3）插入两张“仅标题”版式的新幻灯片，然后在标题占位符中输入文本，利用文本框输入其他文本并设置格式，即制作演示文稿的其他两张幻灯片。

5.2.5 使用幻灯片母版

在制作演示文稿时，通常需要为每张幻灯片都设置一些相同的内容或格式，以使演示文稿主题统一。如，在每张幻灯片中都加入公司的 Logo，且每张幻灯片标题占位符和文本占位符的字符格式和段落格式都一致。进入幻灯片母版视图并进行设置的具体操作如下。

（1）单击“视图”选项卡上“母版视图”组中的“幻灯片母版”按钮，进入幻灯片母版视图，并显示“幻灯片母版”选项卡，如图 5-10 所示。

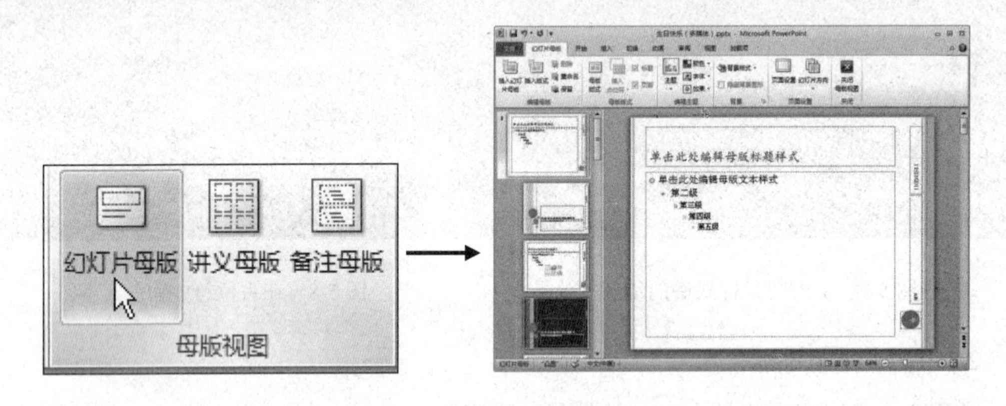

图 5-10 进入幻灯片母版视图

（2）在“幻灯片”窗格中单击最上方的“幻灯片母版”，此时可在幻灯片编辑区对幻灯片母版的标题样式和文本样式进行编辑操作。

（3）对幻灯片母版的编辑操作完成后，单击“幻灯片母版”选项卡上的“关闭母版视图”按钮关闭母版视图。此时可以看到修改效果。

5.2.6 插入图片、图形和艺术字等元素

在幻灯片中插入和编辑图片、图形、艺术字和表格的方法与在 Word 文档中插入相似，插入和编辑图表的方法与在 Excel 2010 中相似。

（1）在打开的演示文稿中进行操作。任选一张幻灯片，单击“插入”选项卡上“图像”组中的“图片”按钮，如图 5-11（a）所示。

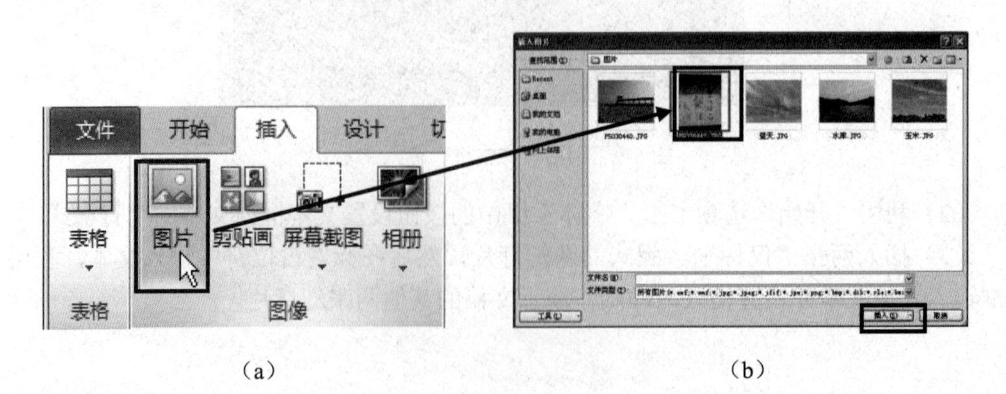

（a）　　（b）

图 5-11　打开“插入图片”对话框

（2）打开“插入图片”对话框，找到图片所在的文件夹，选择需要插入的图片，如图 5-11（b）所示，单击“插入”按钮，即可将图片插入幻灯片中。

（3）打开“插入图片”对话框，找到图片所在的文件夹，选择需要插入的图片，单击“插入”按钮，即可将图片插入幻灯片中。

（4）插入图片后，自动显示“图片工具　格式”选项卡，用户可以利用该选项卡对图片进行编辑和设置格式等操作。

5.2.7　插入声音

在演示文稿中插入声音，如背景音乐或演示解说等，可使单调、乏味的演示文稿变得生动。在 PowerPoint 中除了可以插入声音外，还可对插入的声音进行编辑以满足设计需要。

1. 插入文件中的音频

单击“插入”选项卡，在“媒体”功能区中单击“音频”按钮，在弹出的下拉列表中选择“文件中的音频”命令，在打开的“插入音频”对话框中选择要插入的声音文件，单击“插入”按钮即可。如图 5-12（a）所示。

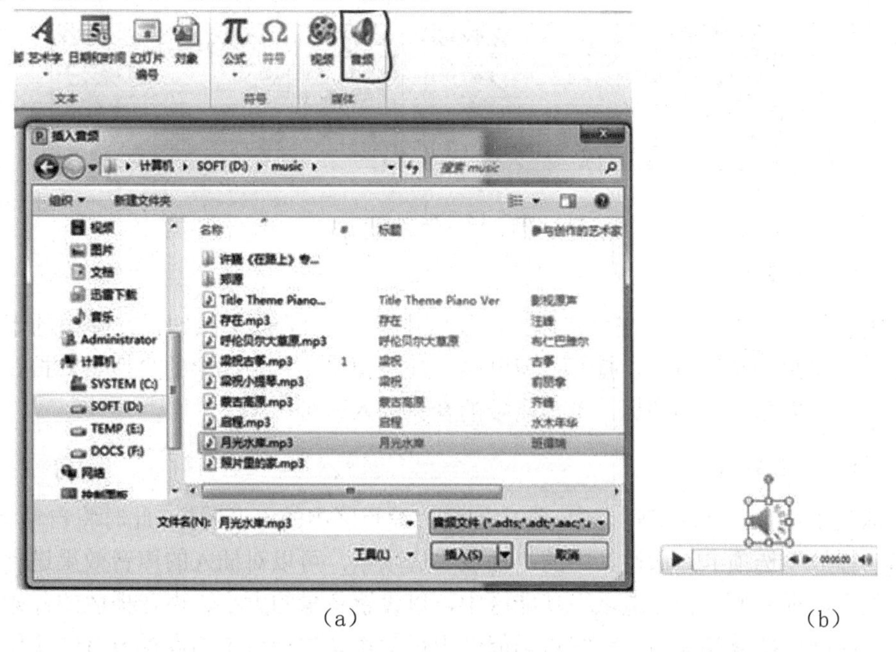

（a）　　　　　　　　　　（b）

图 5-12　插入文件中的音频及插入后在幻灯片上的显示

插入声音后，在幻灯片编辑区将出现一个小喇叭的图标，如图 5-36（b）所示。用鼠标拖动该图标，将其移动到合适的位置。通过调整其边框上的八个控制点，可改变图标的大小。把鼠标光标移动到小喇叭上，在其下方将显示播放工具栏，单击“播放/暂停”按钮可欣赏插入的声音。

2. 插入录制的音频

PowerPoint 2010 允许插入使用“录音机”软件录制的声音，这时用户可以将幻灯片中所需要的演讲词和解说词等插入到幻灯片中。单击“插入”选项卡，在“媒体”功能区中单击“音频”按钮，在弹出的下拉列表框中选择“录制音频”命令，将打开“录音”对话框。在“名称”文本框中输入所录声音文件的名称，然后单击“录制”按钮开始录制声音。录制完成后，单击“停止”按钮停止录制，在“声音总长度”后将显示出声音的长度。如图 5-13 所示。单击“播放”按钮，播放刚才录制的声音。如果满意，则单击“确定”按钮，否则单击“取消”按钮。如果单击了“确定”按钮，则返回到幻灯片编辑状态，在其编辑区中将出现一个小喇叭图标，表示已完成了幻灯片配音。

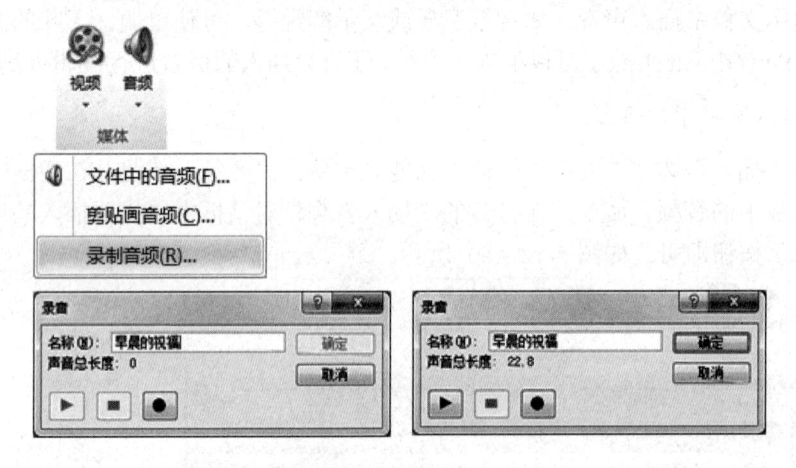

图 5-13　录制音频

3. 插入剪贴画音频

单击“插入”选项卡，在“媒体”功能区中单击 “音频”按钮，在弹出的下拉列表中选择“剪贴画音频”命令，打开“剪贴画”任务窗格，单击其中的“搜索”按钮，在下面显示所有的剪贴画音频图标，单击需要的音频插入即可。

4. 设置声音效果

在插入了声音文件的幻灯片中，选中幻灯片编辑区中的声音图标，此时将自动启动“格式”和“播放”选项卡，通过其中的“播放”选项卡，可以对插入的声音效果进行设置。在“播放”选项卡的“音频选项”功能区中可以设置音量的大小、声音播放的开始形式、放映隐藏和循环播放等选项。在编辑功能区中可对声音进行剪辑和设置声音的淡化持续时间。如图 5-14 所示。

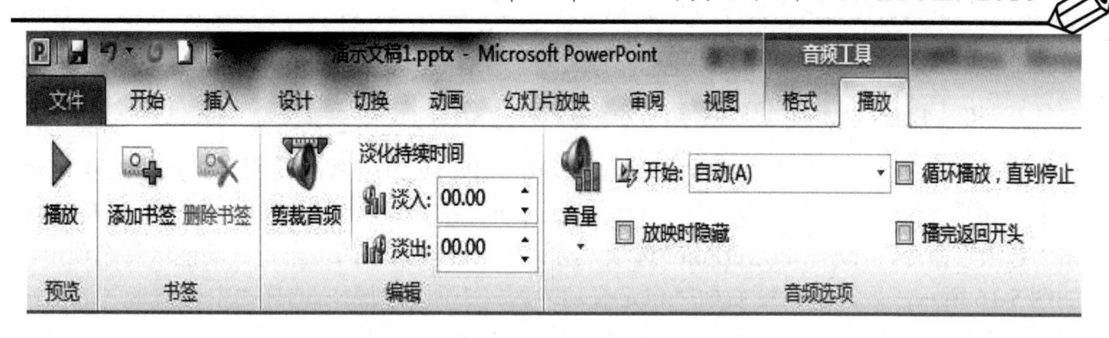

图 5-14　“音频工具”的播放选项卡

要查看插入声音的最终效果，直接放映幻灯片即可。在默认情况下，插入的声音只在当前幻灯片播放时有效，当该幻灯片播放结束，切换到其他幻灯片时声音的播放也将结束。

5.2.8　插入影片

在制作幻灯片时，有时需要在幻灯片中播放视频。PowerPoint 2010 同样允许插入视频影片。

1. 插入文件中的视频

在“普通视图”下，单击要插入视频的幻灯片，在“插入”选项卡的“媒体”功能区中单击“视频”按钮，在弹出的下拉列表中选择“文件中的视频”命令，在打开的“插入视频”对话框中，找到并单击要插入的视频，然后单击“插入”按钮，如图 5-15 所示。可以对其大小和位置如前面图片的处理方式一样调整。

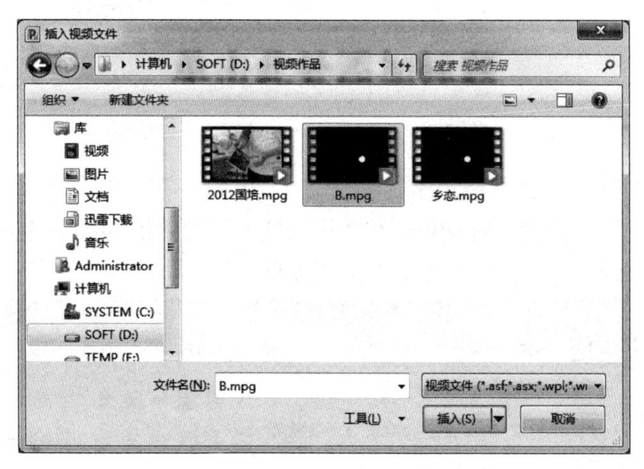

图 5-15　插入文件中的视频

2. 插入剪贴画视频

单击要插入视频的幻灯片，在“插入”选项卡的“媒体”功能区中单击“视频”按钮，在弹出的下拉列表中选择“剪贴画视频”命令，此时将打开“剪贴画”任务窗格。在“剪贴画”任务窗格中的“搜索文字”框中输入描述的关键字，在“结果类型”框中，只选中“视频”复选框，然后单击“搜索”按钮，在下面显示所有的符合条件的剪贴画视频图标，单击需要的视频插入即可。

3. 插入 Flash 动画

在插入 flash 动画之前，先看一下自己的 PowerPoint 2010 程序是否有“开发工具”选项卡，如果没有，需要先设置一下。设置方法如下。单击“文件”按钮，在菜单列表中单击“选项”命令，弹出“PowerPoint 选项”对话框，选择其中的“自定义功能区”选项卡，如图 5-16 所示。展开对话框右面“自定义功能区”下面的列表，选择“主选项卡”选项，然后选中下面列表中的“开发工具”选项，单击“确认”按钮返回。

图 5-16 “PowerPoint 选项”对话框

（1）展开“开发工具”选项卡，如图 5-17 所示。在“控件”功能区中单击“其他控件”按钮，弹出“其他控件”对话框。在“其他控件”对话框的列表中选择 Shockwave Flash Object，如图 5-18 所示。单击“确定”按钮返回。

图 5-17 “开发工具”选项卡

图 5-18　“其他控件”对话框

（2）此时鼠标变成十字，在需要的位置拖出想要的大小区域，该区域是 Flash 动画播放的地方。用鼠标指向所拖出的区域，右击鼠标，从快捷菜单中选择“属性”命令，弹出“属性”对话框，在该对话框中的“名称”字段中找到 Movie 项，用鼠标单击其右边的方格，在其中输入完整的 Flash 动画文件路径和文件名，Flash 动画文件名称后面必须跟着扩展名.swf，如图 5-19 所示。

（3）关闭对话框返回，单击幻灯片放映视图，观看动画效果。将 Flash 动画插入成功后的效果如图 5-20 所示。

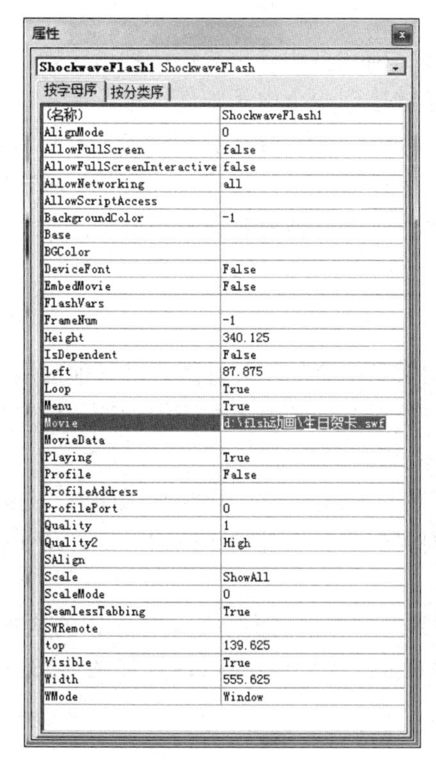

图 5-19　Shockwave Flash Object 控件属性对话框

Flash动画欣赏

图 5-20　插入 Flash 动画后的效果

5.2.9　为对象设置超链接

在 PowerPoint 2010 中，可以为幻灯片中的任何对象，包括文本、图片、图形和图表等设置超链接。为对象设置超链接的方法如下。

（1）选中要设置超链接的对象，然后然后单击“插入”选项卡上“链接”组中的“超链接”按钮，如图 5-21 所示。

（2）在打开的“插入超链接”对话框中的“链接到”列表框中单击“本文档中的位置”选项，然后在“请选择文档中的位置”列表框中选择“3．祝君平安……”选项，表示单击该超链接时跳转到第 3 张幻灯片，如图 5-22 所示。

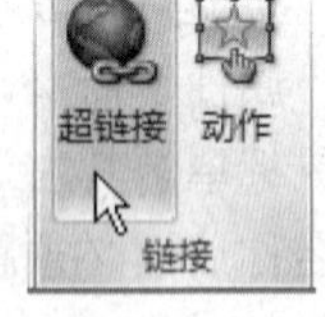
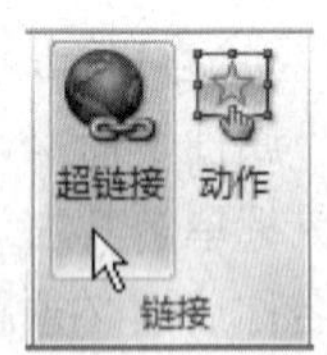

图 5-21　选择“超链接”按钮

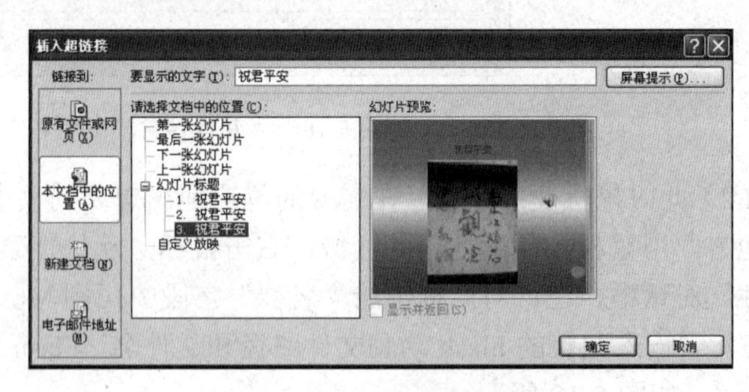

图 5-22　为文本添加超链接

①“原有文件或网页”： 选择此项，然后在“地址”编辑框中输入要链接到的网址，可将所选对象链接到网页。

② 新建文档”：选择此项，可新建一个演示文稿文档并将所选对象链接到该文档。

③“电子邮件地址”： 选择此项，可将所选对象链接到一个电子邮件地址。

（3）单击“确定”按钮后，所选文字的颜色被调整，并添加上了下划线，表明这是一个超链接。当播放幻灯片时，将鼠标指针指向该文字，鼠标指针变成手的形状，单击即可打开链接到的相应幻灯片。用同样的方法为该幻灯片中的其他对象设置超链接。

5.2.10　为幻灯片添加动作

在放映演示文稿时，单击相应的按钮，就可以切换到指定的幻灯片或启动其他应用程序。PowerPoint 2010 为用户提供了 12 种不同的动作按钮，并预设了相应的功能，用户只需将其添加到幻灯片中即可使用。

（1）选中需要创建动作按钮的幻灯片，此处为第 2 张幻灯片，切换到“插入”选项卡，单击“插图”组中的“形状”按钮，从展开的列表中选择一种动作按钮，如“动作按钮：第一张”，如图 5-23（a）所示。

（2）此时鼠标指针变为十字形状“+”，将其移到幻灯片中需要添加动作按钮的位置，此处为幻灯片下方中部位置，然后按住鼠标左键并向右拖动绘制出所选按钮，如图 5-23（b）所示。

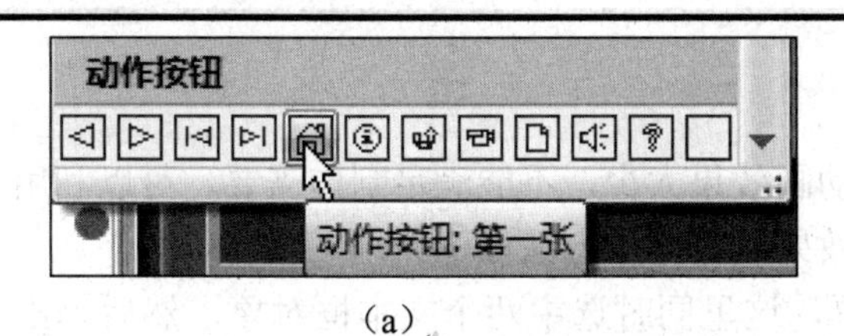

(a)

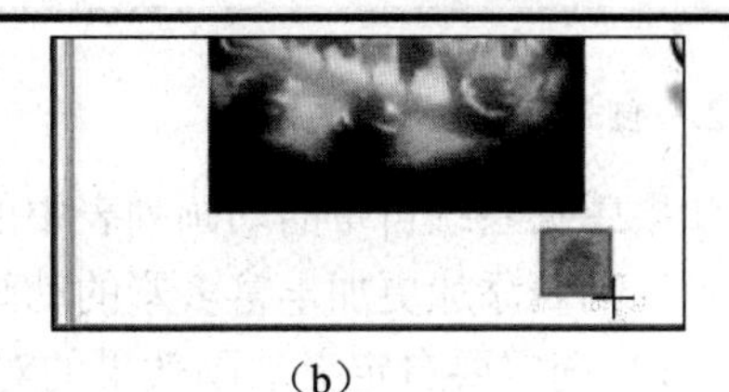

(b)

图 5-23　绘制按钮

(3）松开鼠标左键，会自动弹出“动作设置”对话框并显示“单击鼠标时”选项卡，在该选项卡可设置单击动作按钮时将要执行的动作。其中，可在“超链接到”下拉列表中选择链接目标，如选择“第一张幻灯片”，然后单击“确定”按钮。这样在播放幻灯片时单击该动作按钮，即可跳转到第一张幻灯片。

(4）用同样方法在该幻灯片已绘按钮的右侧绘制其他 5 个动作按钮，依次为：后退或前一项、前进或下一项、开始、结束和上一张，并将单击按钮时将要执行的动作依次设置为“上一张幻灯片”“下一张幻灯片”“第一张幻灯片”“最后一张幻灯片”和“结束放映”。

(5）绘制好动作按钮后可以利用“绘图工具　格式”选项卡对按钮进行编辑操作，如设置填充颜色、边框、对齐和分布等；还可以将动作按钮复制到其他幻灯片中。

5.2.11　为对象设置动画效果

通过为幻灯片或幻灯片中的对象添加动画效果，可以使演示文稿的播放更加精彩。

1. 添加系统内置的动画效果

要为演示文稿中的文本、图片和图形等对象应用系统内置动画效果，操作方法如下。

(1）在幻灯片中选定要设置动画效果的对象（可以是一个，也可以是多个）。

(2）单击“动画”选项卡上“动画”组中的某个系统预设的动画效果。

(3）单击“动画”组右侧的“其他”按钮，在展开的列表中可选择其他的动画效果，如图 5-24 所示。

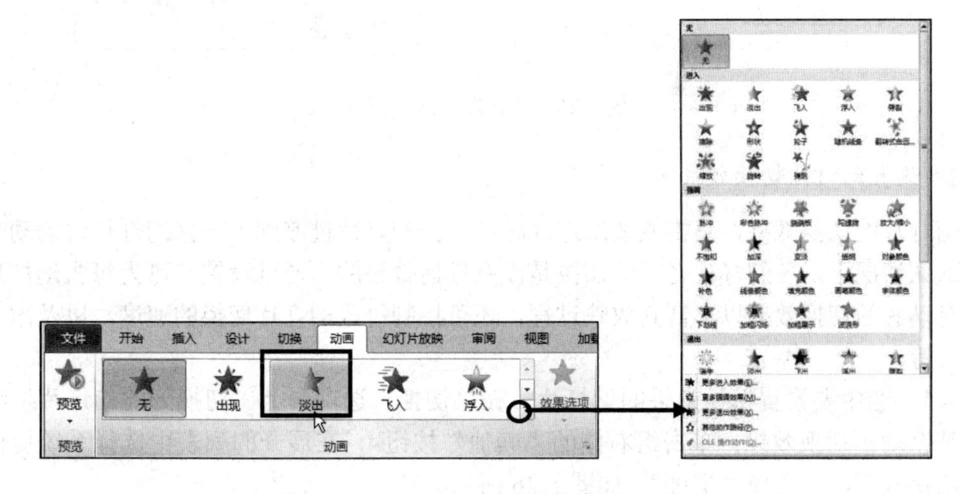

图 5-24　为对象应用系统内置的动画效果

2. 自定义动画效果

如果感觉系统自带的动画列表中的动画效果太少，不能满足制作需要，可以利用“添加动画”列表添加更加丰富多彩的动画效果。其操作方法如下。

（1）选定要自定义动画效果的对象，这里同时选中两个文本框对象，然后单击“动画”选项卡上“高级动画”组中的“添加动画”按钮，展开动画效果列表。

（2）在动画效果列表中选择一种动画类型，及该动画类型下的效果，如图 5-25 所示。各动画类型的作用如下。

①进入：设置放映该幻灯片时对象进入放映界面时的动画效果。

②强调：设置放映幻灯片时，对象进入幻灯片后的动画效果，目的是为了强调幻灯片中的某些重要对象。

③退出：设置放映幻灯片时，为了使对象离开幻灯片的动画效果，它是进入动画的逆过程。

④动作路径：设置使对象在幻灯片中沿着系统自带的或用户自己绘制的路径进行运动的动画效果。

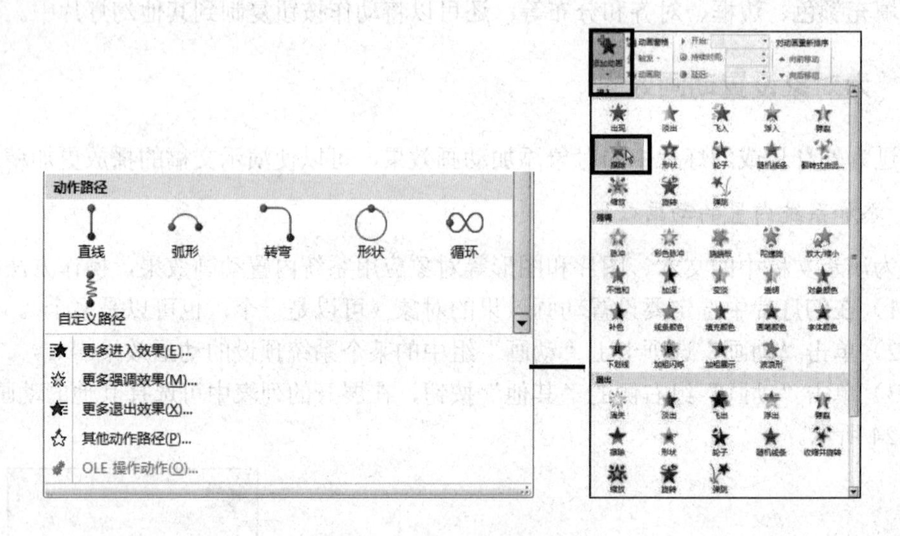

图 5-25 “添加动画”窗格

3. 设置幻灯片切换效果

幻灯片的切换效果，是指放映幻灯片时从一张幻灯片过渡到下一张幻灯片时的动画效果。默认情况下，各幻灯片之间的切换是没有任何效果的。通过设置，可为每张幻灯片添加具有动感的切换效果以丰富其放映过程，还可控制每张幻灯片切换的速度，以及添加切换声音等。

（1）选中要设置切换效果的幻灯片，在“切换”选项卡上“切换到此幻灯片”组中单击某个动画切换效果；单击组右侧的“其他”按钮，在展开的列表中选择系统提供的更多切换效果，如选择“推进”，如图 5-26 所示。

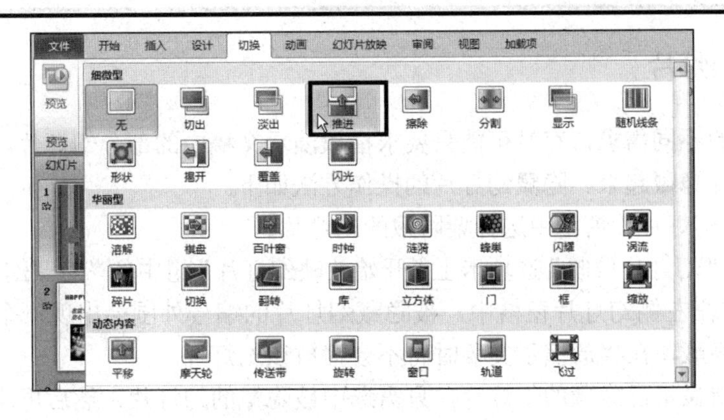

图 5-26　选择幻灯片切换效果

（2）在“计时”组中“切换声音”下拉列表中，可选择切换幻灯片时的声音效果；在“持续时间”编辑框中，可选择切换幻灯片的时间（速度），如图 5-27 所示。

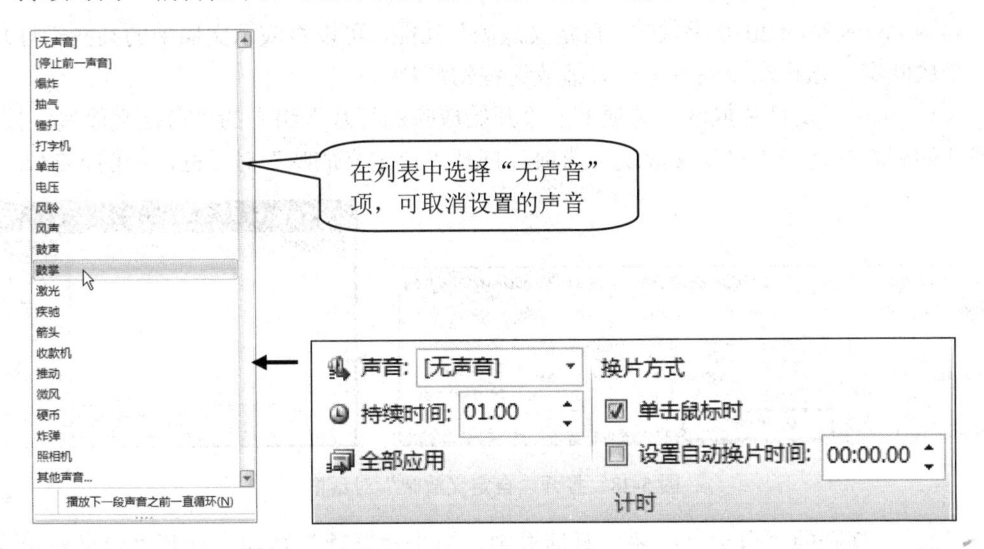

图 5-27　设置切换声音和速度

（3）利用“计时”组中“切片方式”下的选项可设置幻灯片的切换方式，若选中“单击鼠标时”复选框，表示在单击鼠标时切换幻灯片；选中“设置自动换片时间”复选框，可在其右侧设置幻灯片的自动换片时间；如果同时选中两个复选框，可实现手工切换和自动切换相结合。

（4）可使用同样的方法为其他幻灯片设置切换效果。若希望演示文稿中所有幻灯片都应用当前设置好的切换效果，可单击“计时”组中的“全部应用”按钮。

5.3　放映演示文稿

在实际应用中，创建好演示文稿后要进行放映和演示。通过在播放演示文稿，可以预览演示文稿的播放效果，还可以利用隐藏幻灯片和自定义放映功能等有选择地播放幻灯片。对效果满意后，还可将演示文稿打包成 CD，以便在其他计算机中播放。

5.3.1 隐藏幻灯片

由于用户的不同需求，有时可能只要求播放演示文稿中的部分幻灯片，这时可将不需要放映的幻灯片隐藏起来。隐藏幻灯片的操作方法如下。

（1）在“幻灯片”窗格中选择要隐藏的幻灯片。

（2）单击“幻灯片放映”选项卡上“开始放映幻灯片”组中的“隐藏幻灯片”按钮。

（3）此时在左侧幻灯片窗格中，被隐藏幻灯片的编号外围会出现一个矩形框，表示该幻灯片已被隐藏，在播放演示文稿时将不会播放该幻灯片。

如果要重新显示已隐藏的幻灯片，只需选中被隐藏的幻灯片，然后再次单击“隐藏幻灯片”按钮即可。

5.3.2．自定义放映

利用 PowerPoint 2010 提供的“自定义放映”功能，可以将演示文稿中的某些幻灯片组成一个放映集，这样在放映时可以只播放这些幻灯片。

（1）单击“幻灯片放映”选项卡上“开始放映幻灯片”组中的“自定义放映”按钮，在展开的列表中选择“自定义放映”选项，打开“自定义放映”对话框，如图 5-28 所示。

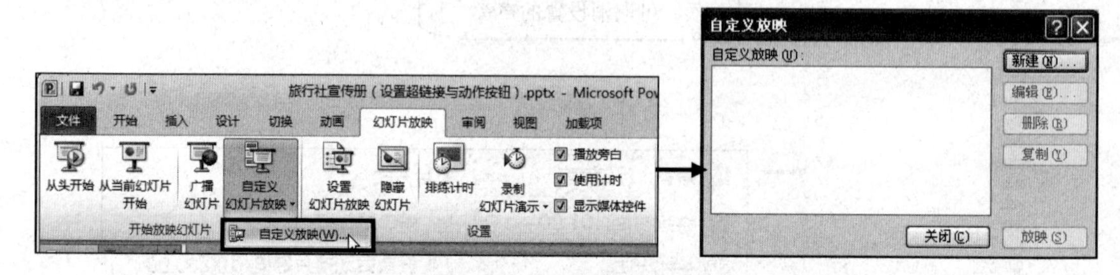

图 5-28　打开“自定义放映”对话框

（2）在打开的“自定义放映”对话框中，单击“新建”按钮，打开“定义自定义放映”对话框，然后在“幻灯片放映名称”编辑框中输入放映名称。

（3）在按住【Ctrl】键的同时，选择“在演示文稿中的幻灯片”列表中的幻灯片，然后单击“添加”按钮，此时所选幻灯片出现在右侧的“在自定义放映中的幻灯片”列表中。

（4）单击“确定”按钮，返回“自定义放映”对话框，在“自定义放映”列表中会出现刚才所建的自定义放映名称，单击“关闭”按钮，即可完成自定义放映的创建。

5.3.3 放映演示文稿

放映演示文稿的操作方法如下。

（1）单击“幻灯片放映”选项卡“开始放映幻灯片”组中的相应按钮。例如，单击“从头开始”按钮或按【F5】键，如图 5-29 所示。

图 5-29　播放幻灯片

（2）此时，会以满屏方式由第一张幻灯片开始播放演示文稿中除隐藏幻灯片外的所有幻灯片。

（3）若先前创建了自定义放映，则还可单击“自定义放映”按钮，从弹出的列表中选择创建的自定义放映进行播放。

在播放演示文稿过程中，会根据用户的设置来切换幻灯片或显示幻灯片中的各动画效果。例如，单击鼠标切换幻灯片，或单击某超链接跳转到指定的幻灯片，以及自动显示各动画效果或单击鼠标显示动画效果等。

此外，在放映幻灯片时，将鼠标指针屏幕左下角位置，会显示幻灯片播放控制按钮。单击和按钮可切换至上一张和下一张幻灯片；单击按钮，在弹出的列表中选择一种绘图笔，然后将鼠标指针移至合适的地方，按住鼠标左键并拖动，可为幻灯片中一些需要强调的内容添加墨迹标记。

5.3.4　演示文稿打包

利用 PowerPoint 2010 提供的“打包成 CD”功能，将演示文稿和所有支持的文件打包，这样在其他计算机中就可正常播放演示文稿了。将演示文稿“打包成 CD”的操作方法如下。

（1）打开要打包的演示文稿，单击“文件”选项卡，在打开的界面左侧单击“保存并发送”项，然后在中间窗格单击“将演示文稿打包成 CD”选项，再在右侧窗格中单击“打包成 CD”按钮，如图 5-30 所示。

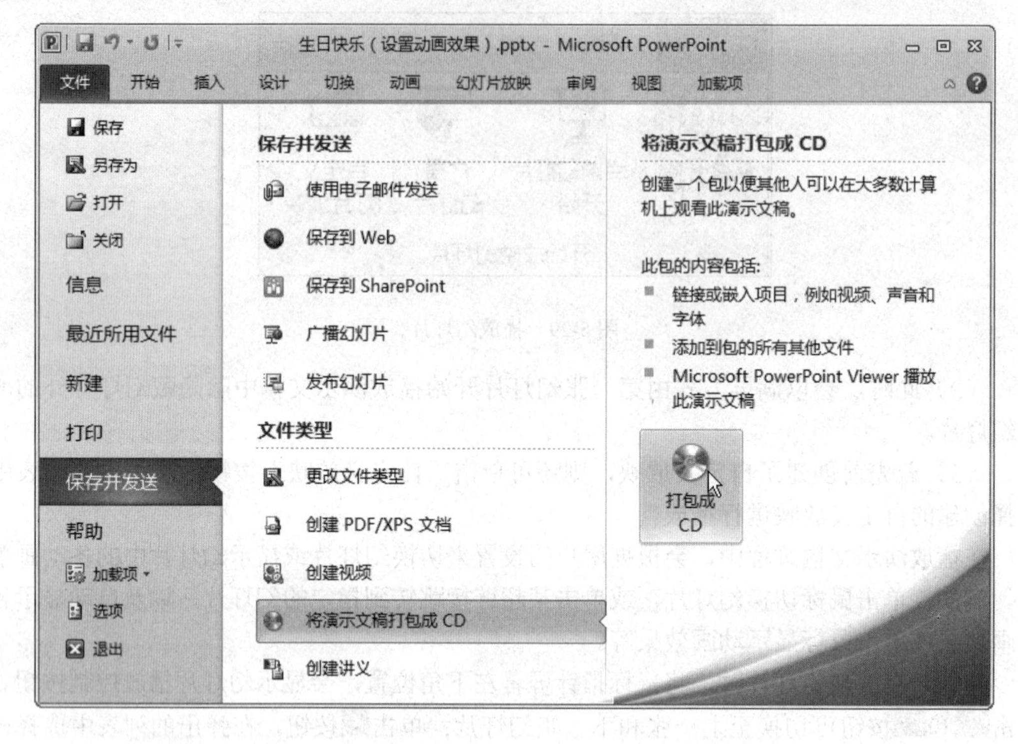

图 5-30　单击“打包成 CD”按钮并为打包文件命名

（2）在打开的“打包成 CD”对话框中的“将 CD 命名为”编辑框中为打包文件命名。

（3）单击“打包成 CD”对话框中的“添加”按钮，会打开“添加文件”对话框，从中可选择要添加到其中的其他演示文稿，然后单击“添加”按钮，返回“打包成 CD”对话框。

（4）单击“选项”按钮，打开“选项”对话框，如图 5-31 所示，在其中可设置打包选项，单击“确定”按钮。

（5）单击“打包到 CD”对话框中的“复制到文件夹”按钮，会打开“复制到文件夹”对话框，在“文件夹名称”编辑框中，可为包含打包文件的文件夹命名，单击“浏览”按钮，可设置打包文件的保存位置，如图 5-32 所示。

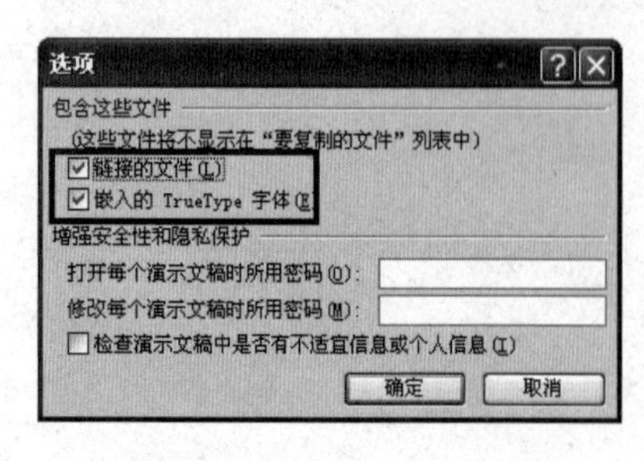

图 5-31　设置打包选项

图 5-32　“复制到文件夹”对话框

（6）设置完成后单击“确定”按钮，会弹出如图 5-33 所示的提示框，询问是否打包链接文件，单击“是”按钮，系统开始打包演示文稿，并显示打包进度。

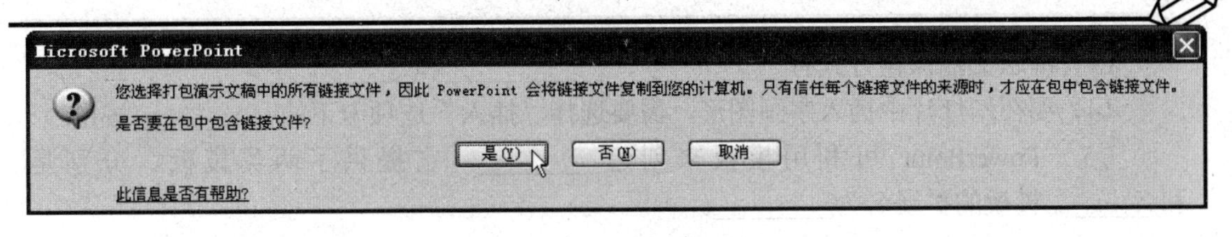

图 5-33　提示框

（7）稍等片刻后，即可将演示文稿打包到指定的文件夹中，并自动打开打包文件夹显示其中的内容。最后单击“打包成 CD”对话框中的“关闭”按钮，将该对话框关闭。如图 5-34 所示。

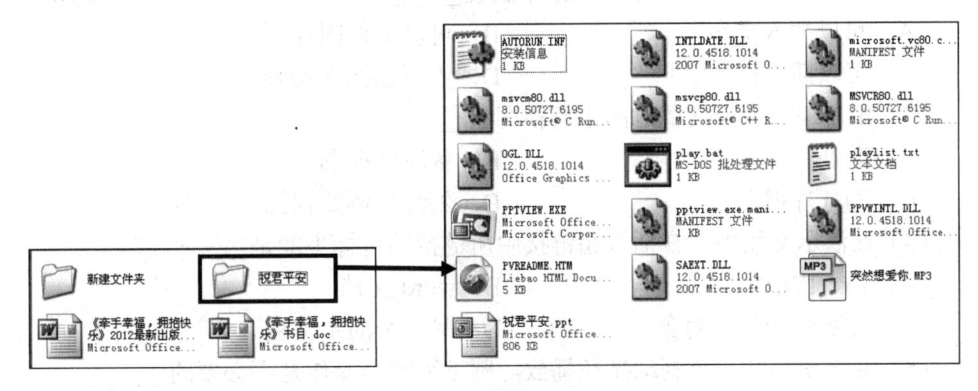

图 5-34　演示文稿的打包

（8）将演示文稿打包后，可找到存放打包文件的文件夹，然后利用 U 盘或网络等方式，将其拷贝或传输到别的电脑中。要播放演示文稿，可双击打包文件夹中的演示文稿。

本章小结

本章主要讲述了 PowerPoint 2010 的基本知识、PowerPoint 2010 的幻灯片制作方法和如何放映演示文稿。通过本章的学习，读者应了解如何启动和退出 PowerPoint 2010，及其工作界面；掌握如何设置幻灯片主题、背景；理解如何在幻灯片中添加文字和使用幻灯片母版；掌握如何插入图片、图形和艺术字、声音、影片；清楚如何为对象设置超链接、添加动作、设置动画效果；掌握如何放映演示文稿。

习题 5

1. 填空题

（1）PowerPoint 提供了幻灯片放映、幻灯片浏览、_______、_______和_______多种不同的视图，可帮助用户创建演示文稿、调整演示文稿。

（2）在 PowerPoint 中有两种方法可以创建表格：一种方法是_______，另一种方法是使用_______功能来创建复杂表格。

（3）演示文稿保存方式有________、__________和_________。

（4）要在幻灯片中插入字画图形，需要选择“插入”选项卡下的_________按钮。

（5）PowerPoint 可利用模板来创建________，它提供了两类模板，分别是和______。模板的扩展名为________。

2. 选择题

（1）Power Point 文件的扩展名是_________。

A. POT　　B. PPT　　C. DOC　　D. XLS

（2）Power Point 中以下哪个说法不正确_________。

A. 可以插入文字　　B. 可以插入图片

C. 可以插入声音　　D. 不可以插入动画

（3）用户编辑演示文稿时的主要视图是_________。

A. 普通视图　　B. 备注页视图

C. 幻灯片视图　　D. 幻灯片浏览视图

（4）在演示文稿中，在插入超链接中所链接的目标不能是_________。

A. Excel 文档　　B. word 文档

C. 文稿中的某个对象　　D. 另一个演示文稿

（5）要实现幻灯片全制动循环播放，则下列哪个操作是不必要的_________。

A. 设置每张幻灯片切换时间　　B. 必须设置排练计时

C. 设置放映方式　　D. 必须设置每个对象动画自动启动时间

（6）在 Power Point 2010 中，演示文稿和幻灯片的关系是_________。

A. 幻灯片中包含演示文稿　　B. 相互包含

C. 同一概念　　D. 演示文稿中包含幻灯片

3. 判断题

（1）PowerPoint 制作的幻灯片中不可以插入声音。（　）

（2）PowerPoint 中的幻灯片可以隐藏。（　）

（3）PowerPoint 提供了背景设置功能。（　）

4. 简答题

（1）PowerPoint 的功能是什么？主要应用场合有哪些？

（2）常用幻灯片版式有那些？使用幻灯片版式的好处是什么？

（3）PowerPoint 有几种视图？普通视图有哪几个窗格？

（4）哪些手段可以调整幻灯片的播放顺序？

（5）简要描述 PowerPoint 的配色方案？

（6）PowerPoint 如何运用音频、视频？

（7）PowerPoint 中如何设置超链接？

（8）如何设置演示文稿的自动播放效果？

第 6 章　常用软件简介

【本章概览】

计算机上仅仅安装操作系统是不够的，无论这种操作系统的功能多么强大，仍然无法满足用户的日常工作需要。因此，我们需要安装很多应用程序。

【本章目标】

- 熟练运用 WinRAR 软件进行文件压缩和解压缩。
- 了解如何运用 Pdf 阅读器及 dopdf 软件。
- 掌握 360 软件管家、虚拟光驱设置。
- 了解光影魔术手和 Photoshop 等平面编辑软件。
- 了解音频和视频的编缉知识。

6.1　WinRAR

在很多网络应用中，例如 E-mail，对于文件的数量和大小都是有要求的。此时我们就需要用一款压缩软件，将多个文件或文件夹压缩成一个文件。WinRAR 是一款功能强大的压缩包管理器，该软件可用于备份数据，缩减电子邮件附件的大小，解压缩从 Internet 上下载的 RAR、ZIP 2.0 及其它文件，并且可以新建 RAR 及 ZIP 格式的文件。WinRAR 的 RAR 格式一般要比 WinZIP 的 ZIP 格式高出 10%～30% 的压缩率，尤其是它还提供了可选择的、针对多媒体数据的压缩算法。

6.1.1　压缩文件

以压缩“F:\其他”文件夹为例，其操作步骤如下。

（1）用鼠标右键单击“F:\其他”文件夹，在弹出的快捷菜单有 4 个与压缩有关的命令，如图 6-1 所示。

（2）选择“添加到其他.rar”命令，系统开始自动压缩该文件夹。若选择“添加到压缩文件…”，则弹出对话框，可以对压缩工作做详细设置。压缩过程如图 6-2 所示。

（3）压缩完毕可以得到一个压缩文件，压缩结果如图 6-3 所示。

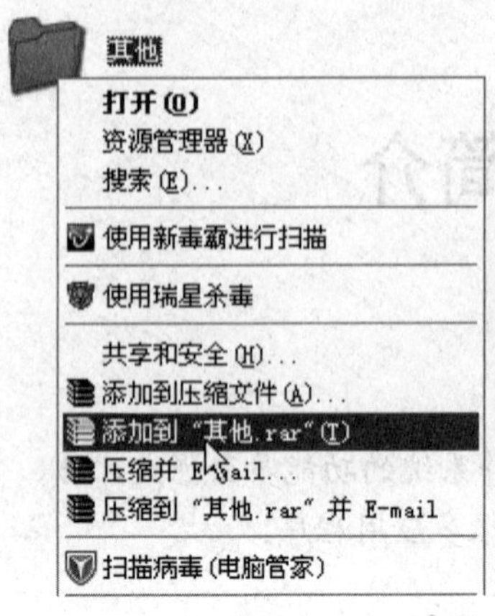

图 6-1 winRAR 快捷菜单

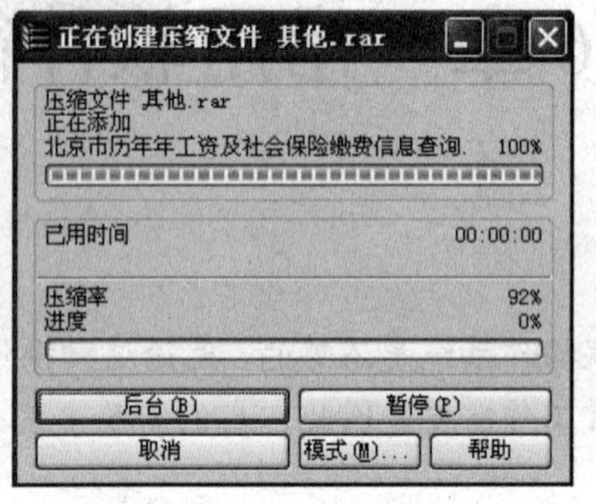

图 6-2 winRAR 压缩过程

图 6-3 winRA 压缩结果

分别查看原始文件夹"F:\其他"和压缩文件的属性，可以看到该文件夹中包含 4 个文件，文件夹大小为 157M，而它的压缩文件仅有 103 M，如图 6-4 所示。

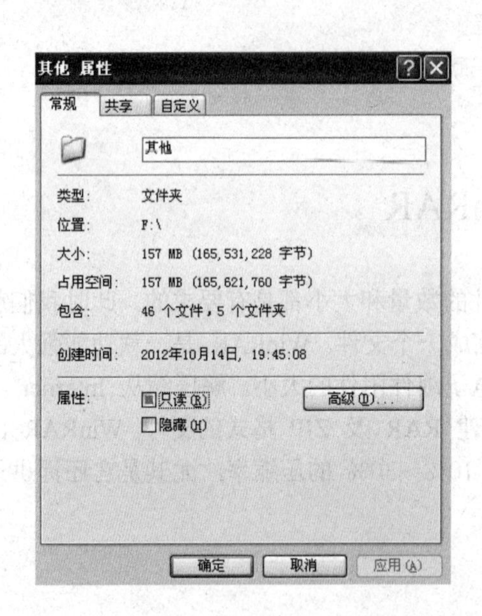

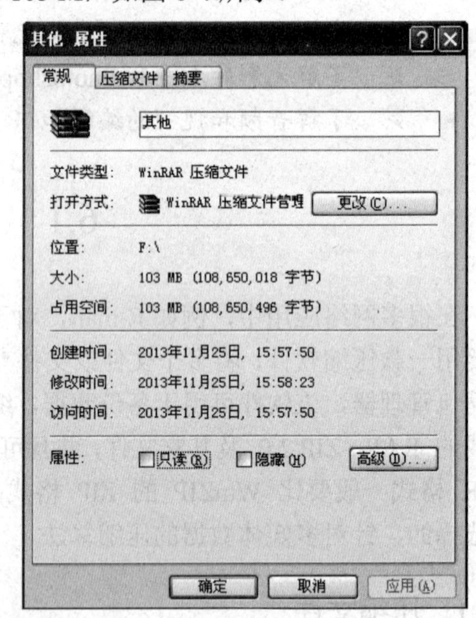

图 6-4 压缩前后的大小对比

6.1.2 解压文件

以解压"F:\其他.rar"为例，其操作步骤如下。

（1）用鼠标右键单击"F:\其他.rar"文件，在弹出的快捷菜单中有三个与解压有关的命令。

（2）选择"解压到其他\"，系统开始自动解压该文件。若选择"解压文件……"，则弹出对话框，可以对解压工作做详细设置；若选择"解压到当前文件夹"，由于当前窗口时在 F 盘根目录，因此解压出的文件会出现在 F:\。如图 6-5 所示。

（3）解压完毕后，在 F 盘会出现一个名为"其他"的文件夹。

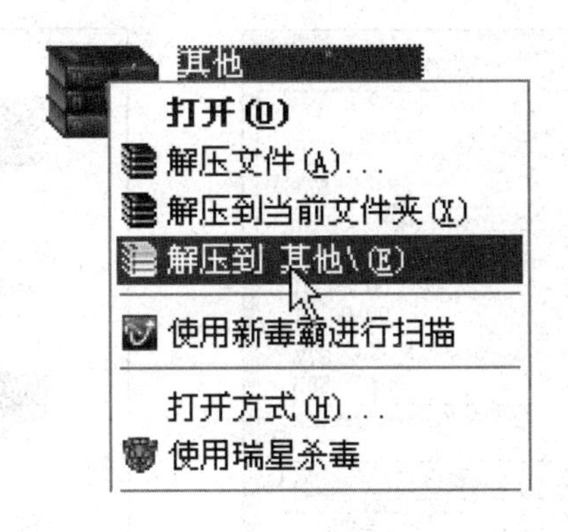

图 6-5　winRAR 简易解压

6.1.3　高级操作

WinRAR 除了简易的压缩和解压之外还具有一些高级功能。这里通过两个实例来了解它的高级功能。

【实例 1】

对“C:\ 测试题目”文件夹进行分包压缩，每个数据包大小不超过 2MB，并对压缩文件进行加密。其操作步骤如下。

（1）对“C:\ 测试题目”文件夹单击鼠标右键，在弹出的快捷菜单中选择“添加到压缩文件…”命令，此时会弹出“压缩文件夹和参数”对话框，如图 6-6 所示。

（2）在压缩分卷大小列表框中输入“2000000”，随后单击“高级”选项卡，如图 6-7 所示，单击其中的“设置密码”按钮，在弹出的“带密码压缩”对话框中输入密码，并确认密码后单击“确定”按钮，最后单击主对话框的“确定”按钮。

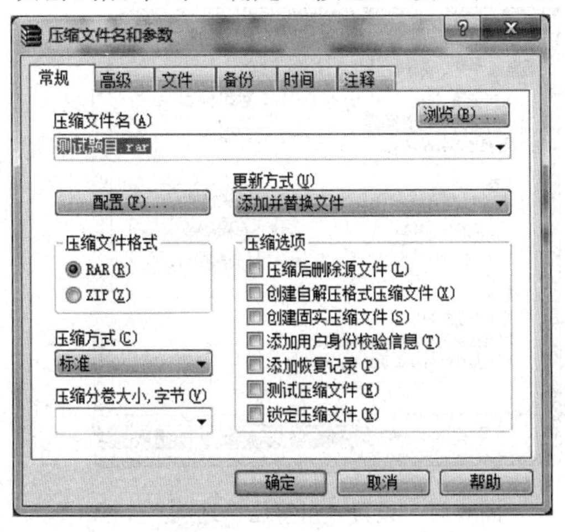

图 6-6　压缩文件“常规”选项卡

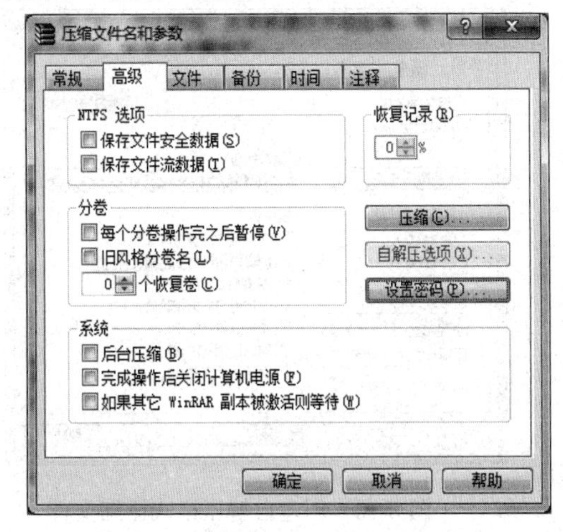

图 6-7　压缩文件“高级”选项卡

（3）此时 WinRAR 开始按用户所设定的参数进行压缩，压缩过程及压缩结果分别如图 6-8 及图 6-9 所示。

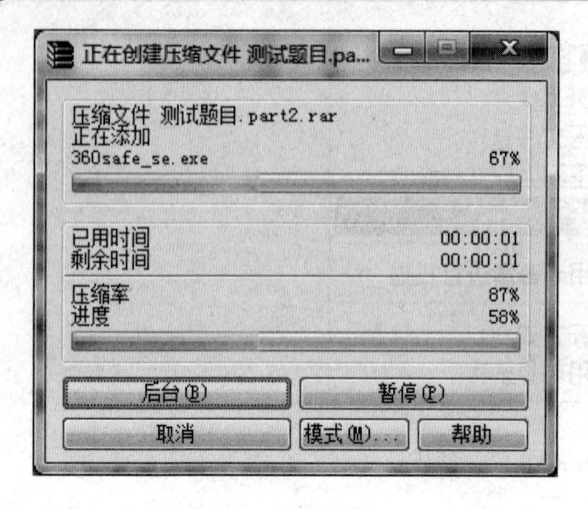

图 6-8　压缩过程

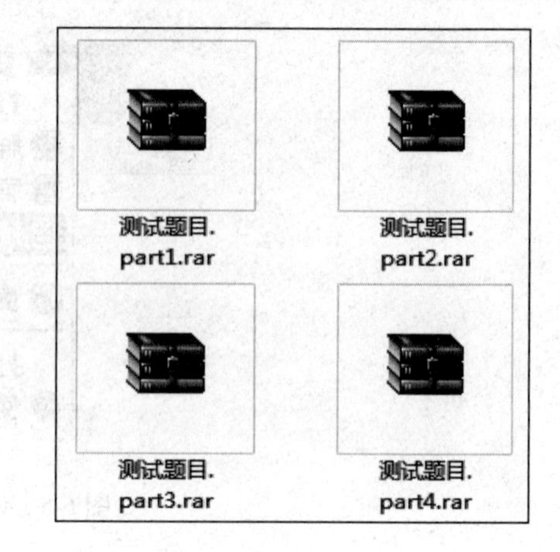

图 6-9　压缩结果

本例中，共压缩出 4 个文件，前 3 个的大小都是 1.9MB（2000000B/1024/1024≈1.9MB），而 part4.rar 为 787KB。对其解压的方法很简单，只要对其中任意的一个压缩文件单击鼠标右键，在弹出的快捷菜单中选择相应的命令即可解压，解压时需要输入正确的密码。

【实例 2】

对“C:\ excel 数据”文件夹制作自解压的压缩文件，并且其解压位置为 F:\。其操作步骤如下：

（1）对“C:\ excel 数据”文件夹单击鼠标右键，在弹出的快捷菜单中选择“添加到压缩文件…”命令，此时会弹出“压缩文件夹和参数”对话框，在“常规”选项卡的压缩选项栏中，选中“创建自解压格式压缩文件”，如图 6-10 所示。

（2）单击对话框中的“高级”选项卡，并单击“自解压选项…”按钮，如图 6-11 所示。

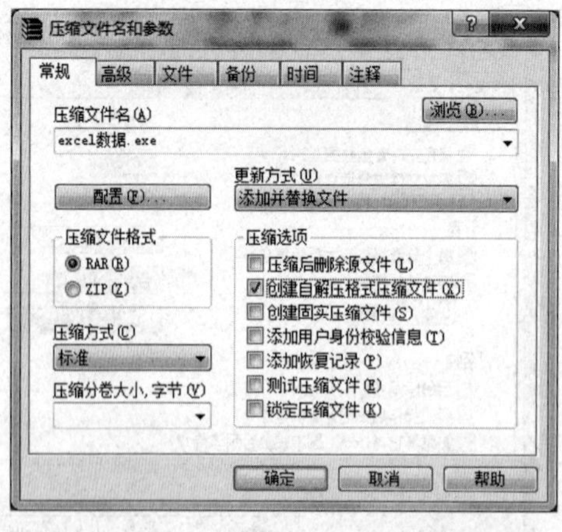

图 6-10　创建自解压格式压缩文件

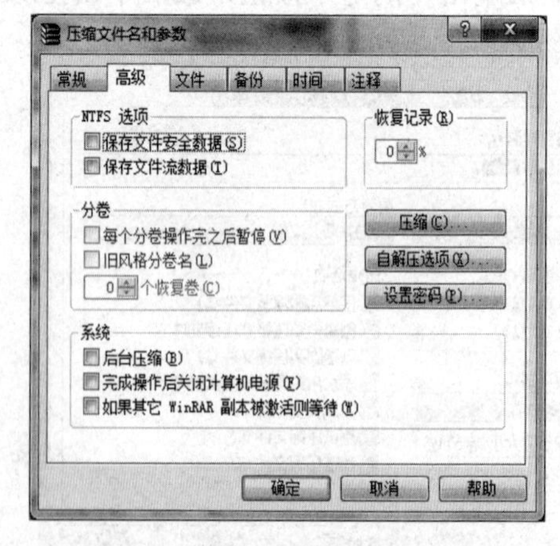

图 6-11　设置“自解压”选项

（3）在弹出的“高级自解压选项”对话框的“常规”选项卡的解压路径中输入“F:\”，并单击“确定”按钮，最后在主对话框中单击“确定”按钮即可，如图 6-12 所示。

（4）此时可以在 C 盘根目录中看到名为 excel.exe 的文件，双击该文件，弹出解压窗口，如图 6-13 所示，在窗口中单击“安装”按钮即可完成解压工作，解压出的文件夹会出现在 F 盘根目录。

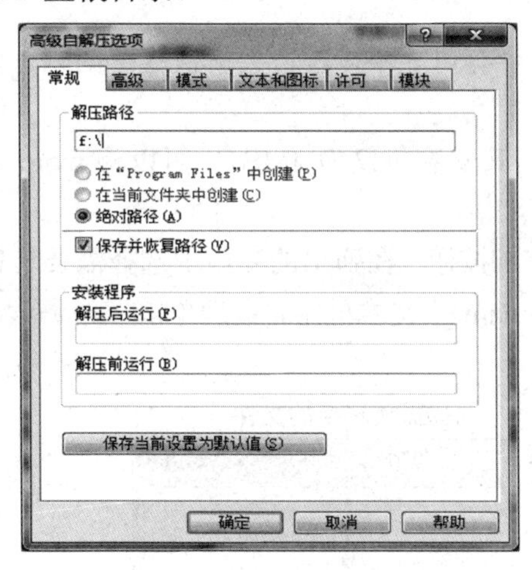

图 6-12　设置自解压路径

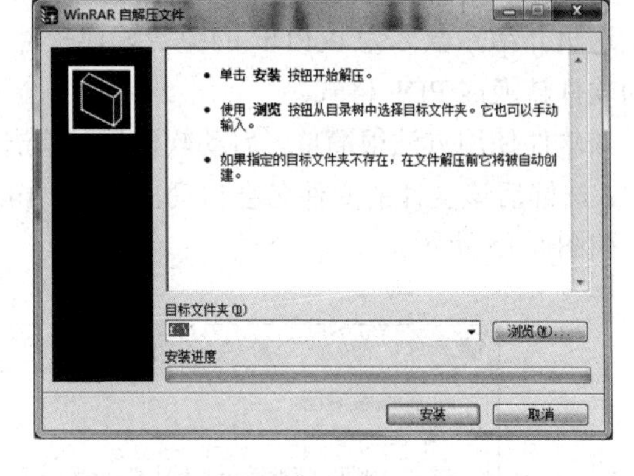

图 6-13　解压“自解压格式”的压缩文件

6.2　Pdf 阅读器及 doPDF

6.2.1　Adobe Reader 阅读软件

网络上的很多文章都是用 PDF 格式，要打开这样的文档就必须安装 PDF 阅读器。这类软件有很多，例如 Adobe Reader、Foxit Reader 等。使用浏览文件的操作与打开 Word 文档类似，在安装了 Adobe Reader 软件的情况下，双击 PDF 格式文件即可将其启动。软件的使用比较简单，其工作界面如图 6-14 所示。

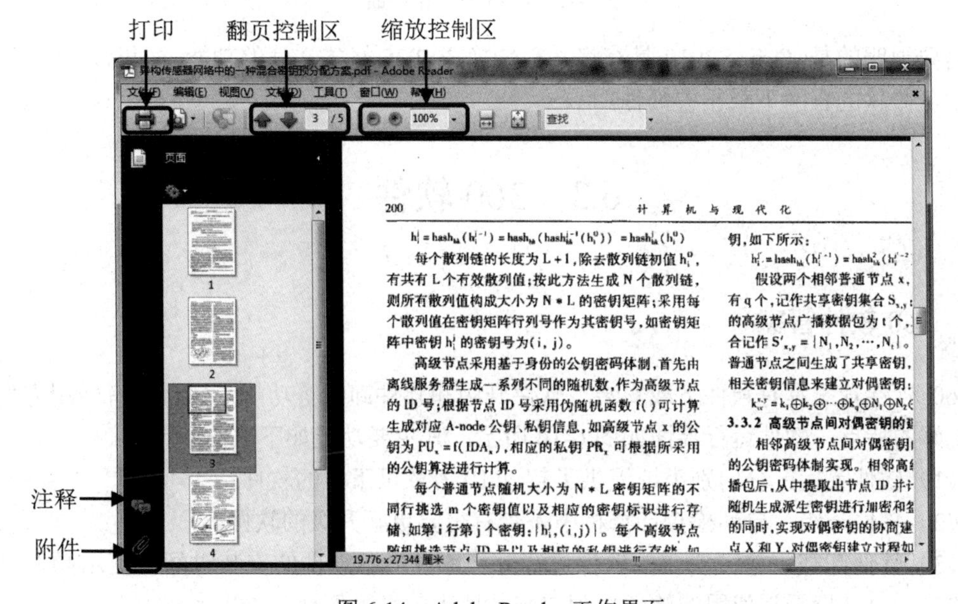

图 6-14　Adobe Reader 工作界面

6.2.2 doPDF 的免费转换软件

同一个文档，在不同的电脑上显示出来的内容有可能不一样，要解决这一问题，就需要将文件保存为 PDF 格式。

这里介绍一款名为 doPDF 的免费转换软件，其安装包仅为 4MB， 可以将 word 等格式的软件转换成 PDF 格式。

该软件使用方法很简单，启动软件后，单击 ... 按钮，在弹出的窗口中选择需要转换的文件，选好后该文件的文件名会自动出现在“file name”文本框中，最后单击 Create 即可，如图 6-15 所示。

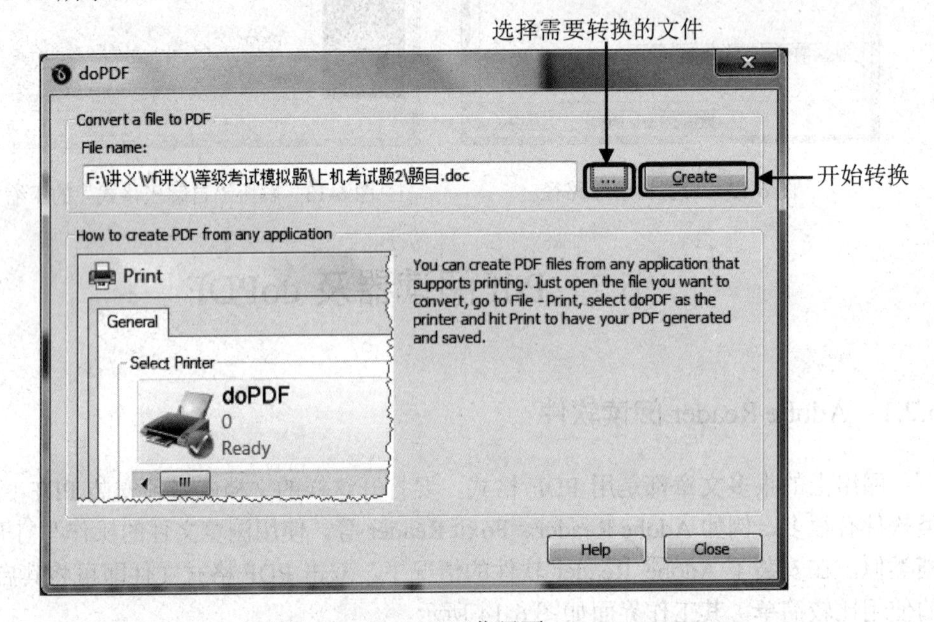

图 6-15 doPDF 工作界面

需要说明的是，Office 2010 具有将文档转换成 PDF 格式文件的功能，如果没有该功能，也可以从微软的官网下载相关插件。

6.3 360 软件

6.3.1 360 软件管家

360 软件管家具有软件下载安装、软件升级和软件卸载等功能；而且具有使用方便、界面友好的特点，软件运行界面如图 6-16 所示。其主要功能如下。

（1）软件宝库：分门别类地提供了超过 10 万款可下载的软件。

（2）软件升级：自动检查计算机中是否有需要更新升级的软件。

（3）软件卸载：将已安装的软件进行分类，并显示软件的安装时间、使用频率以及软件评分，而且将不常使用的软件罗列出来，使下载更为便捷。

（4）开机加速：设置开机启动的程序、服务和任务计划，提高开机速度。

图 6-16　360 软件管家主界面

本小节将通过三个具体实例来介绍 360 软件管家的常用功能。

【实例 1】

假设需要下载一款用于背单词的软件，但不知道软件的具体名称。其操作步骤如下：

（1）启动 360 软件管家，单击“软件宝库”按钮。

（2）在软件宝库搜索栏中输入“背单词”，此时会弹出下拉式列表框，从中任选一款软件，例如“懒人背单词”，如图 6-17 所示。

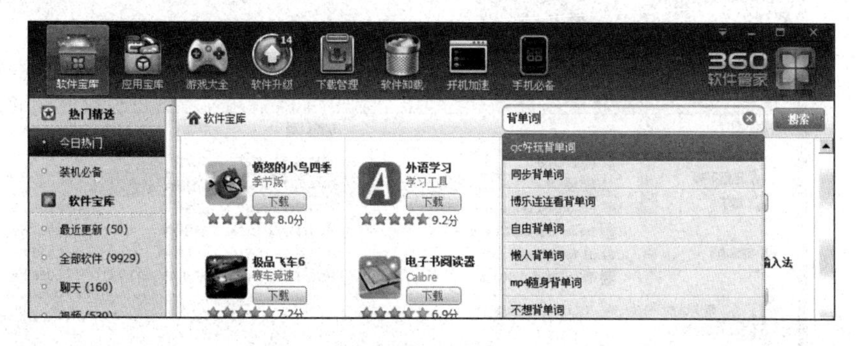

图 6-17　搜索软件

（3）单击所选软件右侧的“下载”按钮，如图 6-18 所示。

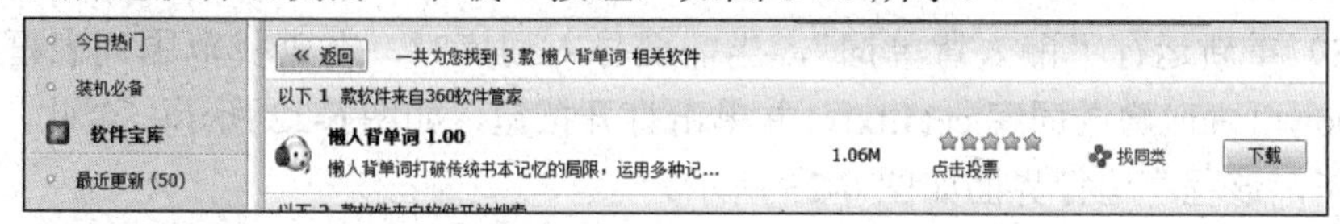

图 6-18　下载软件

（4）软件下载完毕后，会自动开始安装。由于下载的资源是被压缩的文件，而计算机之前已经安装了压缩/解压缩软件，因此自动运行解压缩，如图 6-19 所示。

图 6-19　准备安装软件

（5）双击 u14words.exe 运行该软件。在运行过程中用户会发现需要手工添加词库，虽然在解压过程中发现有一个“赠送词库”，但目前并不知道该词库的下载位置。

（6）单击 360 软件管家的“下载管理”按钮，选中“懒人背单词”，并单击“打开软件下载目录”按钮，如图 6-20 所示。

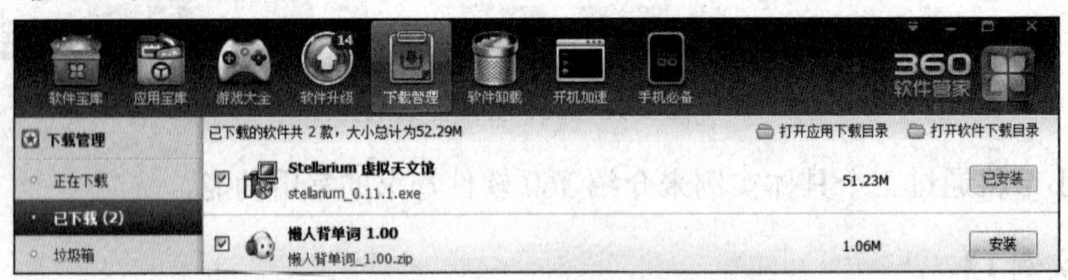

图 6-20　查看软件下载目录

（7）在弹出窗口的地址栏中可以看到词库的下载位置在 E:\360Downloads\赠送词库，如图 6-21 所示。

图 6-21　找到“赠送词库”所在的位置

（8）重新运行“懒人背单词”，当需要导入词库时，在查找范围列表框中逐级选择 E:\360Downloads\赠送词库\cet4.txt，并单击打开按钮，如图 6-22 所示。至此，软件下载及安装完毕，该程序运行界面如图 6-23 所示。

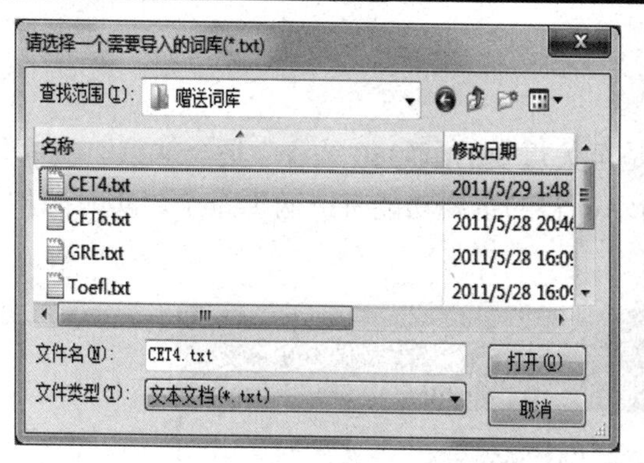

图 6-22　导入词库

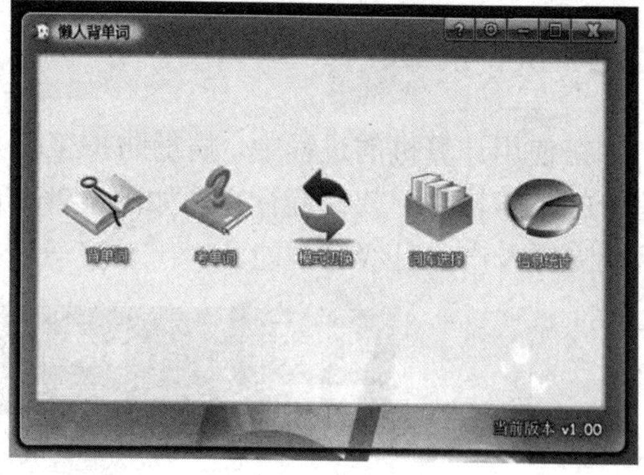

图 6-23　“懒人背单词”运行界面

【实例 2】

升级“酷我音乐盒”。其操作步骤如下。

（1）启动 360 软件管家，单击“软件升级”按钮。

（2）选中需要升级的软件，如：“酷我音乐盒”，在其右侧单击“一键升级”按钮，如图 6-24 所示。

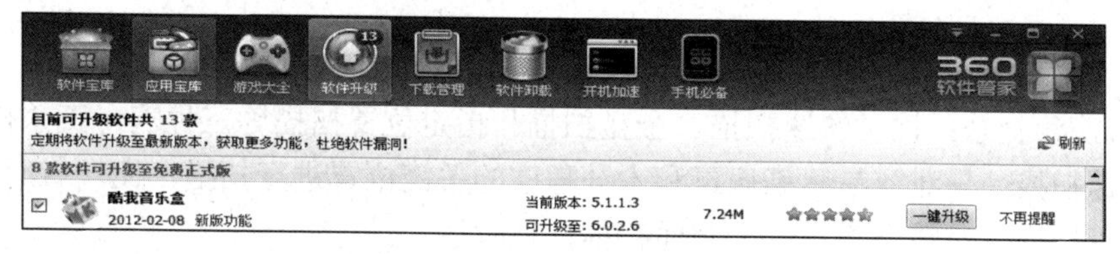

图 6-24　使用 360 软件管家的“软件升级”功能

（3）软件自动下载升级包，并自动安装，用户无须进行任何操作，升级完毕。

【实例 3】

卸载“酷我音乐盒”。其操作步骤如下。

（1）启动 360 软件管家，单击“软件卸载”按钮。

（2）选中需要卸载的软件，如：“酷我音乐盒”，单击其右侧的“卸载”按钮，如图 6-25 所示。

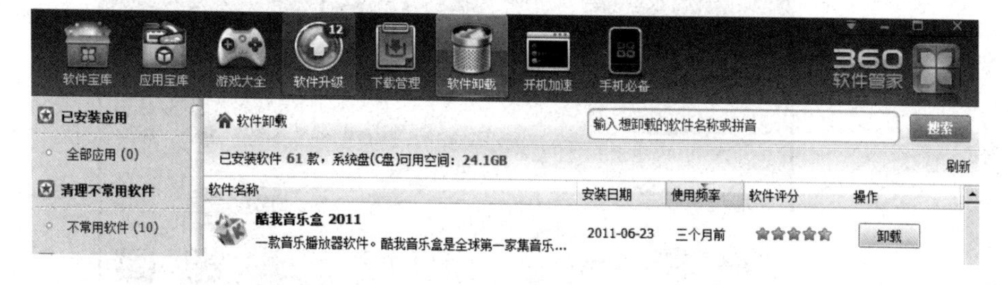

图 6-25　使用 360 软件管家的“软件卸载”功能

（3）“酷我音乐盒”启动卸载向导，用户根据向导提示完成卸载工作即可。

6.3.2 360 杀毒软件

在使用计算机的过程中，病毒防护工作是至关重要的。“360 杀毒”是全球第一款永久免费的杀毒软件。软件运行界面如图 6-26 所示，它的主要功能有：病毒查杀、实时防护、网购保镖及产品升级等功能。

图 6-26 “360 杀毒”软件主界面

（1）病毒查杀：提供快速扫描、全盘扫描和指定位置扫描等三种病毒查杀模式。

①快速扫描：只对容易感染病毒和木马程序的关键位置进行扫描，比较省时。

②全盘扫描：对整个磁盘进行全面扫描，耗时较长。

③指定位置扫描：用户自己选择需要进行扫描的磁盘或文件夹。

（2）实时防护：提供 6 层入口防御、2 层隔离防御和 4 层系统防御，抵御木马程序的侵害，使计算机时刻处于被保护的状态。

（3）网购保镖：网购保镖可以为用户从选购、第三方支付平台、到网银整个网购流程提供全面保护，防止用户被钓鱼网站欺骗、被恶意程序入侵、被网购木马篡改交易，为用户打造一个高度安全的网购环境。其操作界面如图 6-27 所示。

图 6-27 “360 网购保镖”界面

（4）产品升级：360 杀毒支持永久免费的在线升级。单击“产品升级”页面中的“检查更新”按钮即可。其操作界面如图 6-28 所示。

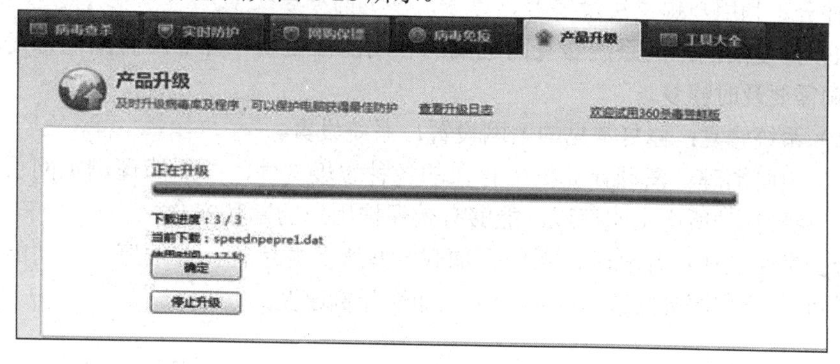

图 6-28　“360 杀毒”升级界面

6.3.3　360 安全卫士

360 安全卫士是一款功能强、效果好、受用户欢迎的上网安全软件。360 安全卫士拥有查杀木马、清理插件、修复漏洞、电脑体检、保护隐私等多种功能，依靠抢先侦测和云端鉴别，可全面、智能地拦截各类木马，保护用户的帐号、隐私等重要信息。其运行界面如图 6-29 所示。

图 6-29　“360 安全卫士”主界面

该软件的主要功能如下。

（1）电脑体检：对电脑进行粗略的检查，普通用户可以直接选择一键修复。

（2）查杀木马：使用云、启发、小红伞、QVM 四引擎杀毒。

（3）清理插件：删除系统和浏览器中的插件，提高电脑和浏览器速度。提供每一种插件的评分，为用户提供决策参考。

（4）修复漏洞：为系统修复高危漏洞和功能性更新，并非所有漏洞都需要修复，但高危漏洞需要及时修复。

（5）系统修复：修复常见的上网设置，系统设置。

（6）电脑清理：清理计算机中存在的各种垃圾文件，并能清理浏览网页、打开程序及文档、观看视频所产生的痕迹，能够有效保护用户的隐私安全。

（7）优化加速：开机时，系统会加载一些服务并运行一些程序，该功能可以将一些不必要的服务和程序屏蔽或延缓运行，以加快开机速度。

6.4 虚拟光驱

用户有时会从网上下载到ISO格式的软件或游戏，这是一种光盘镜像文件，无法直接使用，需要利用一些工具进行解压后才能使用。

DAEMON Tools Lite是一款支持Windows 7的虚拟光驱软件。安装这个软件后，计算机会多出一个盘符，即“虚拟光驱”，我们可以将ISO文件载入到虚拟光驱中，这样就可以象使用光盘一样来使用ISO文件了。其操作步骤如下。

（1）启动DAEMON Tools Lite，单击“添加映像”按钮，选择要打开的ISO文件，这里选择“C:\教学录像.ISO”，如图6-30所示。

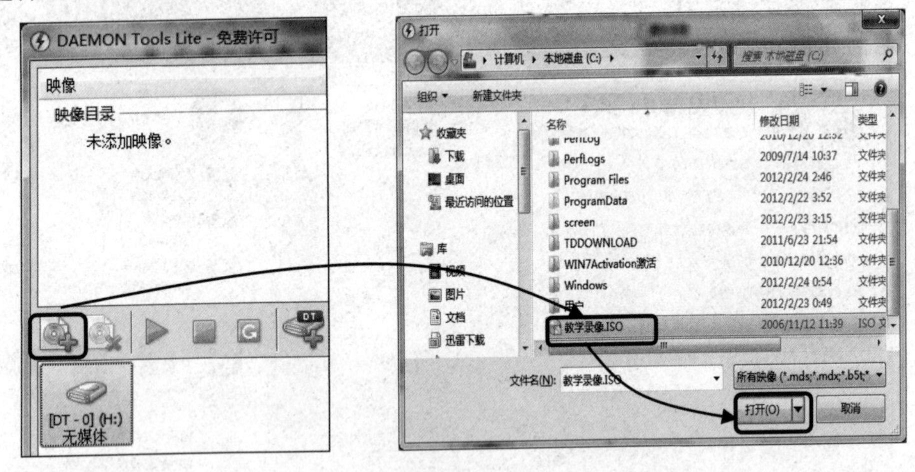

图6-30 选择ISO文件

（2）对添加成功的镜像文件“教学录像.ISO”单击鼠标右键，在弹出的子菜单中选择“[DT-0]（H:）无媒体”命令，即可完成镜像文件的装载，如图6-31所示。打开“计算机”窗口，双击“虚拟光驱”H盘，就可以象使用光盘一样来使用ISO文件了。

值得一提的是，不仅仅是虚拟光驱软件能打开ISO文件，360解压以及WinRAR也可以打开ISO文件，具体操作可以参见WinRAR解压缩的方法。

图 6-30　加载 ISO 文件

6.5　光影魔术手

光影魔术手（NEO IMAGING）是一个对数码照片画质进行改善及效果处理的软件，简单、易用，每个人都能制作精美相框、艺术照，专业胶片效果，而且完全免费。不需要任何专业的图像技术，就可以制作出专业胶片摄影的色彩效果，是摄影作品后期处理、图片快速美容、数码照片冲印整理时必备的图像处理软件。该软件工作界面如图 6-31 所示。

图 6-31　光影魔术手工作界面

6.5.1　照片美化

光影魔术手具有影楼效果、风格化、美容、边框、水印、补光、反转片、证件照排版等功能。其中部分效果演示如图 6-32 所示。

影楼效果

风格化效果

人像美容效果

花样边框效果

图 6-32 光影魔术手部分效果演示

6.5.2 通过批处理压缩图片大小

通常情况下，要将数码相机中的照片发到论坛或博客必须对照片的尺寸和文件的大小进行压缩。单张照片相对简单，如果要处理多张照片，可以使用批处理方式。其操作步骤如下。

（1）打开“文件”菜单中的“批处理”，在弹出的对话框中单击“照片列表”选项卡，添加需要处理的所有照片。

（2）在“自动处理功能”选项卡中，通过单击“缩放”按钮来设置照片的大小，通常边长不超过 800 像素，如果要加边框，可以将照片边长控制在 650~700 之间。

（3）在“输出设置”选项卡中选择指定路径，最好能将输出结果放到一个新的文件夹中，单击“确定”按钮，所有照片开始自动处理。

6.6 Photoshop

Photoshop 是一款集图像扫描、编辑修改、图像制作、广告创意、图像输入与输出于一体的非常专业的图形图像处理软件，深受广大平面设计人员和电脑美术爱好者的喜爱。

Photoshop 的应用非常广泛，平面设计是其应用最为广泛的领域，无论是我们正在阅读的图书封面，还是大街上看到的招帖、海报，这些具有丰富图像的平面印刷品，基本上都

需要 Photoshop 软件对图像进行处理。

虽然 Photoshop 主要用于平面处理，但很多三维软件的素材都是依靠它来处理的。从功能上讲，该软件可分为图像编辑、图像合成、校色调色及特效制作部分等。其工作界面如图 6-33 所示。

图 6-33　Photoshop 工作界面

对于非专业人士而言，使用 Photoshop 做平面设计和绘图确实有一定的难度，但是做一些普通的照片修复、数码照片美化以及照片合成工作是完全可以的。Photoshop 在处理数码照片方面有着极强的功能，例如可以轻松为人物瘦身、为牙齿增白等。这些操作是光影魔术手和美图秀秀难以实现的。

【例 1】雕像迁移

利用钢笔工具将雕像很精确地选取出来，迁移后再对阴影进行处理。如图 6-34 所示。

图 6-34　雕像迁移

【例 2】地面置换

地面置换为水面的操作中，需要用蒙版工具将地面遮挡起来，同时还要考虑到建筑物在水面上所产生的倒影，而且距离水面越远的地方倒影越弱，这需要用到渐变和蒙版工具，同时要考虑到由于拍摄角度所产生的倒影变形问题。如图 6-35 所示。

图 6-35　地面置换

6.7　音频视频编辑

6.7.1　音频编辑

Windows 的“录音机”程序、CollEdit 等软件，都可以录制编码声音，但录音机的编辑、处理音频的能力很弱，CollEdit 可以复制、粘贴、移动、剪辑音频，还可以进行混音、降噪等编辑加工，如图 6-36 所示。有些专业音频处理软件可以处理多达 7 个声道的音频、提供更多的编辑功能。

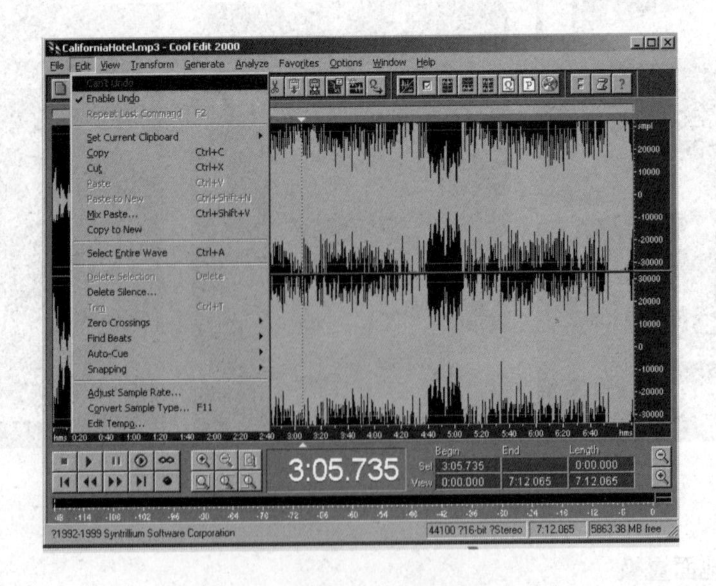

图 6-36　使用 CollEdit 编辑音频

6.7.2　视频编辑

1. Windows Movie Maker

Windows Movie Maker 是 Windows 提供的制作电影的程序。从捕获视频、编辑制作、添加特效、字幕和音效等，直到最后输出成影片，都可在一个程序中完成；也可以通过导入功能，把图片、音频、视频导入到影片中。

Movie Maker 有两种工作模式，即“情节提要”模式和“时间线”模式。

“情节提要”是 Windows Movie Maker 中的默认视图，如图 6-37 所示。可以使用情节提要视图来查看项目中剪辑的排列顺序，如果需要还可以对其进行重新排列，也可以利用此视图查看已添加的视频效果或视频过渡。

使用“时间线”查看或修改项目中剪辑的计时，更改项目视图、放大或缩小项目的细节、录制旁白或调整音频级别等。时间以小时:分钟:秒.百分秒（h:mm:ss.hs）的格式显示。选中剪辑时出现剪裁手柄，使用该手柄可以剪裁剪辑中不需要的部分，如图 6-38 所示。

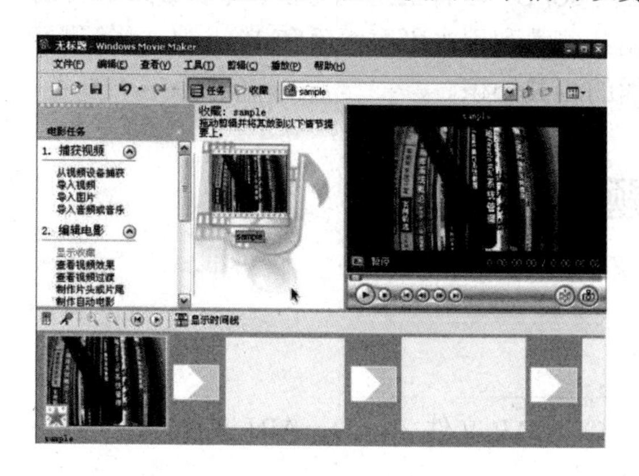

图 6-37　Windows Movie Maker 在情节提要模式

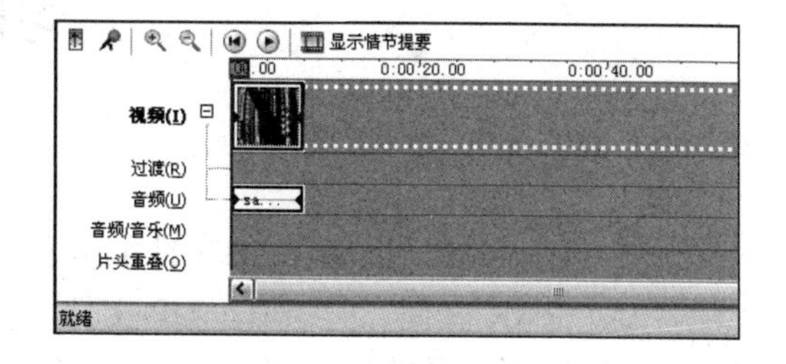

图 6-38　Windows Movie Maker 在时间线模式

2. Adobe Premiere

Premiere 是 Adobe 公司推出的基于非线性编辑设备的视音频编辑软件，已经在影视制作领域取得了巨大的成功，现在被广泛的应用于电视台、广告制作、电影剪辑等领域，成为 PC 和 MAC 平台上应用最为广泛的视频编辑软件。

Premiere 中引入了关键帧的概念，用户可以在轨道中添加、移动、删除和编辑关键帧，对于控制高级的二维动画游刃有余。将 Premiere 与 Adobe 公司的 After Effects 配合使用，更使二者发挥最大功能，主要用于将静止的图像推向视频、声音综合编辑、合成动画等。

3. Ulead Media Studio Pro

Ulead Media Studio Pro 的主要功能除音频编辑、视频编辑外，还含有 CG Infinity、Video Paint。CG Infinity 是一套矢量基础的 2D 平面动画制作软件，有移动路径工具、物件样式面板、色彩特性、阴影特色等功能。Video Paint 的特效滤镜和百宝箱功能非常强大。

4. Ulead Video Studio

Ulead Video Studio 是采用目前最流行的“在线操作指南”的步骤引导方式来处理各项

视频、图像素材，它一共分为开始→捕获→故事板→效果→覆叠→标题→音频→完成等 8 大步骤，并将操作方法与相关的配合注意事项，以帮助文件显示出来称之为“会声会影指南”。

Ulead Video Studio 提供了 12 类 114 个转场效果，可以用拖曳的方式，可以方便的在影片中加入字幕、旁白或动态标题的文字功能。该软件输出方式也多种多样，它可输出传统的多媒体电影文件，例如 AVI、FLC 动画、MPEG，也可将制作完成的视频嵌入贺卡，生成一个.exe 格式的可执行文件。

本章小结

本章主要讲述了 WinRAR 软件、Pdf 阅读器及 doPDF 软件、360 软件、虚拟光驱、光影魔术手、Photoshop 和音频视频编缉等内容。通过本章的学习，读者应熟练运用 WinRAR 软件进行文件压缩和解压缩；了解 Pdf 阅读器及 doPDF 软件的运用方法；掌握 360 软件管家、杀毒软件和安全卫士；熟练使用虚拟光驱；熟悉利用光影魔术手和 Photoshop 等进行图片的编辑，了解音频编辑和视频编辑等方面的相关知识。

习题 6

1. 选择题

（1）WinRAR 可以解开的文件类型有__________。

A．RAR 文件　B．ZIP 文件　C．CAP 文件　D．ARJ 文件

（2）下列工具软件中能刻录音频 CD 的是__________。

A．Windows Movie Maker　B．Windows Media Player

C．WinRAR　D．录音机

（3）目前常用的杀毒软件有__________。

A．瑞星　B．诺顿　C．卡巴斯基　D．金山毒霸

（4）使用 Windows Media Player 10 不能播放的音频或视频文件有__________。

A．MP3 文件　B．MPEG 文件　C．MIDI 文件　D．RMVB 文件

（5）Windows 中最常用的图像文件格式是______。

A．WAV　B．BMP　C．PCX　D．TIFF

2. 简答题

（1）如何使用 WinRAR 来压缩文件？如何使用 WinRAR 来解压缩文件？

（2）如何运用 Pdf 阅读器进行阅读文件

（3）如何运用 360 软件进行杀毒？

（4）如何把文件载入到虚拟光驱中？

3. 操作题

（1）打开 Windows 自带的录音机，以 22.05KHz 的采样频率录制一段 20 秒的单声道的音频，将采样频率改为`44.1KHz 再录制一遍。比较两次录音的声音质量。

（2）使用画图工具，画出如下 3 个颜色的圆形：

颜色 1：RGB（211，100，35）；

颜色 2：RGB（125，126，128）；

颜色 3：RGB（15，200，255）。

要求：三个圆形的大小为 70×70 像素，最终的文件以 bmp 形式保存，大小为 450×500 像素，颜色为 256 色。

附　录

附录 A　全国计算机等级考试一级 MS Office 考试大纲

基本要求

1．具有微型计算机的基础知识（包括计算机病毒的防治常识）。

2．了解微型计算机系统的组成和各部分的功能。

3．了解操作系统的基本功能和作用，掌握 Windows 的基本操作和应用。

4．了解文字处理的基本知识，熟练掌握文字处理 MS Word 的基本操作和应用，熟练掌握一种汉字（键盘）输入方法。

5．了解电子表格软件的基本知识，掌握电子表格软件 Excel 的基本操作和应用。

6．了解多媒体演示软件的基本知识，掌握演示文稿制作软件 PowerPoint 的基本操作和应用。

7．了解计算机网络的基本概念和因特网（Internet）的初步知识，掌握 IE 浏览器软件和 Outlook Express 软件的基本操作和使用。

考试内容

一、计算机基础知识

1．计算机的发展、类型及其应用领域。

2．计算机中数据的表示、存储与处理。

3．多媒体技术的概念与应用。

4．计算机病毒的概念、特征、分类与防治。

5．计算机网络的概念、组成和分类；计算机与网络信息安全的概念和防控。

6．因特网网络服务的概念、原理和应用。

二、操作系统的功能和使用

1．计算机软、硬件系统的组成及主要技术指标。

2．操作系统的基本概念、功能、组成及分类。

3．Windows 操作系统的基本概念和常用术语、文件、文件夹、库等。

4．Windows 操作系统的基本操作和应用:

（1）桌面外观的设置，基本的网络配置。

（2）熟练掌握资源管理器的操作与应用。

（3）掌握文件、磁盘、显示属性的查看、设置等操作。

（4）中文输入法的安装、删除和选用。

（5）掌握检索文件、查询程序的方法。

（6）了解软、硬件的基本系统工具。

三、文字处理软件的功能和使用

1．Word 的基本概念，Word 的基本功能和运行环境，Word 的启动和退出。

2．文档的创建、打开、输入、保存等基本操作。

3．文本的选定、插入与删除、复制与移动、查找与替换等基本编辑技术；多窗口和多文档的编辑。

4．字体格式设置、段落格式设置、文档页面设置、文档背景设置和文档分栏等基本排版技术。

5．表格的创建、修改；表格的修饰；表格中数据的输入与编辑；数据的排序和计算。

6．图形和图片的插入；图形的建立和编辑；文本框、艺术字的使用和编辑。

7．文档的保护和打印。

四、电子表格软件的功能和使用

1．电子表格的基本概念和基本功能，Excel 的基本功能、运行环境、启动和退出。

2．工作簿和工作表的基本概念和基本操作，工作簿和工作表的建立、保存和退出；数据输入和编辑；工作表和单元格的选定、插入、删除、复制、移动；工作表的重命名和工作表窗口的拆分和冻结。

3．工作表的格式化，包括设置单元格格式、设置列宽和行高、设置条件格式、使用样式、自动套用模式和使用模板等。

4．单元格绝对地址和相对地址的概念，工作表中公式的输入和复制，常用函数的使用。

5．图表的建立、编辑和修改以及修饰。

6．数据清单的概念，数据清单的建立，数据清单内容的排序、筛选、分类汇总，数据合并，数据透视表的建立。

7．工作表的页面设置、打印预览和打印，工作表中链接的建立。

8．保护和隐藏工作簿和工作表。

五、PowerPoint 的功能和使用

1．中文 PowerPoint 的功能、运行环境、启动和退出。

2．演示文稿的创建、打开、关闭和保存。

3．演示文稿视图的使用，幻灯片基本操作（版式、插入、移动、复制和删除）。

4．幻灯片基本制作（文本、图片、艺术字、形状、表格等插入及其格式化）。

5．演示文稿主题选用与幻灯片背景设置。

6．演示文稿放映设计（动画设计、放映方式、切换效果）。

7．演示文稿的打包和打印。

六、因特网（Internet）的初步知识和应用

1. 了解计算机网络的基本概念和因特网的基础知识，主要包括网络硬件和软件，TCP/IP 协议的工作原理，以及网络应用中常见的概念，如域名、IP 地址、DNS 服务等。

2. 能够熟练掌握浏览器、电子邮件的使用和操作。

考试方式

1. 采用无纸化考试，上机操作。考试时间为 90 分钟。

2. 软件环境：Windows 7 操作系统，Microsoft Office 2010 办公软件。

3. 在指定时间内，完成下列各项操作。

（1）选择题（计算机基础知识和网络的基本知识）。（20 分）

（2）Windows 操作系统的使用。（10 分）

（3）Word 操作。（25 分）

（4）Excel 操作。（20 分）

（5）PowerPoint 操作。（15 分）

（6）浏览器（IE）的简单使用和电子邮件收发。（10 分）

附录 B 全国计算机等级考试一级 MS Office 考试（样题）

一、选择题

1. 计算机之所以按人们的意志自动进行工作，最直接的原因是因为采用了（　　）。

A. 二进制数制　　B. 高速电子元件

C. 存储程序控制　　D. 程序设计语言

2. 微型计算机主机的主要组成部分是（　　）。

A. 运算器和控制器　　B. CPU 和内存储器

C. CPU 和硬盘存储器　　D. CPU、内存储器和硬盘

3. 一个完整的计算机系统应该包括（　　）。

A. 主机、键盘和显示器　　B. 硬件系统和软件系统

C. 主机和其他外部设备　　D. 系统软件和应用软件

4. 计算机软件系统包括（　　）。

A. 系统软件和应用软件　　B. 编译系统和应用系统

C. 数据库管理系统和数据库　　D. 程序、相应的数据和文档

5. 微型计算机中，控制器的基本功能是（　　）。

A. 进行算术和逻辑运算　　B. 存储各种控制信息

C. 保持各种控制状态　　D. 控制计算机各部件协调一致地工作

6. 计算机操作系统的作用是（　　）。

A. 管理计算机系统的全部软、硬件资源，合理组织计算机的工作流程，以达到充分发挥计算机资源的效率，为用户提供使用计算机的友好界面

B．对用户存储的文件进行管理，方便用户

C．执行用户键入的各类命令

D．为汉字操作系统提供运行基础

7．计算机的硬件主要包括：中央处理器（CPU）、存储器、输出设备和（　　）。

A．键盘　　B．鼠标　　C．输入设备　　D．显示器

8．下列各组设备中，完全属于外部设备的一组是（　　）。

A．内存储器、磁盘和打印机

B．CPU、软盘驱动器和 RAM

C．CPU、显示器和键盘

D．硬盘、软盘驱动器、键盘

9．五笔字型码输入法属于（　　）。

A．音码输入法　　B．形码输入法

C．音形结合输入法　　D．联想输入法

10．一个 GB2312 编码字符集中的汉字的机内码长度是（　　）。

A．32 位　　B．24 位　　C．16 位　　D．8 位

11．RAM 的特点是（　　）。

A．断电后，存储在其内的数据将会丢失

B．存储在其内的数据将永久保存

C．用户只能读出数据，但不能随机写入数据

D．容量大但存取速度慢

12．计算机存储器中，组成一个字节的二进制位数是（　　）。

A．4　　B．8　　C．16　　D．32

13．微型计算机硬件系统中最核心的部件是（　　）。

A．硬盘　　B．I/O 设备　　C．内存储　　D．CPU

14．无符号二进制整数 10111 转变成十进制整数，其值是（　　）。

A．17　　B．19　　C．21　　D．23

15．一条计算机指令中，通常包含（　　）。

A．数据和字符　　B．操作码和操作数

C．运算符和数据　　D．被运算数和结果

16．KB（千字节）是度量存储器容量大小的常用单位之一，1 KB 实际等于（　　）。

A．1 000 个字节　　B．1 024 个字节

C．1 000 个二进位　　D．1 024 个字

17．计算机病毒破坏的主要对象是（　　）。

A．磁盘片　　B．磁盘驱动器　　C．CPU　　D．程序和数据

18．下列叙述中，正确的是（　　）。

A．CPU 能直接读取硬盘上的数据

B．CUP 能直接存取内存储器中的数据

C．CPU 由存储器和控制器组成

D．CPU 主要用来存储程序和数据

19．在计算机技术指标中，MIPS 用来描述计算机的（　　）。

A．运算速度　　B．时钟主频　　C．存储容量　　D．字长

20．局域网的英文缩写是（　　）。

A．WAM　　B．LAN　　C．MAN　　D．Internet

二、汉字录入（10 分钟）

录入下列文字，方法不限，限时 10 分钟。

[文字开始]

万维网（World Wide Web 简称 Web）的普及促使人们思考教育事业的前景，尤其是在能够充分利用 Web 的条件下计算机科学教育的前景。有很多把 Web 有效地应用于教育的例子，但也有很多误解和误用。例如，有人认为只要在 Web 上发布信息让用户通过 Internet 访问就万事大吉了，这种简单的想法具有严重的缺陷。有人说 Web 技术将会取代教师从而导致教育机构的消失。

[文字结束]

三、Windows 的基本操作（10 分）

1．在考生文件夹下创建一个 BOOK 新文件夹。

2．将考生文件夹下 VOTUNA 文件夹中的 boyable.doc 文件复制到同一文件夹下，并命名为 syad.doc。

3. 将考生文件夹 BENA 文件夹中的文件 PRODUCT.WRI 的“隐藏”和“只读”属性撤消，并设置为“存档”属性。

4．将考生文件夹下 JIEGUO 文件夹中的 piacy.txt 文件移动到考生文件夹中。

5．查找考生文件夹中的 anews.exe 文件，然后为它建立名为 RNEW 的快捷方式，并存放在考生文件夹下。

四、Word 操作题（25 分）

1．打开考生文件夹下的 Word 文档 WD1.DOC，其内容如下。

[WD1.DOC 文档开始]

负电数的表示方法

负电数是指小数点在数据中的位置可以左右移动的数据，它通常被表示成：N=M·RE，其中，M 称为负电数的尾数，R 称为阶的基数，E 称为阶的阶码。

计算机中一般规定 R 为 2、8 或 16，是一常数，不需要在负电数中明确表示出来。

要表示负电数，一是要给出尾数，通常用定点小数的形式表示，它决定了负电数的表示精度；二是要给出阶码，通常用整数形式表示，它指出小数点在数据中的位置，也决定了负电数的表示范围。负电数一般也有符号位。

[WD1.DOC 文档结束]

按要求对文档进行编辑、排版和保存：

（1）将文中的错词“负电”更正为“浮点”。将标题段文字（“浮点数的表示方法”）设置为小二号楷体 GB_2312、加粗、居中，并添加黄色底纹；将正文各段文字（“浮点数是指……也有符号位。”）设置为五号黑体；各段落首行缩进 2 个字符，左右各缩进 5 个

字符，段前间距为 2 行。

（2）：将正文第一段（“浮点数是指……阶码。”）中的“N=M·RE”的“E”变为“R”的上标。

（3）：插入页眉，并输入页眉内容“第三章 浮点数”，将页眉文字设置为小五号宋体，对齐方式为“右对齐”。

2．打开考生文件夹下的 Word 文档 WD2.DOC 文件，其内容如下。

[WD2.DOC 文档开始]

[WD2.DOC 文档结束]

按要求完成以下操作并原名保存：

（1）在表格的最后增加一列，列标题为“平均成绩”；计算各考生的平均成绩插入相应的单元格内，要求保留小数 2 位；再将表格中的各行内容按“平均成绩”的递减次序进行排序。

（2）表格列宽设置为 2.5 厘米，行高设置为 0.8 厘米；将表格设置成文字对齐方式为垂直和水平居中；表格内线设置成 0.75 实线，外框线设置成 1.5 磅实线，第 1 行标题行设置为灰色-25%的底纹；表格居中。

五、Excel 操作题（15 分）

考生文件夹有 Excel 工作表如下。

按要求对此工作表完成如下操作。

1．将表中各字段名的字体设为楷体、12 号、斜体字。

2．根据公式“销售客=各商品销售额之和”计算各季度的销售额。

3．在合计一行中计算出各季度各种商品的销售额之和。

4．将所有数据的显示格式设置为带千位分隔符的数值，保留两位小数。

5．将所有记录按销售额字段升序重新排列。

六、PowerPoint 操作题（10 分）

打开考生文件夹下如下的演示文稿 yswg，按要求完成操作并保存。

1．幻灯片前插入一张“标题”幻灯片，主标题为“什么是 21 世纪的健康人？”，副标题为“专家谈健康”；主标题文字设置：隶书、54 磅、加粗；副标题文字设置成：宋体、40 磅、倾斜。

2．全部幻灯片用“应用设计模板”中的“Soaring”做背景；幻灯片切换用：中速、向下插入；标题和正文都设置成左侧飞入。最后预览结果并保存。

七、因特网操作题（10 分）

1．某模拟网站的主页地址是：http://localhost/djksweb/index.htm，打开此主页，浏览“中国地理”页面，将“中国地理的自然数据”的页面内容以文本文件的格式保存到考生目录下，命名为“zrdl”。

2．向阳光小区物业管理部门发一个 E-mail，反映自来水漏水问题。具体如下。

【收件人】wygl@sunshine.com.bj.cn

【抄送】

【主题】自来水漏水

【函件内容】“小区管理负责同志：本人看到小区西草坪中的自来水管漏水已有一天了，无人处理，请你们及时修理，免得造成更大的浪费。”

附录C 全国计算机等级考试二级 MS Office 高级应用考试大纲

基本要求

1．掌握计算机基础知识及计算机系统组成。

2．了解信息安全的基本知识，掌握计算机病毒及防治的基本概念。

3．掌握多媒体技术基本概念和基本应用。

4．了解计算机网络的基本概念和基本原理，掌握因特网网络服务和应用。

5．正确采集信息并能在文字处理软件 Word、电子表格软件 Excel、演示文稿制作软件 Power-Point 中熟练应用。

6．掌握 Word 的操作技能，并熟练应用编制文档。

7．掌握 Excel 的操作技能，并熟练应用进行数据计算及分析。

8．掌握 PowerPoint 的操作技能，并熟练应用制作演示文稿。

考试内容

一、计算机基础知识

1．计算机的发展、类型及其应用领域。

2．计算机软硬件系统的组成及主要技术指标。

3．计算机中数据的表示与存储。

4．多媒体技术的概念与应用。

5．计算机病毒的特征、分类与防治。

6．计算机网络的概念、组成和分类；计算机与网络信息安全的概念和防控。

7．因特网网络服务的概念、原理和应用。

二、Word 的功能和使用

1． Microsoft Office 应用界面使用和功能设置。

2．Word 的基本功能，文档的创建、编辑、保存、打印和保护等基本操作。

3．设置字体和段落格式、应用文档样式和主题、调整页面布局等排版操作。

4．文档中表格的制作与编辑。

5．文档中图形、图像（片）对象的编辑和处理，文本框和文档部件的使用，符号与数学公式的输入与编辑。

6．文档的分栏、分页和分节操作，文档页眉、页脚的设置，文档内容引用操作。
7．文档审阅和修订。
8．利用邮件合并功能批量制作和处理文档。
9．多窗口和多文档的编辑，文档视图的使用。
10．分析图文素材，并根据需求提取相关信息引用到 Word 文档中。

三、Excel 的功能和使用

1．Excel 的基本功能，工作簿和工作表的基本操作，工作视图的控制。
2．工作表数据的输入、编辑和修改。
3．单元格格式化操作、数据格式的设置。
4．工作簿和工作表的保护、共享及修订。
5．单元格的引用、公式和函数的使用。
6．多个工作表的联动操作。
7．迷你图和图表的创建、编辑与修饰。
8．数据的排序、筛选、分类汇总、分组显示和合并计算。
9．数据透视表和数据透视图的使用。
10．数据模拟分析和运算。
11．宏功能的简单使用。
12．获取外部数据并分析处理。
13．分析数据素材，并根据需求提取相关信息引用到 Excel 文档中。

四、PowerPoint 的功能和使用

1．PowerPoint 的基本功能和基本操作，演示文稿的视图模式和使用。
2．演示文稿中幻灯片的主题设置、背景设置、母版制作和使用。
3．幻灯片中文本、图形、SmartArt、图像（片）、图表、音频、视频、艺术字等对象的编辑和应用。
4．幻灯片中对象动画、幻灯片切换效果、链接操作等交互设置。
5．幻灯片放映设置，演示文稿的打包和输出。
6．分析图文素材，并根据需求提取相关信息引用到 PowerPoint 文档中。

考试方式采用上机操作

考试时间：120 分钟。
软件环境：操作系统 Windows 7。
办公软件：Microsoft Office 2010。
在指定时间内，完成下列各项操作。
1．选择题（计算机基础知识）。（20 分）
2．Word 操作。（30 分）
3．Excel 操作。（30 分）
4．PowerPoint 操作。（20 分）

附录 D 全国计算机等级考试二级 MS Office 高级应用考试（样题）

一、选择题

1．正确的 IP 地址是（　　）。

A．202．112．111．1　　B．202．2．2．2．2

C．202．202．1　　D．202．257．14．13

2．有一域名为 bit．edu．eft，根据域名代码的规定，此域名表示（　　）。

A．教育机构　　B．商业组织　　C．军事部门　　D．政府机关

3．能保存网页地址的文件夹是（　　）。

A．收件箱　　B．公文包　　C．我的文档　　D．收藏夹

4．在 Internet 上浏览时，浏览器和 WWW 服务器之间传输网页使用的协议是（　　）。

A．Http　　B．IP　　C．Ftp　　D．Smtp

5．运算器的完整功能是进行（　　）。

A．逻辑运算　　B．算术运算和逻辑运算

C．算术运算　　D．逻辑运算和微积分运算

6．CPU 中，除了内部总线和必要的寄存器外，主要的两大部件分别是运算器和（　　）。

A．控制器　　B．存储器　　C．Cache　　D．编辑器

7．计算机中，负责指挥计算机各部分自动协调一致地进行工作的部件是（　　）。

A．运算器　　B．控制器　　C．存储器　　D．总线

8．能直接与 CPU 交换信息的存储器是（　　）。

A．硬盘存储器　　B．CD-ROM　　C．内存储器　　D．U 盘存储器

9．当电源关闭后，下列关于存储器的说法中，正确的是（　　）。

A．存储在 RAM 中的数据不会丢失　　B．存储在 ROM 中的数据不会丢失

C．存储在 U 盘中的数据会全部丢失　　D．存储在硬盘中的数据会丢失

10．下列关于磁道的说法中，正确的是（　　）。

A．盘面上的磁道是一组同心圆

B．由于每一磁道的周长不同，所以每一磁道的存储容量也不同

C．盘面 h 的磁道是一条阿基米德螺线

D．磁道的编号是最内圈为 0，并次序由内向外逐渐增大，最外圈的编号最大

11．用高级程序设计语言编写的程序（　　）。

A．计算机能直接执行　　B．具有良好的可读性和可移植性

C．执行效率高　　D．依赖于具体机器

12．计算机硬件能直接识别、执行的语言是（　　）。

A．汇编语言　　B．机器语言　　C．高级程序语言　　D．C++语言

13．计算机软件的确切含义是（　　）。
A．计算机程序、数据与相应文档的总称
B．系统软件与应用软件的总和
C．操作系统、数据库管理软件与应用软件的总和
D．各类应用软件的总称
14．下列软件中，属于系统软件的是（　　）。
A．航天信息系统　　B．Office 2003
C．Windows Vista　　D．决策支持系统
15．上网需要在计算机上安装（　　）。
A．数据库管理软件　　B．视频播放软件
C．浏览器软件　　D．网络游戏软件
16．下列软件中，不是操作系统的是（　　）。
A．Linux　　B．UNIX　　C．MS DOS　　D．MS Office
17．下列关于计算机病毒的叙述中，错误的是（　　）。
A．计算机病毒具有潜伏性
B．计算机病毒具有传染性
C．感染过计算机病毒的计算机具有对该病毒的免疫性
D．计算机病毒是一个特殊的寄生程序
18．下列叙述中，正确的是（　　）。
A．计算机病毒只在可执行文件中传染，不执行的文件不会传染
B．计算机病毒主要通过读/写移动存储器或 Internet 网络进行传播
C．只要删除所有感染了病毒的文件就可以彻底消除病毒
D．计算机杀病毒软件可以查出和清除任意已知的和未知的计算机病毒
19．下列关于计算机病毒的叙述中，正确的是（　　）。
A．计算机病毒的特点之一是具有免疫性
B．计算机病毒是一种有逻辑错误的小程序
C．反病毒软件必须随着新病毒的出现而升级，提高查、杀病毒的功能
D．感染过计算机病毒的计算机具有对该病毒的免疫性
20．为防止计算机病毒传染，应该做到（　　）。
A．无病毒的 U 盘不要与来历不明的 U 盘放在一起
B．不要复制来历不明 U 盘中的程序
C．长时间不用的 U 盘要经常格式化
D．U 盘中不要存放可执行程序

二、操作题

1．在指定文件夹下打开文档 WDA82.doex，其内容如下。

产品质量法实施不力地方保护仍是重大障碍为规范和整顿市场经济秩序，安徽省人大常委会组成 4 个检查组，今年上半年用两个月的时间，重点就食品和农资产品的质量状况问题，对合肥、淮北、宣州三市和省质监局、经贸委、供销社、工商局、卫生厅 5 个省直

部门进行了重点检查。检查中发现，严重的地方保护主义问题，已成为质量法贯彻实施的重大障碍。

安徽的一些执法部门反映，地方保护主义已经阻碍了质量法的有效实施，尤其给当前正在开展的联合打假工作带来极大困难。其根源是有些地方领导从局部利益出发，将打击假冒伪劣产品、整顿市场秩序与改善投资环境、发展经济对立起来，片面追求短期经济效益和局部利益，对制假、售假活动打击不力，甚至假打、不打、打击"打假"者。大量事实说明，地方保护主义已成为质量法实施的重大障碍。为此，记者呼吁，有关领导切不可为局部的或暂时的利益所驱使而护假，要从全局的或长远的利益出发，扫除障碍，让假冒伪劣产品没有容身之地。

完成下列操作并以默认文档"WDA82.docx"名存储文档。

（1）将文中所有"质量法"替换为"产品质量法"；将标题段文字（"产品质量法实施不力地方保护仍是重大障碍"）设置为三号、楷体、蓝色、倾斜、居中并添加黄色底纹，设置段后间距为 18 磅。

（2）将正文第一段（"为规范……重大障碍。"）和第二段（"安徽的一些执法……打击'打假'者。"）合并成一段，将合并后的段落首行缩进 0.8 厘米，并分为等宽的两栏，栏宽为 7 厘米。

（3）将正文新的第二段文字（"大量事实说明……没有容身之地。"）设置为小四号、宋体、加粗，段落左、右各缩进 1 厘米，悬挂缩进 0.8 厘米，行距为 2 倍行距。

2．在指定文件夹下打开 Word 文档 WDT21.dox 文件，其内容如下。

星期，星期一，星期二，星期三，星期四，星期五

第一节，语文，数学，英语，自然，音乐

第二节，数学，体育，语文，数学，语文

第三节，音乐，语文，健康，手工，数学

第四节，体育，音乐，数学，语文，英语

按要求完成以下操作。

（1）将文档中所提供的文字转换成一个 5 行 6 列的表格，并设置文字垂直对齐方式为底端对齐、水平对齐方式为右对齐。

（2）在表格的最后增加一行，设置不变，其行标题为"午休"，再将"午休"两个字设置成黄色底纹，表格内实单线设置成 0.75 磅实线，外框实单线设置成 1.5 磅实线，保存文档 WDT21.doex。

3．在指定文件夹下打开文档 WDT22.docx，完成以下操作。

（1）将样式"标题 1"修改为四号、黑体，不加粗，首行缩进两个字符，段前、段后空 6 磅，单倍行距，快捷键为【Ctrl+1】；为文中加粗的段落应用样式"标题 1"。

（2）抽取目录，级别为 1，其他条件默认，目录位置为文档首页，正文从第二页开始。

4．在考生文件夹下打开文件 EX1.xlsx，要求如下。

（1）将工作表 Sheetl 的 A1：E1 单元格合并为一个单元格，内容水平居中；计算"同比增长"列的内容（同比增长=（2007 年销量－2006 年销量）/2006 年销量，百分比型，保留小数点后两位），如果同比增长高于或等于 20%，在"备注"列给出信息"较快"，否则内容空白（利用 IF 函数）；将工作表命名为"销售情况统计表"。

（2）选取“月份”和“同比增长”两列数据建立“带数据标记的折线图”（系列产生在“列”），图标题为“销售同比增长统计图”，采用第 4 行第 2 种艺术字样式；清除图例；将图插入到表的 A15：E27 单元格区域内；图表区背景采用“碧海青天”，绘图区背景采用“麦浪滚滚”；保存 EX1.xlsx 文件。

（3）将当前布局保存为工作区，名称为 EX1.xlsx.

某产品近两年销量统计表（单位：个）				
月份	2007 年	2006 年	同比增长	备注
1 月	187	160		
2 月	192	154		
3 月	155	128		
4 月	123	99		
5 月	104	95		
6 月	9	91		
7 月	88	83		
8 月	96	90		
9 月	95	92		
10 月	106	95		
11 月	112	102		
12 月	120	105		